JN243594

初めてのSpark

Holden Karau
Andy Konwinski
Patrick Wendell
Matei Zaharia
著

Sky株式会社 玉川 竜司 訳

Learning Spark

Holden Karau, Andy Konwinski, Patrick Wendell, and Matei Zaharia

Beijing · Cambridge · Farnham · Köln · Sebastopol · Tokyo

はじめに

Apache Spark は、次世代のビッグデータ処理エンジンとしてきわめて短期間に台頭し、これまでになかった速度でこの業界全体に利用されるようになりました。Spark は、ビッグデータ革命の火をともす役割を果たした Hadoop MapReduce を、いくつかの重要な面で改善したものです。Hadoop MapReduce に比べて Spark は高速であり、多彩な API のおかげで使いやすく、バッチのアプリケーションに縛られず、インタラクティブなクエリ、ストリーミング、機械学習、グラフ処理を含む多彩なワークロードをサポートします。

光栄なことに、私は Spark の開発に密接に関わってくることができました。ホワイトボードに図を描いたときから始まり、Spark は今日もっともアクティブなビッグデータのオープンソースのプロジェクトであり、もっともアクティブな Apache のプロジェクトの 1 つにまで成長したのです！ とりわけ私は、Spark の創造者である Matei Zaharia が長期間に渡って Spark の開発をしてきた Patrick Wendell, Andy konwinski, Holden Karau とともに本書を書いたことを、うれしく思っています。

Spark が急速に広まるのに伴い、優れたリファレンスの不足が大きな懸念事項になっていました。本書は、この問題に対して十分に応えるものであり、Spark を学ぼうとするデータサイエンティスト、学生、開発者に、11 の章と数 10 の詳細なサンプルを提供します。本書は、ビッグデータについての背景知識のない読者にも読みやすく書かれており、この分野全体を学び始めるための出発点としてもすばらしいものです。願わくば長い年月が過ぎても、興奮に満ちた新たな世界へ読者のみなさまを誘ったのが、他でもない本書であったことを思い出していただければと思います。

—— Ion Stoica, CEO of Databricks
and Co-director, AMPlab, UC Berkeley

日本語版まえがき

Learning Sparkの全訳をお送りします。

2014年は、ビッグデータに取り組む人たちの間で、急速にApache Sparkの名前が広まった年でした。

ビッグデータが広く扱われるようになったのは、Hadoopの存在があればこそです。しかし、Hadoop（正確にはMapReduceと表現すべき）のプログラミングの難しさ、あるいは処理の非効率性が徐々に明らかになるにつれ、それらの問題を解決する存在として、Sparkが一気に注目を集めた感があります。

Spark自身は、まだ若いプロジェクトであるゆえ、広く理解されるまでには至っていません。ユーザーの視点からは、Hadoopエコシステム中でのSparkの立ち位置が掴みにくいこともあるように思われます。

本書は、これまでHadoopを扱ってきて、新たにSparkに取り組もうとするみなさんにとっては、ちょうどよい入門書です。Sparkは、Hadoopエコシステムの中で使われることが多いので、本書もHadoopの基礎知識を前提として書かれています。もしHadoopに関する基礎知識も今から得たい場合は、『Hadoop』（オライリー・ジャパン）などを、あわせてご覧ください。

本書の翻訳にあたっては、Cloudera株式会社のみなさまにテクニカルレビューを担当していただきました。原書発刊後のアップデートも含め、詳細なレビューをしていただいたので、本書を最新かつ正確な内容にすることができました。また、株式会社ＮＴＴデータのみなさまには、Spark 1.2以降のアップデートと、リクルートテクノロジーズでの事例紹介を寄稿していただきました。みなさまのおかげで、本書の内容をさらに充実させることができました。

本書には、多くのサンプルコードが登場します。Sparkを動かしてみるだけなら、大げさなクラスタは必要ありません。ぜひお手元にPCを用意し、本書をその横で開いて、Sparkの面白さを体験してください。

玉川 竜司

2015年7月

まえがき

並列データ分析が一般的になるにつれて、多くの分野での実践者が、このタスクのための使いやすいツールを探しました。もっとも広く使われるものの1つに急速に成長したApache Sparkは、MapReduceを拡張し、汎用化しました。Sparkが提供するメリットは、主に3つです。1つめは、使いやすさです。アプリケーションの開発は、高レベルのAPIを使ってノートPCで行えます。2つめは高速性です。Sparkはインタラクティブな利用や、複雑なアルゴリズムの実行が可能です。3つめは、Sparkが汎用的なエンジンであることです。Sparkを使えば、複数の種類の演算処理（例えばSQLのクエリとテキスト処理、そして機械学習）を組み合わせることができます。これまでは、こうしたことを実現するためには、複数のエンジンを組み合わせざるを得ないことがありました。こうした特長によって、Sparkはビッグデータについて幅広く学ぶ上で、すばらしい出発点になっているのです。

本書は入門書であり、読者のみなさまがSparkをすぐに立ち上げて実行できることを目指しています。自分のノートPCにSparkをダウンロードして実行し、インタラクティブに使ってAPIを学びます。それに続いて、利用できるオペレーションと分散実行の詳細を見ていきます。最後に、機械学習、ストリーム処理、SQLを含む、Sparkに組みこまれた高レベルのライブラリのツアーを行います。本書によって、利用するマシンが1台であれ、数100台であれ、データ分析の課題にすばやく取り組むためのツールを読者のみなさまが手にしていただけることを願っています。

対象となる読者

本書は、データサイエンティストとエンジニアをターゲットとしています。この2つのグループを選択したのは、Sparkを使うことで解決できる問題領域をもっとも広げることができるのが、この両グループだからです。データに焦点を当てたSparkの多彩なライブラリ（例えばMLlib）群によって、データサイエンティストは自分の統計的なバックグラウンドを活かしながら、単独のマシンには収まらない問題を容易に扱えるようになります。一方でエンジニアは、Sparkでの汎用的な分散プログラムの書き方と、製品レベルのアプリケーションの運用方法を学びます。エンジニアとデータサイエンティストは、本書からそれぞれ異なる詳細事項を学ぶことになりますが、それぞれの分野における大規模な分散処理の問題を解決するためにSparkを活用できることに変わりはありません。

データサイエンティストは、データに関する疑問に答えたり、モデルを構築したりすることに焦点を当てます。データサイエンティストは、統計や数学の背景知識を持ち、PythonやR、SQLといったツールに多少慣れています。本書のすべての題材にはPythonのサンプルが含まれており、関連する場合にはSQLのサンプルも含まれています。また、機械学習とそのSparkのライブラリの概要も含まれています。読者がデータサイエンティストであれば、本書を読むことで、問題を解決するに当たってこれまでと同じ数学的アプローチを利用しながら、はるかに大規模な問題を、はるかに高速に処理できるようになれるはずです。

本書がターゲットとしている第2のグループであるソフトウェアエンジニアは、JavaやPython、あるいはその他のプログラミング言語で多少の経験をお持ちでしょう。読者がエンジニアであれば、Sparkクラスタのセットアップ、Sparkシェルの利用、並列処理の問題を解決するためのSparkアプリケーションの作成などを、本書から学んでいただけることでしょう。読者がHadoopになじみがあるなら、HDFSの扱いやクラスタの管理を力する上で多少先んじていることになります。とはいえ、基本的な分散処理の概念は本書でも解説します。

読者がデータサイエンティストであれ、エンジニアであれ、本書を最大限に活用するにはPython、Java、Scalaあるいはこれらに類するいずれかの言語になじんでいることが必要です。本書では、データのためのストレージソリューションをお持ちであることを前提としており、一般的なストレージソリューションの多くでのデータのロードとセーブの方法を取り上げていますが、セットアップ方法は扱いません。これらの言語の経験がなくても心配することはありません。それらを学ぶための素晴らしいリソースがあります。入手できる書籍のいくつかを、下の「参考になる本」で紹介しています。

本書の構成

本書の各章は、最初から最後まで読み進めていくように構成されています。各章の始めには、データサイエンティストに関係するセクションや、エンジニアに関係すると思われるセクションを示してあります。とはいえ、どの内容をとっても、どちらのバックグラウンドを持つ読者の方にも役立つはずです。

最初の2章では、お使いのノートPCに基本的なSparkのインストールを行い、Sparkでできることのイメージをつかみます。Sparkを使う理由がわかり、セットアップができたなら、開発とプロトタイピングにとても役立つツールであるSparkシェルを見ていきます。その後の章は、Sparkのプログラミングインターフェイスの詳細、クラスタ上でのアプリケーションの実行、Sparkで利用できる高レベルのライブラリ（Spark SQLやMLlib）を見ていきます。

参考になる本

読者がデータサイエンティストであり、Pythonでの経験があまりないなら、入門書として『初めてのPython』（Mark Lutz著、オライリー・ジャパン）および『Head First Python』（Willi Richert著、オライリー）をお勧めします。Pythonの経験はあるものの、さらに深い知識を身につけたいなら、『Dive Into Python 3 日本語版』（Mark Pilgrim 著、Amazon）を読めば、Python をもっと理解できます。

読者がエンジニアで本書を読んだ後に、データ分析のスキルを高めたいと思ったなら、『実践 機械学習システム』（Willi Richert 他著）や『データサイエンス講義』（Rachel Schutt 他著）をお勧めします（オライリー・ジャパン）。

本書は、初心者の方にも読めるように構成されています。Spark の内部全般について、さらに理解を深めたい読者の方々のために、私たちはもっと詳細な続編を出版しようと考えています。

表記

太ゴシック（sample）

強調、参照先、図表、新しい用語などを示します。

等幅フォント（`sample`）

コマンド、プログラムリストなどを示します。

このアイコンは、ヒントや提案、一般的な注意事項を示します。

このアイコンは、警告、または注意が必要であることを示します。

コードサンプル

本書のコードサンプルは、すべて GitHub 上にあります。https://github.com/databricks/learning-spark から入手して、調べてみてください。コードサンプルは、Java、Scala、Python で書かれています。

本書の Java のサンプルは、バージョン 6 以降の Java で動作するように書かれています。Java 8 では、**ラムダ式**と呼ばれる新しい構文が導入され、インライン関数が簡単に書けるようになっているため、Spark のコードをシンプルにできます。多くの組織では、まだ Java 8 を使っていないことから、本書のほとんどのサンプルでは、この構文は活用していません。読者が Java 8 の構文を使ってみたいなら、このトピックについての Databrickes のブログポスト（http://databricks.com/blog/2014/04/14/spark-with-java-8.html）を参照してください。サンプルの中には、Java 8 にポーティングされ、本書の GitHub サイトにポストされているものもあります。

本書が目標としているのは、読者のみなさまが仕事をやり遂げる手助けをすることです。一般に、本書に含まれているサンプルコードは、読者のみなさまのプログラムやドキュメンテーションで使っていただいてかまいません。本書のコードを相当部分を再利用しようとしているのでなければ、私たちに連絡して許可を求める必要もありません。例えば、プログラムを書く際に本書のコードのいくつかの部分を使う程度であれば、許可は不要です。コードのサンプル CD-ROM の販売や配布を行いたい場合は、許可が必要です。本書のサンプルコードの相当量を、自分の製品のドキュメンテーションに収録する場合には、許可が必要です。

謝辞

本書にフィードバックをくださったレビューアのみなさま、Joseph Bradley、Dave Bridgeland、Chaz Chandler、Mick Davies、Sam DeHority、Vida Ha、Andrew Gal、Michael Gregson、Jan Joeppen、Stephan Jou、Jeff Martinez、Josh Mahonin、Andrew Or、Mike Patterson、Josh Rosen、Bruce Szalwinski、Xiangrui Meng、Reza Zadeh に感謝します。

また、David Andrzejewski、David Buttler、Juliet Hougland、Marek Kolodziej、Taka Shinagawa、Deborah Siegel、Dr. Normen Muller、Ali Ghodsi、Sameer Farooqui には特別な感謝を捧げます。以上のみなさまは、多くの章に対して詳細なフィードバックをくださり、おかげで大きな改善をたくさんすることができました。

また、それぞれの得意分野の章の編集と執筆に時間を割いてくださった、エキスパートのみなさまにも感謝いたします。Tathagata Das は、タイトなスケジュールの中で **10 章**を私たちと共に仕上げてくれました。Tathagata Das は、技術面での貢献に加えて、サンプルをわかりやすくし、多くの質問に答え、テキストの流れを改善してくれました。Michael Armbrust は、Spark SQL の章の正誤チェックを手伝ってくれました。Joseph Bradley は、**11 章**の MLlib の入門的なサンプルを提供してくれました。Reza Zadeh は、次元削減のテキストとコードサンプルを提供してくれました。MLlib の章については、Xiangrui Meng、Joseph Bradley、Reza Zadeh も編集を手伝い、技術的なフィードバックをくださいました。

目次

1章
Sparkによるデータ分析への招待

本章では、Apache Sparkの概要を紹介します。すでにApache Sparkとそのコンポーネントに馴染みがあるなら、本章は飛ばして2章に進んでいただいて構いません。

1.1 Apache Sparkとは何か？

Apache Sparkは、**高速**かつ**汎用的**であることを目標に設計された、クラスタコンピューティングプラットフォームです。

速度の面では、Sparkは広く使われているMapReduceのモデルを拡張し、インタラクティブなクエリやストリーム処理を含む、より多くの種類の演算処理を効率的にサポートできるようになっています。大規模なデータセットを処理する上で、速度は重要です。速度によって、データをインタラクティブに探索できるのか、あるいは数分ないし数時間待つことになるかが変わるからです。高速化のためにSparkが提供する機能の1つに、演算をオンメモリで行う機能がありますが、ディスク上で動作する複雑なアプリケーションの場合でも、SparkはシステムとしてMapReduceよりも効率が良くなっています。

汎用性という面では、Sparkの設計は、バッチアプリケーションやインタラクティブなアルゴリズム、インタラクティブなクエリ、あるいはストリーミングといった、幅広い処理をカバーできるようになっています。こうした処理を同じエンジンでサポートすることによって、Sparkでは**さまざまな種類の処理を組み合わせる**ことが容易になっています。実用的なデータ分析パイプラインにおいては、これは頻繁に必要になることです。加えて、別々のツールをメンテナンスしなければならないという管理上の負荷も軽減されることになります。

Sparkは、非常に使いやすく設計されており、Python、Java、Scala、SQL、そして多彩な組み込みライブラリによって、シンプルなAPIが提供されています。Sparkは、他のビッグデータのツールとも密接に組み合わせることができます。特に、SparkはHadoopクラスタ上で実行させることができ、Cassandraを含む、任意のHadoopのデータソースにアクセスできます。

1.2 統合スタック

Sparkプロジェクトには、密接に結合された複数のコンポーネントが含まれています。Sparkのコアには演算エンジンがあり、大量のワーカーマシン群にまたがる大量の演算タスクを含むアプリケーションのスケジューリング、分散、モニタリングを受け持ちます。この大量のワーカーマシン群は、**コンピューティングクラスタ**とも呼ばれます。Sparkのこのコアのエンジンは、高速で汎用的であり、SQLや機械学習といったさまざまな処理に特化した高レベルのコンポーネントの動力源となっています。これらのコンポーネントは、密接に連携するように設計されているので、1つのソフトウェアプロジェクトにおけるライブラリ群のように組み合わせることができます。

密接な結合という哲学には、いくつかのメリットがあります。まず、スタック中のすべてのライブラリや高レベルのコンポーネントが、下位層での改善によって恩恵を受けることができます。例えば、Sparkのエンジンの効率が改善されれば、SQLや機械学習のライブラリもまた、自動的に速度が上がることになります。第2に、スタックを実行するためのコストが最小化されることになります。これは、5から10もの独立したソフトウェアシステム群を実行するのではなく、1つのシステムだけを実行すれば済むことによります。これらのコストには、デプロイメント、メンテナンス、テスト、サポートなどが含まれます。これはまた、Sparkのスタックに新しいコンポーネントが追加されるたびに、Sparkを使っている組織は、直ちにその新しいコンポーネントを使用できることを意味します。これは、新しいタイプのデータ分析をやってみようとする場合のコストが、新しいソフトウェアプロジェクトをダウンロードし、デプロイし、使い方を学ぶことから、Sparkをアップグレードするだけになるということです。

最後に、密接な結合の最大の利点の1つに、異なる処理モデルをシームレスに組み合わせたアプリケーションが構築できることが挙げられます。Sparkでは、例えば機械学習を使って、ストリーミングソースから来たデータをリアルタイムに分類するアプリケーションを書くことができます。そして同時に、アナリストはその結果に対するクエリを、やはりリアルタイムにSQLで実行できます（例えば、そのデータを構造化されていないログファイルと結合するため）。加えて、さらに高度なデータエンジニアやデータサイエンティストは、同じデータに対してPythonのシェルからアクセスし、アドホックな分析を行うことができます。標準的なバッチアプリケーションで同じデータにアクセスする人もいるでしょう。こうしたことの全てを行いながら、ITチームは1つのシステムだけをメンテナンスしていれば済むのです。

次に、**図1-1**中のSparkの各コンポーネントを簡単に紹介して行きましょう。

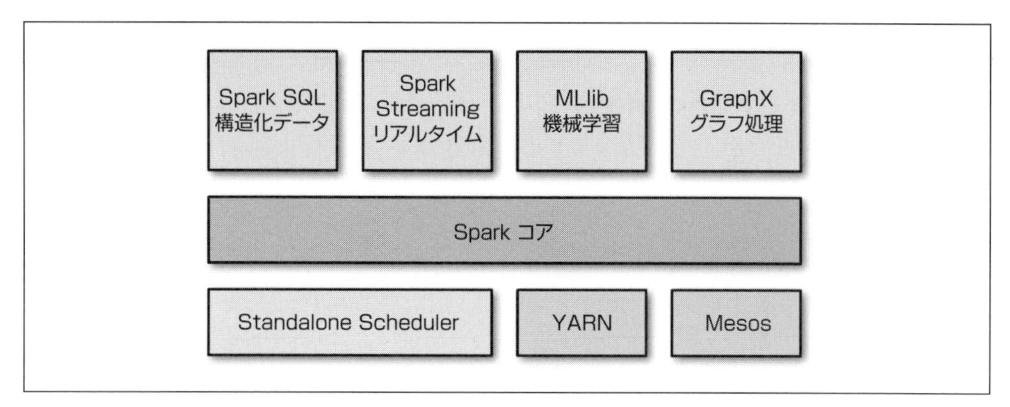

図1-1　Sparkのスタック

1.2.1　Spark Core

Spark Coreには、タスクスケジューリング、メモリ管理、障害回復、ストレージシステムとのやり取りといったコンポーネントを含む、Sparkの基本的な機能があります。Spark Coreは、Sparkにおけるプログラミングの中心的な抽象化概念である**耐障害性分散データセット**（Resilient Distributed Datasets = RDD）を定義しているAPIの本拠地でもあります。RDDは、多くのコンピュートノードにまたがって分散配置されているアイテムのコレクションを表現するものであり、並列に処理することができます。Spark Coreは、こういったコレクションを構築し、操作するためのAPIを大量に提供しています†。

1.2.2　Spark SQL

Spark SQLは、構造化データを扱うためのSparkのパッケージです。Spark SQLを使えば、SQLや、Hive Query Language（HQL）と呼ばれるHive用のSQLの変種を使って、データに対するクエリを実行できます。Spark SQLは、Hiveのテーブル、Parquet、JSONを含む、多くのデータソースをサポートしています。Spark SQLは、Sparkに対してSQLを提供しているだけではなく、RDDをPython、Java、Scalaから扱う場合にサポートされているプログラムからのデータ操作を、開発者がSQLと組み合わせることができるようになるので、SQLを複雑な分析と結合できるようになるのです。Sparkが提供するこの機能豊富なコンピューティング環境と密接に結合されているという点で、Spark SQLは他のオープンソースのデータウェアハウスのツールとは、一線を画したものになっています。Spark SQLは、Sparkのバージョン1.0で追加されました。

古いSQL-on-Sparkプロジェクトとして、カリフォルニア大学バークレー校にあるSharkがあります。これは、Apache Hiveを修正し、Spark上で動作するようにしたものですが、現在ではSparkのエンジンと言語APIをさらに密接に結合するため、Spark SQLで置き換えられていま

† 訳注：Spark1.4からは、RDDよりもさらに抽象度の高いAPIとしてDataFrame APIが提供されており、今後の基盤としての役割が大きくなっていくと思われます。詳しくは**付録B**を参照してください。

す†。

1.2.3 Spark Streaming

Spark Streamingは、データのライブストリームの処理を実現するSparkのコンポーネントです。データストリームの例としては、実働環境のWebサーバーが生成するログファイルや、Webサービスのユーザーがポストするステータスの更新情報を含むメッセージのキューなどがあります。Spark Streamingが提供するデータストリームの操作のためのAPIは、Spark CoreのRDD APIとほぼぴったり一致するので、プログラマーにとっては、このプロジェクトについて学び、メモリ上、ディスク上、あるいはリアルタイムにやってくるデータを操作するアプリケーション間を行き来することは容易です。Spark Streamingは、APIの下位層では、Spark Coreと同等のフォールトトレランス、スループット、スケーラビリティを持つように設計されています。

1.2.4 MLlib

Sparkには、一般的な機械学習（ML）の機能を含むライブラリとして、MLlibがあります。MLlibは、分類、回帰、クラスタリング、協調フィルタリングを含む複数の種類の機械学習のアルゴリズムを提供すると共に、モデルの評価やデータのインポートといった支援機能も持っています。MLlibはまた、一般的な勾配降下最適化アルゴリズムを含む、低レベルのMLプリミティブ群も提供しています。これらのメソッド群は、すべてクラスタに対してスケールアウトできるよう設計されています。

1.2.5 GraphX

GraphXは、グラフ（例えばソーシャルネットワークの友達グラフ）を操作し、グラフに対して並列に演算処理を実行するためのライブラリです。Spark StreamingやSpark SQLと同様に、GraphXはSpark RDD APIを拡張したものであり、有向グラフを生成し、それぞれの端点や辺に、任意の属性を与えることができます。GraphXは、グラフを操作するためのさまざまな演算子（例えば`subgraph`や`mapVertices`）や、一般的なグラフアルゴリズム（例えばPageRankやtraiangle counting‡）のライブラリも提供しています。

1.2.6 クラスタマネージャ

Sparkは、内部的には1台から数1,000台に及ぶ演算ノードまで効率的にスケールアウトできるように設計されています。柔軟性を最高に保ちながらそれを実現するために、Sparkはさまざまな**クラスタマネージャ**上で動作するようになっています。その中にはHadoopのYARN、Apache Mesos、そしてSpark自身が持っているStandalone Schedulerと呼ばれるシンプルなクラスタマネージャがあります。特にマシン群を指定せずにSparkをインストールするのであれば、手始

---

† 訳注：新しいSQL on SparkプロジェクトとしてHive on Sparkがあります。これはHiveの実行エンジンをMapReduceではなくSparkで実行するものです。https://cwiki.apache.org/confluence/display/Hive/Hive+on+Spark%3A+Getting+Started

‡ 訳注：グラフ内に存在する3点のノードによって構成された閉路、つまり三角形を数え上げること。

めとしてStandalone Schedulerは簡単に使い始めることができます。ただし、すでにHadoop YARNあるいはMesosのクラスタがあるのであれば、Sparkはこれらのクラスタマネージャもサポートしているので、これらの上でアプリケーションを動作させることもできます。**7章**では、多くの選択肢と、適切な選択の方法を探っていきます。

1.3　Sparkを使う人とその目的

Sparkはクラスタコンピューティングのための汎用フレームワークなので、さまざまなアプリケーションを提供するために使われます。序文では、本書のターゲットとして、データサイエンティストとデータエンジニアという、2つのグループの読者について取り上げました。ここではもっと詳しく、それぞれのグループと、そのSparkの利用方法について見ていくことにしましょう。この2つのグループ間で、典型的なユースケースが異なっているのは驚くに値しません。ここではそれらを大まかに、**データサイエンス**と**データアプリケーション**という2つに分類しましょう。

もちろん、これらの規律や利用のパターンは厳密なものではなく、多くの人々が双方にまたがるスキルを持っており、特にはデータサイエンティストとして調査を行い、そしてたまには頑健なデータ処理のアプリケーションを書くこともあるかもしれません。とはいえ、この2つのグループと、それぞれのユースケースを分けて考えてみることで、理解をしやすくなるはずです。

1.4　データサイエンスのタスク

データサイエンスは、この数年間に急速に立ち上がってきた分野であり、その中心にあるのはデータの分析です。標準的な定義は存在しないもの、本書では、**データサイエンティスト**は、データの分析とモデル化を主なタスクとする人を指します。データサイエンティストが持ちうるスキルは、SQL、統計、予想モデリング（機械学習）、そしてプログラミングなどです。通常の場合、このプログラミングは、Python、Matlab、あるいはRによるものになるでしょう。データサイエンティストは、データを変換し、分析して知見を得ることができるフォーマットにするために必要となる技術についても経験を持っていることがあります（これは**data wrangling**と呼ばれることもあります）。

データサイエンティストは、これらのスキルを使い、疑問に対する回答や、知見の発見といったゴールを持ってデータを分析します。データサイエンティストのワークフローには、しばしばアドホックな分析が含まれるので、彼らはインタラクティブシェルを使い（これは複雑なアプリケーションを構築するのと対照的です）、最小限の時間だけを使い、クエリや短いコードの結果を見ます。Sparkのスピードとシンプルな APIはそのためにぴったりであり、組み込みのライブラリが用意されていることで、多くのアルゴリズムをインストール直後から使うことができます。

Sparkは、多くのコンポーネントによって、多くのデータサイエンスのタスクをサポートします。Sparkシェルを使えば、PythonあるいはScalaを使ってインタラクティブにデータ分析をすることが容易になります。Spark SQLは独自のシェルを持っており、SQLを使ってデータの探索を行うことができます。Spark SQLは、通常のSparkのプログラムの一部として使うことも、Sparkシェルの中から使うこともできます。機械学習とデータ分析は、MLlibライブラリによってサポートされています。加えて、MatlabやRによる外部プログラムの呼び出しもサポートされています。データサイエンティストは、Sparkを使うことによって、RやPandasでは扱うことのできなかった大規模なデータサイズの問題に取り組むことができるようになるのです。

場合によっては、初期の探求フェーズの後、データサイエンティストの作業が製品化、あるいは拡張や強化（例えばフォールトトレラント化）になり、ビジネスアプリケーションのコンポーネントの1つとして製品化されるようなデータ処理のアプリケーションになることがあります。例えば、データサイエンティストによる初期の調査が、製品のレコメンデーションシステムの作成につながり、それがWebアプリケーションに組み込まれ、ユーザーに対する製品のサジェッションの生成に使われることもあるでしょう。データサイエンティストの成果を製品化するプロセスをリードするのは別の人物やチームになり、その人物がエンジニアであることは、よくあることです。

1.4.1 データ処理アプリケーション

これ以外のSparkの主なユースケースは、エンジニアの目線から説明することができます。ここでいうエンジニアとは、Sparkを使って実稼働させるデータ処理アプリケーションを構築するソフトウェア開発者という大きな集団です。こうした開発者は、通常カプセル化やインターフェイスの設計、あるいはオブジェクト指向プログラミングといったソフトウェアエンジニアリングの原則を理解しています。こうした人々は、コンピュータサイエンスの学位を持っていることもしばしばであり、自分のエンジニアリングスキルを活かして、ビジネス上のユースケースに対応するソフトウェアシステムを設計、構築します。

エンジニアにとっては、Sparkはクラスタ上に渡るアプリケーションを並列化するためのシンプルな方法を提供し、分散システムのプログラミングやネットワーク通信、フォールトトレランスの複雑さを隠蔽してくれるものです。Sparkのシステムを利用することによって、エンジニアはアプリケーションのモニタリング、調査、チューニングを十分にコントロールしながら、一般的なタスクをすばやく実装できるようになります。SparkのAPIはモジュール化されている（これは、オブジェクトの分散コレクションの受け渡しに基づいています）ので、成果を再利用可能なライブラリとし、それをローカルでテストすることが簡単にできるようになります。

ユーザーがデータ処理アプリケーションにSparkを使うのは、Sparkが広範囲の機能を提供し、学ぶのも使うのも容易であり、成熟して信頼性があるからなのです。

1.5 Sparkの歴史

Sparkはオープンソースのプロジェクトであり、その開発とメンテナンスを行ってきた開発者のコミュニティは、発展を続け、多様化しています。もし読者や読者の組織がSparkを初めて使おうとしているなら、このプロジェクトの歴史についても興味をお持ちかもしれません。Sparkは、2009年にUCバークレーのRAD Labにおける研究プロジェクトとして誕生しました。RAD LabはのちにAMPLabになりましたが、その研究者たちはHadoop MapReduceを使っており、繰り返しを伴うインタラクティブな演算ジョブの場合、MapReduceが非効率であることに気づいていました。そのため、Sparkは最初からインタラクティブなクエリやイテレーティブなアルゴリズムを高速に扱えるように設計されており、インメモリストレージや、効率的なフォールトリカバリのサポートといった概念を持っていました。

Sparkが2009年に誕生したすぐ後、Sparkに関する研究論文がアカデミックなカンファレンスで発表された時点で、すでにSparkはある種のジョブにおいては、MapReduceの10倍から20倍の速度を持っていました。

Sparkの初期のユーザーの中には、UCバークレー内の他のグループもおり、その中にはMobile Milleniumプロジェクトのような機械学習の研究者たちもいました。彼らは、サンフランシスコのベイエリアの交通渋滞のモニタリングと予測にSparkを利用しました。とはいえ、ごく短い間に外部の多くの組織がSparkを使い始め、今日ではSpark PoweredByのページ（https://cwiki.apache.org/confluence/display/SPARK/Powered+By+Spark）には50以上の組織の名前が掲載されており、数10の組織が自分たちのユースケースを、Spark Meetups（http://www.meetup.com/spark-users/）やSpark Summit（http://spark-summit.org）などのSparkのコミュニティイベントで発表しています。Sparkへの主なコントリビュータには、UCバークレーに加えて、Databricks、Yahoo!、Intelがその名を連ねています。

2011年には、AMPLabがShark（Spark上で動作するHive[†]）やSpark Streamingといった、Sparkの高レベルのコンポーネントの開発を開始しました。これらのコンポーネントやその他のコンポーネントは、Berkley Data Analitics Stack（BDAS）と呼ばれることもあります（https://amplab.cs.berkeley.edu/software/）。

Sparkがオープンソース化されたのは2010年の3月で、2013年の6月にはApache Software Foundationへの移行が行われました。現在では、SparkはApacheのトップレベルプロジェクトの1つになっています。

1.6 Sparkのバージョンとリリース

Sparkは、その誕生の時点から活発なプロジェクトであり、活発なコミュニティを持っていました。コントリビュータの数もリリースごとに増加してきています。Spark 1.0には、100人を超えるコントリビュータがいました。活動の活発さは急速に高まっていますが、Sparkのコミュニティは定期的にSparkのアップデートバージョンをリリースし続けています。Spark 1.0は2014年の5月にリリースされました。本書は、主にSpark 1.1.0以降に焦点を当てていますが、概念やサンプルの多くは、それ前のバージョンにも適用できます。

1.7 Sparkのストレージ層

Sparkは、Hadoop分散ファイルシステム（HDFS）や、HadoopのAPIがサポートしているその他のストレージシステム（これにはローカルファイルシステム、Amazon S3、Cassandra、Hive、HBaseなどが含まれます）に保存された任意のファイルから、分散データセットを生成することができます。重要なことですが、SparkはHadoopを必要としません。単に、Sparkは

† Shark は Spark SQL で置き換えられています。

HadoopのAPIを実装しているストレージシステムをサポートしているというだけなのです。Sparkは、テキストファイル、SequenceFile、Avro、Parquet、あるいはその他のHadoopのInputFormatをサポートしています。こういったデータソースの扱いについては、**5章**で見ていきます。

2章 Sparkのダウンロードと起動

本章では、Sparkのダウンロードと、1台のコンピュータ上でのローカルモードでの実行の様子を、一通り見ていきます。本章が対象とするのは、データサイエンティストであれエンジニアであれ、まだSparkを使ったことがない方です。

Sparkは、Python、Java、Scalaから利用できます。本書は、プログラミングのエキスパートでなくとも活用できますが、最低でもこういった言語のいずれか1つの基本的な構文に馴染みがあることを前提としています。可能な場合には、すべての言語でサンプルを用意しています。

Sparkそのものは Scalaで書かれており、Java仮想マシン（JVM）上で動作します。Sparkを自分のノートPCあるいはクラスタ上で実行したい場合、必要になるのはバージョン6以降のJavaをインストールしておくことだけです。PythonのAPIを使いたいなら、Pythonのインタープリタ（バージョン2.6以降）も必要になります。Sparkは、現時点ではPython 3では動作しません†。

2.1 Sparkのダウンロード

Sparkを使うために最初にやらなければならないことは、ダウンロードと展開です。まず、コンパイル済みの最新リリースバージョンのSparkをダウンロードしましょう。http://spark.apache.org/downloads.htmlにアクセスし、Spark releaseの1.4.0を選択し、Pre-built for Hadoop 2.6 and laterという種類のパッケージを選択し、Direct Downloadをクリックしてください。これで、spark-1.4.0-bin-hadoop2.6.tgzという名前の圧縮されたTARファイル、すなわち**tarball**がダウンロードされます。

Windowsを使っている場合、ディレクトリの名前に空白が含まれていると、Sparkのインストール時に問題が生ずるかもしれません。その場合、空白を含まない名前のディレクトリ（例えば`C:\spark`）にSparkをインストールしてください。

Hadoopはなくても構いませんが、Hadoopクラスタあるいは HDFSがすでにインストールされ

† 訳注：Spark 1.4では正式にPython 3がサポートされました。

ているなら、それに対応するバージョンをダウンロードしてください。それには、http://spark.apache.org/downloads.htmlで別の種類のパッケージを選択することになり、ファイル名はやや異なっているかもしれません。あるいは、ソースコードからビルドすることも可能です。最新のソースコードをGitHub（https://github.com/apache/spark）で探すか、ダウンロードの際にパッケージの種類としてSource Codeを選択してください。

Mac OS Xを含むほとんどのUnixあるいはLinuxのバリエーションでは、tarというコマンドラインツールを使ってTARファイルを展開することができます。使用するオペレーティングシステムにtarコマンドがインストールされていない場合は、インターネットでフリーのTARの展開ツールを探してください。例えばWindowsであれば、7-Zipなどを試してみると良いでしょう。

これでSparkがダウンロードできたので、デフォルトのSparkのディストリビューションの中身を見てみることにしましょう。それにはターミナルを開き、Sparkをダウンロードしたディレクトリに移動し、ファイルをuntarしてください。これで、新しいディレクトリが元のファイルから拡張子の.tgzを除いた名前で作成されます。このディレクトリに入って、中を見てみてください。この一連の処理は、次のようなコマンドで行えます。

```
cd
tar -xf spark-1.4.0-bin-hadoop2.6.tgz
cd spark-1.4.0-bin-hadoop2.6
ls
```

tarコマンドが含まれている行では、xフラグによってtarに対してファイルを展開することを、fフラグによってtarballの名前を指示しています。lsコマンドは、Sparkのディレクトリの中身のリストを取っています。Sparkの中に入っているファイルやディレクトリの中で、特に重要なもののいくつかについて、名前を目的を大まかに見ていきましょう。

README.md

Sparkを使い始めるための簡単な手順が書かれています。

bin

Sparkといくつかの方法でやり取りするために使われる実行ファイル群が含まれています（例えば、本章で後ほど取り上げるSparkシェル）。

core, streaming, python...

Sparkプロジェクトの主要なコンポーネントのソースコードが含まれています。これらのディレクトリは、ビルド済みのtarballには含まれていません。

examples

Spark APIを学ぶために参考にし、実行してみることができる、便利なSparkのスタンダアローンジョブ群が含まれています。

Spark プロジェクトには大量のディレクトリやファイルがありますが、心配することはありません。それらのほとんどは、本書でこの後取り上げていきます。この時点では、Spark の Python および Scala のシェルを試していくことにしましょう。まずは、Spark に付属しているサンプルをいくつか実行してみて、その後に自分自身のシンプルな Spark ジョブを書いて、コンパイルし、実行してみましょう。

本章で行う作業は、いずれも Spark を**ローカルモード**で動作させます。これは非分散モードであり、使うマシンは 1 台だけです。Spark は多彩なモード、あるいは環境で動作させることができます。ローカルモードの先には、Mesos、YARN、あるいは Spark のディストリビューションに含まれている Standalone Scheduler で動作させる方法があります。各種のデプロイメントモードについては、**7 章**で取り上げます。

2.2　SparkのPythonおよびScalaシェルの紹介

Spark にはインタラクティブシェルが付属しており、それを使ってアドホックなデータ解析を行うことができます。R や Python、Scala、あるいは Bash や Windows のコマンドプロンプトのようなオペレーティングシステムのシェルを使った経験があれば、Spark のシェルにもすぐ馴染めるはずです。

とはいえ、他の多くのシェルがあくまで単一のマシン上のディスクやメモリ内のデータを扱うものなのに対し、Spark のシェルでは多くのマシン上のディスクやメモリに分散配置されているデータを扱うことができ、処理の分散については Spark が自動的に面倒を見てくれます。

Spark は、ワーカーノード群のメモリにデータをロードできるので、多くの分散処理は、たとえ数 10 台のマシン上にまたがる数テラバイトのデータを処理する場合であっても、数秒以内に実行することができます。そのため Spark は、一般的にはシェルで行われるような、インタラクティブな処理や、アドホックな処理、あるいは探索的な分析などに向いています。Spark は、Python と Scala のシェルを提供しており、これらはクラスタへの接続をサポートするよう、拡張されています。

本書では、ほとんどの場合 Spark で使えるすべての言語でのコードを掲載していますが、インタラクティブシェルが使えるのは Python と Scala のみです。API を学ぶ上でシェルは非常に便利なので、読者が Java の開発者であっても、Python もしくは Scala のサンプルを使うことをお勧めします。API そのものは、どの言語でも似ています。

Spark のシェルのパワーを見てみる最も簡単な方法は、いずれかのシェルでシンプルなデータ分析を始めてみることです。Spark の公式ドキュメント中の、Quick Start Guide（http://spark.apache.org/docs/latest/quick-start.html）のサンプルを見ていくことにしましょう。

最初のステップは、いずれかの Spark のシェルを開いてみることです。Python バージョンの Spark シェルを開くには、Spark ディレクトリに移動して次のように入力します。このシェルを、

PySpark Shellと呼ぶことにしましょう。

```
bin/pyspark
```

(Windowsの場合はbin\pyspark)

Scalaバージョンのシェルを開くには、次のように入力します。

```
bin/spark-shell
```

数秒で、シェルのプロンプトが表示されるはずです。シェルが起動すると、多くのメッセージが表示されます。ログの出力をクリアし、シェルのプロンプトに進むためには1度Enterキーを押す必要があるかもしれません。**図2-1**は、PySparkシェルを開いたところです。

```
holden@hmbp2:~/Downloads/spark-1.1.0-bin-hadoop1$ ./bin/pyspark
Python 2.7.6 (default, Mar 22 2014, 22:59:56)
[GCC 4.8.2] on linux2
Type "help", "copyright", "credits" or "license" for more information.
Spark assembly has been built with Hive, including Datanucleus jars on classpath
Using Spark's default log4j profile: org/apache/spark/log4j-defaults.properties
14/11/19 14:33:49 WARN Utils: Your hostname, hmbp2 resolves to a loopback address: 127.0.1.1; using 172.17.42.1 instead (on interface docker0)
14/11/19 14:33:49 WARN Utils: Set SPARK_LOCAL_IP if you need to bind to another address
14/11/19 14:33:49 INFO SecurityManager: Changing view acls to: holden,
14/11/19 14:33:49 INFO SecurityManager: Changing modify acls to: holden,
14/11/19 14:33:49 INFO SecurityManager: SecurityManager: authentication disabled; ui acls disabled; users with view permissions: Set(holden, )
; users with modify permissions: Set(holden, )
14/11/19 14:33:49 INFO Slf4jLogger: Slf4jLogger started
14/11/19 14:33:49 INFO Remoting: Starting remoting
14/11/19 14:33:49 INFO Remoting: Remoting started; listening on addresses :[akka.tcp://sparkDriver@172.17.42.1:35021]
14/11/19 14:33:49 INFO Remoting: Remoting now listens on addresses: [akka.tcp://sparkDriver@172.17.42.1:35021]
14/11/19 14:33:49 INFO Utils: Successfully started service 'sparkDriver' on port 35021.
14/11/19 14:33:49 INFO SparkEnv: Registering MapOutputTracker
14/11/19 14:33:49 INFO SparkEnv: Registering BlockManagerMaster
14/11/19 14:33:49 INFO DiskBlockManager: Created local directory at /tmp/spark-local-20141119143349-5776
14/11/19 14:33:49 INFO Utils: Successfully started service 'Connection manager for block manager' on port 57218.
14/11/19 14:33:49 INFO ConnectionManager: Bound socket to port 57218 with id = ConnectionManagerId(172.17.42.1,57218)
14/11/19 14:33:49 INFO MemoryStore: MemoryStore started with capacity 265.4 MB
14/11/19 14:33:49 INFO BlockManagerMaster: Trying to register BlockManager
14/11/19 14:33:49 INFO BlockManagerMasterActor: Registering block manager 172.17.42.1:57218 with 265.4 MB RAM
14/11/19 14:33:49 INFO BlockManagerMaster: Registered BlockManager
14/11/19 14:33:49 INFO HttpFileServer: HTTP File server directory is /tmp/spark-399c53ec-0be8-4043-9a7d-9345e970576d
14/11/19 14:33:49 INFO HttpServer: Starting HTTP Server
14/11/19 14:33:49 INFO Utils: Successfully started service 'HTTP file server' on port 49008.
14/11/19 14:33:49 INFO Utils: Successfully started service 'SparkUI' on port 4040.
14/11/19 14:33:49 INFO SparkUI: Started SparkUI at http://172.17.42.1:4040
14/11/19 14:33:49 INFO AkkaUtils: Connecting to HeartbeatReceiver: akka.tcp://sparkDriver@172.17.42.1:35021/user/HeartbeatReceiver
Welcome to
      ____              __
     / __/__  ___ _____/ /__
    _\ \/ _ \/ _ `/ __/  '_/
   /__ / .__/\_,_/_/ /_/\_\   version 1.1.0
      /_/

Using Python version 2.7.6 (default, Mar 22 2014 22:59:56)
SparkContext available as sc.
>>>
```

図2-1　デフォルトのログ出力が表示されているPySparkシェルの様子

シェルに出力されたログの内容には、びっくりさせられたかもしれません。ログの冗長度は調整することができます。それには、confディレクトリにlog4j.propertiesというファイルを作成します。Sparkの開発者たちは、このファイルのためのテンプレートとしてlog4j.properties.templateというファイルを用意してくれています。ロギングの冗長度を下げるには、conf/log4j.properties.templateをコピーしてconf/log4j.propertiesというファイルを作成し、次の行を検索します。

```
log4j.rootCategory=INFO, console
```

そして、この行を次のように変更して、WARNレベル以上のメッセージだけが表示されるよう、ログレベルを下げましょう。

```
log4j.rootCategory=WARN, console
```

シェルを開き直せば、出力が減っているはずです（図2-2）。

```
holden@hmbp2:~/Downloads/spark-1.1.0-bin-hadoop1$ ./bin/pyspark
Python 2.7.6 (default, Mar 22 2014, 22:59:56)
[GCC 4.8.2] on linux2
Type "help", "copyright", "credits" or "license" for more information.
Spark assembly has been built with Hive, including Datanucleus jars on classpath
14/11/19 14:38:03 WARN Utils: Your hostname, hmbp2 resolves to a loopback address: 127.0.1.1; using 172.17.42.1 instead (on interface docker0)
14/11/19 14:38:03 WARN Utils: Set SPARK_LOCAL_IP if you need to bind to another address
Welcome to
                                                    version 1.1.0

Using Python version 2.7.6 (default, Mar 22 2014 22:59:56)
SparkContext available as sc.
>>>
```

図2-2　ログ出力を減らしたPySparkシェルの様子

IPythonの利用

IPythonは、多くのユーザーが好んで使っている拡張版のPythonシェルで、タブ補完などの機能が提供されています。インストール方法については、http://ipython.org をご覧ください。SparkでIPythonを使うには、環境変数のIPYTHONを1に設定します。

```
IPYTHON=1 ./bin/pyspark
```

WebブラウザベースのIPythonであるIPython Notebookを使うには、次のようにします。

```
IPYTHON_OPTS="notebook" ./bin/pyspark
```

Windowsの場合は、環境変数を設定して、次のようにシェルを実行してください。

```
set IPYTHON=1
bin\pyspark
```

Sparkでは、演算処理を分散コレクションに対する処理の並びとして表現していきます。この処理は、自動的にクラスタ内で並列化されます。これらのコレクションは**耐障害性分散データセット**、あるいはRDD（Resilient Distributed Datasets）と呼ばれます。RDDは、Sparkにおいて分散データと分散演算処理の基礎となる抽象概念です。

RDDについてさらに述べる前に、ローカルのテキストファイルからシェルの中でRDDを1つ作成し、シンプルなアドホック解析を実行してみましょう。Pythonなら**リスト2-1**を、Scalaなら**リスト2-2**を実行してみてください。

リスト2-1 Pythonでの行カウント

```
>>> lines = sc.textFile("README.md") # linesというRDDを生成する

>>> lines.count() # このRDD内のアイテム数をカウントする
98
>>> lines.first() # このRDD内の先頭のアイテム、すなわちREADME.mdの先頭行
u'# Apache Spark'
```

リスト2-2 Scalaでの行カウント

```
scala> val lines = sc.textFile("README.md") // linesというRDDを生成する
lines: org.apache.spark.rdd.RDD[String] = MapPartitionsRDD[...]...

scala> lines.count() // このRDD内のアイテム数をカウントする
res0: Long = 98

scala> lines.first() // このRDD内の先頭のアイテム、すなわちREADME.mdの先頭行
res1: String = # Apache Spark
```

シェルを終了するには、Ctrl-Dを押してください。

7章でさらに議論しますが、メッセージの中に`INFO SparkUI: Started SparkUI at http://[ipaddress]:4040`という行があることに気がついたかもしれません。このアドレスからSpark UIにアクセスすれば、タスクやクラスタに関するあらゆる情報を見ることができます。

リスト2-1と**リスト2-2**では、`lines`という変数がRDDであり、ここではローカルマシン上のテキストファイルから生成されています。RDDに対しては、データセット内の要素数のカウント（ここではファイル中のテキストの行数）や、先頭のアイテムの出力といった、多くの並列操作を行うことができます。RDDについては、この後の章で詳細な議論をしていきますが、先へ進む前に、Sparkの基本的な概念をしばらく紹介していくことにしましょう。

2.3　Sparkの中核となっている概念

初めてのSparkのコードをシェルを使って実行できたところで、さらに詳しくSparkのプログラミングについて学んでいきましょう。

高いレベルから見れば、すべてのSparkのアプリケーションには、クラスタ上で複数の並列操作を起動する**ドライバプログラム**が含まれます。このドライバプログラムは、アプリケーションのmain関数を持ち、クラスタ上の分散データセットを定義してから、それらに対して操作を適用していきます。先ほどの例では、ドライバプログラムはSparkシェルそのものであり、読者のみなさんは実行したい操作を入力するだけでした。

ドライバプログラムは、SparkContextオブジェクトを通じてSparkにアクセスします。SparkContextは、演算クラスタへの接続を表現します。シェルの中では、SparkContextはscという変数として自動的に生成されます。**リスト2-3**のようにscを出力して、その型を見てみてください。

リスト2-3　変数scを調べる

```
>>> sc
<pyspark.context.SparkContext object at 0x1025b8f90>
```

SparkContextがあれば、それを使ってRDDを構築できます。**リスト2-1**や**リスト2-2**では、sc.textFile()を呼んで、ファイル中のテキストの行を表すRDDを生成しました。その後は、count()などの操作をこれらの行に対して実行できます。

これらの操作を実行するために、ドライバプログラムは通常、**エクゼキュータ**と呼ばれるノードの数を管理しています。例えば、count()操作をクラスタ上で実行した場合、複数のマシン群が、ファイル中の別々の範囲の中の行をカウントするかもしれません。先ほどはSparkシェルをローカルで実行しただけなので、全ての処理は単一のマシン上で実行されました。しかし、同じシェルをクラスタに接続すれば、データを並列に分析できます。**図2-3**は、Sparkがクラスタ上で動作する様子を表しています。

最後に、SparkのAPIの多くの中心的な動作は、演算子に渡された関数をクラスタ上で実行することです。例えば、先ほどのREADMEのサンプルは、ファイル中の行をPythonという単語を含むかどうかでフィルタリングするように拡張できます。**リスト2-4**（Python版）と**リスト2-5**（Scala版）をご覧ください。

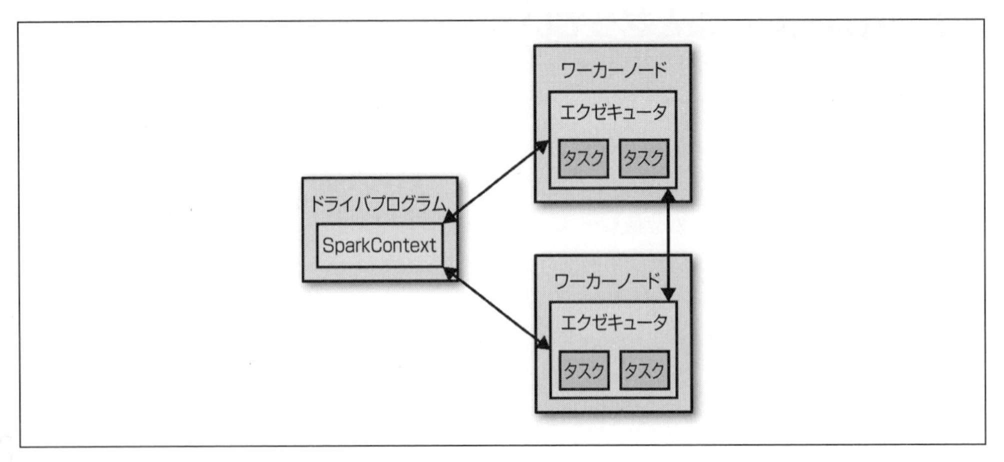

図2-3 Sparkでの分散実行のコンポーネント群

リスト2-4 Pythonでのフィルタリングの例

```
>>> lines = sc.textFile("README.md")

>>> pythonLines = lines.filter(lambda line: "Python" in line)

>>> pythonLines.first()
u'high-level APIs in Scala, Java, and Python, and an optimized engine that'
```

リスト2-5 Scalaでのフィルタリングの例

```
scala> val lines = sc.textFile("README.md") // linesというRDDを生成する
lines: org.apache.spark.rdd.RDD[String] = MapPartitionsRDD[...]...

scala> val pythonLines = lines.filter(line => line.contains("Python"))
pythonLines: org.apache.spark.rdd.RDD[String] = MapPartitionsRDD[...]...

scala> pythonLines.first()
res0: String = high-level APIs in Scala, Java, and Python, and an optimized engine that
```

Sparkへの関数の渡し方

リスト2-4や**リスト2-5**の`lambda`や`=>`という構文に慣れていない方のために説明すると、これらはそれぞれPythonとScalaで、関数をインラインで定義するためのショートカットです。これらの言語でSparkを使う場合、関数を別個に定義して、その名前をSparkに渡すこともできます。Pythonの例を次にご覧いただきましょう。

```
def hasPython(line):
    return "Python" in line

pythonLines = lines.filter(hasPython)
```

関数をSparkに渡すことはJavaでもできますが、この場合はクラスとして定義をしたうえで、Functionというインターフェイスを実装します。例をご覧いただきましょう。

```
JavaRDD<String> pythonLines = lines.filter(
  new Function<String, Boolean>() {
    Boolean call(String line) { return line.contains("Python"); }
  }
);
```

Java 8では、PythonやScalaの場合に似た、**ラムダ式**というショートカット構文が導入されました。これを使った場合のコードは、次のようになります。

```
JavaRDD<String> pythonLines = lines.filter(line -> line.contains("Python"));
```

関数の渡し方については、「3.4 Sparkへの関数の渡し方」でさらに議論します。

Spark APIは、後ほどさらに詳しく取り上げますが、Sparkの魔法の多くは、`filter`のような関数ベースの操作もまた、**クラスタに渡って並列化される**ことにあります。すなわち、Sparkは自動的に関数を選択し（例えば`line.contains("Python")`のような）、それをエクゼキュータノードに転送するのです。従って、単一のドライバプログラム中にコードを書けば、その一部が自動的に複数のノード上で実行されることになるわけです。RDD APIについては、**3章**で詳しく取り上げます。

2.4 スタンドアローンのアプリケーション

本章のSparkのクイックツアーでまだ見ていない最後のピースは、Sparkをスタンドアローンのプログラムの中で使う方法です。Sparkは、インタラクティブに動作させるだけではなく、Java、Scala、あるいはPythonのいずれのスタンドアローンアプリケーションともリンクできます。この場合、Sparkをシェルから使う場合との主な違いは、自分でSparkContextを初期化しなければならない点です。その後は、同じAPIを使うことができます。

Sparkをリンクする方法は、言語ごとに異なります。JavaとScalaの場合は、アプリケーションに対してMavenの依存関係を`spark-core`アーティファクトに設定します。本書の執筆時点では最新のSparkはバージョン1.4.0であり、それに対するMavenの設定は次のようになります。

```
groupId = org.apache.spark
artifactId = spark-core_2.10
version = 1.4.0
```

Mavenは、Javaベースの言語で広く使われているパッケージ管理ツールであり、公開リポジトリ内のライブラリへのリンクを設定することができます。Mavenそのものを使ってプロジェクトをビルドすることもできますが、Scalaのsbtや Gradleといった、Mavenリポジトリと通信する他のツールを使うこともできます。Eclipseのような、広く使われている統合開発環境でも、Mavenへの依存関係をプロジェクトに直接追加できます。

Pythonでは、アプリケーションは単純にPythonのスクリプトとして書くことになりますが、それらはSparkに含まれているbin/spark-submitスクリプトを使って実行しなければなりません。このスクリプトはSparkのPython APIが動作する環境をセットアップします。自分のスクリプトを実行するのに必要なのは、**リスト2-6**のようなコマンドを使うことだけです。

リスト2-6 Pythonスクリプトの実行

```
bin/spark-submit my_script.py
```

Winowsの場合は、/（スラッシュ）の代わりに¥または\（¥マークまたはバックスラッシュ）を使わなければならないことに注意してください。

2.5 SparkContextの初期化

アプリケーションをSparkにリンクしたなら、Sparkのパッケージ群を自分のプログラムにインポートし、SparkContextを生成しなければなりません。それにはまず、SparkConfオブジェクトを生成して、アプリケーションの設定を行い、そしてSparkContextを構築します。**リスト2-7**から**リスト2-9**までは、サポートされているそれぞれの言語で、この手順を示したものです。

リスト2-7 PythonでのSparkの初期化

```
from pyspark import SparkConf, SparkContext

conf = SparkConf().setMaster("local").setAppName("My App")
sc = SparkContext(conf = conf)
```

リスト2-8 ScalaでのSparkの初期化

```
import org.apache.spark.SparkConf
import org.apache.spark.SparkContext
import org.apache.spark.SparkContext._

val conf = new SparkConf().setMaster("local").setAppName("My App")
val sc = new SparkContext(conf)
```

リスト2-9　JavaでのSparkの初期化

```
import org.apache.spark.SparkConf;
import org.apache.spark.api.java.JavaSparkContext;

SparkConf conf = new SparkConf().setMaster("local").setAppName("My App");
JavaSparkContext sc = new JavaSparkContext(conf);
```

これらの例は、SparkContextを初期化するための最小限の方法で、パラメータを2つだけ渡しています。

- **クラスタのURL**：Sparkにクラスタへの接続方法を指定します。これらの例では`local`を指定していますが、これは特別な値であり、Sparkをクラスタに接続することなく、ローカルマシン上の単一のスレッドで動作させます。
- **アプリケーション名**：ここでの例では`My App`です。クラスタに接続した場合、クラスタマネージャのUIではこの名前でアプリケーションを識別することになります。

アプリケーションの実行や、クラスタに配送されるコードを追加するための追加パラメータもありますが、それらについては、本書の後々の章で取り上げていきます。

SparkContextを初期化した後は、先に示したようなRDDの生成（例えばテキストファイルから）と操作のためのメソッドが、すべて利用できるようになります。

最後に、Sparkをシャットダウンするには、SparkContextの`stop()`メソッドを呼ぶか、単純にアプリケーションを終了させます（例えば`System.exit(0)`や`sys.exit()`で）。

この簡単な概要紹介は、スタンドアローンのSparkアプリケーションをノートPCで実行するのに必要な内容に留めます。さらに高度な設定については、**7章**でアプリケーションのクラスタへの接続を取り上げます。その際には、アプリケーションをパッケージ化して、コードが自動的にワーカーノードに配送されるようにする方法も紹介しましょう。現時点では、公式なSparkのドキュメンテーション中の、Quick Start Guide（http://spark.apache.org/docs/latest/quick-start.html）を参照してください。

2.6　スタンドアローンアプリケーションの構築

ビッグデータの書籍の導入部の章としては、ワードカウントのサンプルを欠かすわけにはいきません。単一のマシン上で動作するワードカウントの実装はシンプルですが、分散フレームワークでワードカウントがサンプルとして広く使われるのは、大量のワーカーノードからデータを読み取って結合する必要があるためです。ここでは、sbtとMavenをどちらも使って、シンプルなワードカウントのサンプルをビルドし、パッケージ化する方法を見ていきましょう。このサンプルはすべてまとめてビルドすることができますが、最小限の依存関係だけで単純化したビルドのやり方を示すために、`learning-spark-examples/mini-complete-example`ディレクトリの下に独立した小さなプロジェクトを置いておきました。**リスト 2-10**（Java）と**リスト 2-11**（Scala）をご覧ください。

リスト2-10　Javaでのワードカウントアプリケーション。詳細はまだ気にしないでください

```
// JavaのSpark Contextの生成
SparkConf conf = new SparkConf().setAppName("wordCount");
JavaSparkContext sc = new JavaSparkContext(conf);
// 入力データのロード
JavaRDD<String> input = sc.textFile(inputFile);
// 単語に分割
JavaRDD<String> words = input.flatMap(
  new FlatMapFunction<String, String>() {
    public Iterable<String> call(String x) {
      return Arrays.asList(x.split(" "));
    }});
// 単語とカウントに変換
JavaPairRDD<String, Integer> counts = words.mapToPair(
  new PairFunction<String, String, Integer>(){
    public Tuple2<String, Integer> call(String x){ return
      new Tuple2(x, 1);
   }}).reduceByKey(new Function2<Integer, Integer, Integer>(){
        public Integer call(Integer x, Integer y){ return x + y;}});
// ワードカウントをテキストファイルに保存して、式が評価される。
counts.saveAsTextFile(outputFile);
```

リスト2-11　Scalaでのワードカウントアプリケーション。詳細はまだ気にしないでください

```
// ScalaのSpark Context.の生成。
val conf = new SparkConf().setAppName("wordCount")
val sc = new SparkContext(conf)
// 入力データのロード。
val input = sc.textFile(inputFile)
// 単語に分割。
val words = input.flatMap(line => line.split(" "))
// 単語とカウントに変換。
val counts = words.map(word => (word, 1)).reduceByKey{case (x, y) => x + y}
// ワードカウントをテキストファイルに保存して、式が評価される。
counts.saveAsTextFile(outputFile)
```

これらのアプリケーションは、sbt（**リスト 2-12**）でもMaven（**リスト 2-12**）でも、とてもシンプルなビルドファイルでビルドできます。Spark Coreへの依存性はprovidedとしてありますが、これは後からアセンブリのJARファイルを使う場合には、ワーカーのクラスパス上にspark-coreのJARは存在しているので、ビルドの時点ではインクルードしないようにするためです。

リスト2-12 sbtのビルドファイル

```
name := "learning-spark-mini-example"

version := "0.0.1"

scalaVersion := "2.10.4"

// 追加のライブラリ群
libraryDependencies ++= Seq(
  "org.apache.spark" %% "spark-core" % "1.2.0" % "provided"
)
```

リスト2-13 Mavenのビルドファイル

```
<project>
  <groupId>com.oreilly.learningsparkexamples.mini</groupId>
  <artifactId>learning-spark-mini-example</artifactId>
  <modelVersion>4.0.0</modelVersion>
  <name>example</name>
  <packaging>jar</packaging>
  <version>0.0.1</version>
  <dependencies>
    <dependency> <!-- Spark dependency -->
      <groupId>org.apache.spark</groupId>
      <artifactId>spark-core_2.10</artifactId>
      <version>1.2.0</version>
      <scope>provided</scope>
    </dependency>
  </dependencies>
  <properties>
    <java.version>1.6</java.version>
  </properties>
  <build>
    <pluginManagement>
      <plugins>
        <plugin>
          <groupId>org.apache.maven.plugins</groupId>
          <artifactId>maven-compiler-plugin</artifactId>
          <version>3.1</version>
          <configuration>
            <source>${java.version}</source>
            <target>${java.version}</target>
          </configuration>
        </plugin>
      </plugins>
    </pluginManagement>
  </build>
</project>
```

spark-coreパッケージは、アプリケーションをアセンブリJARにパッケージ化する場合に備えて、providedとしています。このことについては、**7章**で詳しく取り上げます。

ビルドの定義ができたなら、アプリケーションは簡単にビルドでき、bin/spark-submitスクリプトを使って実行できます。spark-submitスクリプトは、Sparkが使用する大量の環境変数をセットアップします。Scala（**リスト2-14**）のサンプルも、Java（**リスト2-15**）のサンプルも、共にmini-complete-exampleディレクトリからビルドできます。

リスト2-14　sbtでのビルドと実行

```
sbt clean package
$SPARK_HOME/bin/spark-submit \
  --class com.oreilly.learningsparkexamples.mini.scala.WordCount \
  ./target/...(as above) \
  ./README.md ./wordcounts
```

リスト2-15　Mavanでのビルドと実行

```
mvn clean && mvn compile && mvn package
$SPARK_HOME/bin/spark-submit \
  --class com.oreilly.learningsparkexamples.mini.java.WordCount \
  ./target/learning-spark-mini-example-0.0.1.jar \
  ./README.md ./wordcounts
```

Sparkへのアプリケーションのリンクのさらに詳細な例については、Sparkの公式ドキュメンテーションのQuick Start Guide（http://spark.apache.org/docs/latest/quick-start.html）を参照してください。**7章**では、Sparkのアプリケーションのパッケージ化をさらに詳しく取り上げます。

2.7 まとめ

本章では、Sparkのダウンロード、ノートPC上でのローカルでの実行、インタラクティブな利用、そしてスタンドアローンのアプリケーションからの利用を取り上げました。Sparkでのプログラミングに必要な、中核となる考え方の概要を紹介しました。ドライバプログラムはSparkContextとRDDを生成し、RDDに対して並列に処理を行います。次章では、RDDの操作についてさらに深く見ていくことにしましょう。

3章
RDDを使ったプログラミング

本章では、Sparkでデータを扱う上で核となる抽象化を行う、耐障害性分散データセット（RDD：Resilient Distributed Dataset）を紹介します。RDDは、分散された要素のコレクションにすぎません。Sparkでは、すべての作業は新しいRDDの生成、既存のRDDの変換、結果を計算するためのRDDに対する操作の呼び出しのいずれかとして表現されます。舞台裏では、SparkはRDDに含まれるデータを自動的にクラスタ内に分散させ、RDDに対する操作を並列化します。

RDDは、Sparkの中核となる概念なので、本章はデータサイエンティストの方もエンジニアの方も読んでください。本章のサンプルの少なくともいくつかを、実際にインタラクティブシェルから試してみることを強くお勧めします（「2.2 SparkのPythonおよびScalaシェルの紹介」参照）。加えて、本章のすべてのコードは、本書のGitHubリポジトリ（https://github.com/databricks/learning-spark）から入手できます。

3.1 RDDの基本

SparkにおけるRDDは、イミュータブルなオブジェクトの分散コレクションにすぎません。それぞれのRDDは、複数の**パーティション**に分割されており、それぞれに対する演算処理がクラスタの各ノード上で行われることがあります。RDDには、ユーザーが定義したものを含め、Python、Java、Scalaの任意の種類のオブジェクトを持たせることができます。

RDDを生成する方法は2つあります。1つは外部のデータセットをロードすることで、もう1つはオブジェクトのコレクション（例えばリストや集合）を、ドライバプログラムから配分することです。**リスト3-1**のように、`SparkContext.textFile()`を使ってテキストファイルを文字列からなるRDDとしてロードする方法は、すでに紹介しました。

リスト3-1　Pythonで、textFile()を使って文字列からなるRDDを生成する

```
>>> lines = sc.textFile("README.md")
```

作成できたRDDには、**変換**と**アクション**という2種類の操作が行えます。**変換**は、あるRDDから新しいRDDを構築します。一般的な変換の例として、述語にマッチするデータだけを残すフィルタリングがあります。先ほどのテキストファイルの例では、**リスト3-2**のようにして、Pythonという単語を含む文字列だけを含む新しいRDDを生成できます。

リスト3-2 filter()変換の呼び出し

```
>>> pythonLines = lines.filter(lambda line: "Python" in line)
```

一方**アクション**は、RDDを基に結果を計算したり、その結果をドライバプログラムに戻したり、外部のストレージシステム（例えばHDFS）に保存するものです。アクションの例としては、前章で呼んだfirst()があります。これは、RDD中の先頭の要素を返します。**リスト3-3**をご覧ください。

リスト3-3 first()アクションの呼び出し

```
>>> pythonLines.first()
u'high-level APIs in Scala, Java, and Python, and an optimized engine that'
```

変換とアクションが区別されているのは、RDDに対するSparkの演算処理のやり方が異なるためです。新しいRDDはいつでも定義することができますが、Sparkはその処理を遅延形式でしか行いません。すなわち、定義されたRDDは、初めてアクションで使われた時点でその生成処理が行われるのです。最初は、このアプローチは不思議なものに感じるかもしれませんが、ビッグデータを扱っていれば、十分に納得できます。**リスト3-2**と**リスト3-3**で考えてみましょう。これらの例では、テキストファイルを定義し、続いてその中の行を、Pythonを含むものだけを残してフィルタリングしました。ユーザーがlines = sc.textFile(...)という行を書いた時点で、Sparkがファイル中の全ての行をロードして保存していたなら、直後のフィルタリングで取り除かれる行が大量にあったとすれば、多くのストレージ領域を無駄にすることになったかもしれません。しかしSparkはそうせずに、変換の連鎖の全体を見渡し、結果として必要なデータだけを計算することができるのです。実際のところ、first()アクションの場合、Sparkがファイルをスキャンするのは、条件にマッチする最初の行を見つけるまでであるので、ファイルの全体を読むことさえないのです。

最後に、SparkのRDDは、それに対するアクションが実行されるたびに計算し直されるのがデフォルトです。あるRDDを何回もアクションで再利用したいのであれば、Sparkに対してそれを**永続化**するよう、RDD.persist()で依頼することができます。永続化されたデータは、Sparkに対して指示することで、さまざまな場所に置くことができます。それらの場所については、**表3-6**を参照してください。永続化の指示を受けたRDDが計算されると、SparkはそのRDDの内容をメモリに保存し（クラスタ内のマシン群にまたがって分割されます）、それ以降ののアクションで再利用します。RDDは、メモリではなくディスクに永続化することもできます。デフォルトでは永続化を行わないという動作もまた、おかしなことのように思えますが、大きなデータセットの場合は理にかなっています。そのRDDを再利用することがないのであれば、ストレージ領域を無駄にする理由もなく、Sparkもそのデータを1度だけ流して、結果を計算しさえすれば済みます†。

実際には、データの部分集合をメモリにロードしておき、それに対して繰り返しクエリを実行するために、persist()は頻繁に使うことになります。例えば、Pythonを含むREADME内の行に対する複数の演算結果を求めることがわかっているなら、そのスクリプトは**リスト3-4**のように書くことができます。

リスト3-4 メモリへのRDDの永続化

```
>>> pythonLines.persist()

>>> pythonLines.count()
3

>>> pythonLines.first()
u'high-level APIs in Scala, Java, and Python, and an optimized engine that'
```

まとめれば、あらゆるSparkのプログラムやシェルのセッションは、次のように動作します。

1. 外部のデータから、何らかの入力RDDを生成する。
2. filter()のような変換を利用して、入力RDDから新しいRDDを定義する。
3. 再利用したい中間的なRDDがあれば、それらを永続化させるためにSparkにpersist()を実行させる。
4. count()やfirst()といったアクションを呼び、並列演算を実行させる。この並列演算は、Sparkによって最適化されて実行される。

cache()は、デフォルトのストレージレベルでpersist()を呼ぶのと同じです。

この後本章では、各ステップを詳細に見ていき、Sparkで特に広く利用されるRDDの操作をいくつか見ていきます。

† 実は、RDDをいつでも再計算できることが、RDDがresillientである理由でもあります。RDDを保持しているマシンに障害があった場合、Sparkはこのことを利用して、失われた部分を再計算します。この動作は、ユーザーからは透過的に行われます。

3.2 RDDの生成

Sparkでは、2つの方法でRDDを生成することができます。1つは外部のデータセットをロードすることで、もう1つはコレクションをドライバプログラムで分散させることです。

RDDを生成する最もシンプルな方法は、プログラム中で既存のコレクションをSparkContextのparallelize()メソッドに渡すことです。**リスト3-5**から**リスト3-7**をご覧ください。このアプローチは、シェルの中で独自のRDDを作成し、それらを操作してみることがすばやくできるので、Sparkを学ぶ時には便利です。ただし、プロトタイピングやテストの段階を超えれば、この方法はそれほど広く使われるものではありません。この方法では、1台のマシンのメモリ内にデータセット全体を持たなければならないためです。

リスト3-5 Pythonでのparallelize()メソッド

```
lines = sc.parallelize(["pandas", "i like pandas"])
```

リスト3-6 Scalaでのparallelize()メソッド

```
val lines = sc.parallelize(List("pandas", "i like pandas"))
```

リスト3-7 javaでのparallelize()メソッド

```
JavaRDD<String> lines = sc.parallelize(Arrays.asList("pandas", "i like pandas"));
```

RDDを生成する方法としてもっと広く使われるのは、外部ストレージからデータをロードする方法です。外部のデータセットのロードについては、**5章**で詳しく取り上げます。とはいえ、テキストファイルを文字列からなるRDDとしてロードするメソッドであるSparkContext.textFile()は、すでに紹介済みです。**リスト3-8**から**リスト3-10**をご覧ください。

リスト3-8 PythonでのtextFile()メソッド

```
lines = sc.textFile("/path/to/README.md")
```

リスト3-9 ScalaでのtextFile()メソッド

```
val lines = sc.textFile("/path/to/README.md")
```

リスト3-10 JavaでのtextFile()メソッド

```
JavaRDD<String> lines = sc.textFile("/path/to/README.md");
```

3.3 RDDの操作

すでに議論した通り、RDDは**変換**と**アクション**という2つの操作をサポートしています。変換は、RDDから新しいRDDを生成して返す操作で、map()やfilter()などがそうです。アクションは、結果をドライバプログラムに返したり、結果をストレージに書き出したりするもので、演算を開始させます。例えばcount()やfirst()がアクションです。Sparkは、変換とアクションをまったく異なる方法で扱うので、実行しようとする操作がどちらの種類なのかを理解することが大切です。ある関数が変換なのかアクションなのか混乱したことがあるなら、返される型を見てみてください。変換はRDDを返しますが、アクションはそれ以外のデータ型を返します。

3.3.1 変換

RDDに対して変換操作をすると、新しいRDDが返されます。「3.3.3 遅延評価」で議論しますが、変換されたRDDの演算は遅延させられ、それらをアクションで使用する時点で初めて実行されます。多くの変換は、**要素単位**で行われます。これはすなわち、1度に1つの要素に対して作用するからですが、必ずしもすべての変換がそうであるとは限りません。

例として、多くのメッセージを含むログファイルのlog.txtがあるとしましょう。そして、この中からエラーメッセージだけを選び出したいものとします。すでに見た、filter()変換を使うことができますが、ここではSparkのすべての言語のAPIでフィルタを紹介しましょう（**リスト3-11**から**リスト3-13**）。

リスト3-11　Pythonでのfilter()による変換

```
inputRDD = sc.textFile("log.txt")
errorsRDD = inputRDD.filter(lambda x: "error" in x)
```

リスト3-12　Scalaでのfilter()による変換

```
val inputRDD = sc.textFile("log.txt")
val errorsRDD = inputRDD.filter(line => line.contains("error"))
```

リスト3-13　Javaでのfilter()による変換

```
JavaRDD<String> inputRDD = sc.textFile("log.txt");
JavaRDD<String> errorsRDD = inputRDD.filter(
  new Function<String, Boolean>() {
    public Boolean call(String x) { return x.contains("error"); }
  }
);
```

filter()の操作は、既存のinputRDDを変化させるわけではないことに注意してください。filter()が実際に返すのは、まったく新しいRDDへのポインタです。inputRDDは、このプログラム中で、例えば他の単語を検索するために、後から再利用することができます。それでは実際に、warningという単語を含む行を検索するために、もう1度inputRDDを使ってみましょう。そして、もう1つの変換としてunion()を使い、errorもしくはwarningを含む行の数を出力してみましょう。**リスト3-14**はPythonで書かれていますが、union()関数は、3つのどの言語でも同じです。

リスト3-14 Pythonでのunion()による変換

```
errorsRDD = inputRDD.filter(lambda x: "error" in x)
warningsRDD = inputRDD.filter(lambda x: "warning" in x)
badLinesRDD = errorsRDD.union(warningsRDD)
```

union()は、1つではなく2つのRDDに対して操作を行うという点で、filter()とは異なっています。実際には、変換は任意の数の入力RDDに対して操作を行うことができます。

リスト3-14と同じ結果を得たい場合、実際には単にinputRDDに対し、errorもしくはwarningを検索するフィルタをかける方が良いでしょう。

最終的には、変換によって新しいRDDを導出していくたびに、SparkはそれぞれのRDD間の依存関係を保持していきます。この依存関係を**系統グラフ**と呼びます。Sparkは、必要に応じてそれぞれのRDDの計算を行ったり、永続化されたRDDの一部が失われた場合にそのデータを回復させたりするために、この情報を利用します。**図3-1**は、**リスト3-14**の系統グラフを示しています。

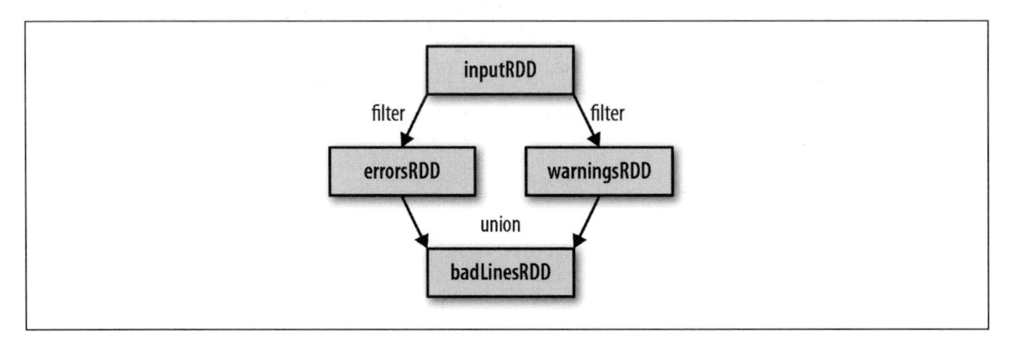

図3-1 ログの分析の際に生成されたRDDの系統グラフ

3.3.2 アクション

ここまで、変換を使ってRDDからRDDを生成する方法を見てきました。しかし、どこかの時点では、データセットを使って**何かを実際に行う**ことになります。アクションは、RDDに対する第2の種類の操作です。アクションは、ドライバプログラムに最終の値を返したり、データを外部のストレージシステムに書き出す操作です。RDDに対してアクションを行うと、実際に出力を生成しなければならないので、そのRDDが必要とする変換の評価が実行されます。

前セクションのログの例を引き続き見ていきましょう。badLinesRDDに関する何らかの情報を出力したいものとします。それには、要素の個数を数値として返すcount()と、複数の要素をRDDから集めてくるtake()という、2つのアクションを使います。**リスト3-15**から**リスト3-17**をご覧ください。

リスト3-15 アクションを使ったPythonでのエラーのカウント

```
print "Input had " + str(badLinesRDD.count()) + " concerning lines"
print "Here are 10 examples:"
for line in badLinesRDD.take(10):
    print line
```

リスト3-16 アクションを使ったScalaでのエラーのカウント

```
println("Input had " + badLinesRDD.count() + " concerning lines")
println("Here are 10 examples:")
badLinesRDD.take(10).foreach(println)
```

リスト3-17 アクションを使ったJavaでのエラーのカウント

```
System.out.println("Input had " + badLinesRDD.count() + " concerning lines");
System.out.println("Here are 10 examples:");
for (String line: badLinesRDD.take(10)) {
  System.out.println(line);
}
```

このサンプルでは、take()を使ってドライバプログラムでRDD中の少数の要素を取り出しています。そして、ドライバ側で取り出した要素に対してローカルで繰り返し処理を行い、情報を出力しています。RDDには、RDD全体を取り出すcollect()関数もあります。プログラムでRDDにフィルタをかけた結果は非常に小さなサイズになるので、ローカルで扱いたい場合に役立ちます。ただし、覚えておかなければならないことが1つあります。あるマシンでcollect()を使う場合には、データセット全体がそのマシンのメモリに収まらなければなりません。そのため、大きなデータセットに対してcollect()を使うべきではありません。

多くの場合、RDDは大きすぎるので、collect()を使ってドライバ側に持ってくるべきではありません。そういった場合には、HDFSやAmazon S3のような分散ストレージシステムにデータを書き出すのが一般的です。RDDの内容は、saveAsTextFile()アクションやsaveAsSequenceFile()、あるいはさまざまな組み込みフォーマットに対して用意されている多数のアクションのいずれかを使って保存できます。データのエクスポートの選択肢については、**5章**で取り上げます。

重要なのは、新しいアクションを呼ぶたびに、RDD全体が最初から計算し直される点です。この非効率性を回避するためには、「3.6 永続性（キャッシング）」で取り上げるように、中間的な結果に対してユーザーが**永続化**をかけておくことができます。

3.3.3 遅延評価

すでに述べた通り、RDDに対する変換の評価は遅延させられます。すなわち、Sparkはアクションが行われるまで、変換の処理を始めないのです。Sparkを使い始めたばかりのユーザーには、これは直感に反することかもしれません。しかしこれは、Haskellのような関数型言語や、LINQのようなデータ処理フレームワークを使ったことがある人にとっては、おなじみの考え方でしょう。

遅延評価は、RDDに対する変換を呼んだとき（例えば`map()`を呼んだ場合）、その操作がすぐには実行されないことを意味します。Sparkは、その操作を実行する代わりに、その操作が要求されたことを示すメタデータを内部的に記録します。RDDは、特定のデータを格納しているものと考えるのではなく、変換を通じて構成されるデータの計算方法を含むものと考えるのが良いでしょう。RDDへのデータのロードもまた、変換と同様に遅延評価されます。従って、`sc.textFile()`を呼んだだけでは、必要になるまでデータはロードされないのです。変換の場合と同様に、こういった操作（ここではデータの読み取り）も、複数回行われることがあります。

変換は遅延させられますが、`count()`のようなアクションを実行することによって、いつでもSparkに変換の実行を強制させることができます。こうすれば、プログラムの一部を簡単にテストすることができます。

Sparkは、遅延評価を行うことによって、操作をグループとしてまとめ、データに対する操作の回数を減らします。Hadoop MapReduceのようなシステムの場合、開発者はMapReduceの回数を最小限に抑えるために、どのように操作をまとめるかを考えるのに多くの時間を費やさなければならないことがよくあります。Sparkでは、大量のシンプルな操作を連鎖させるのに比べて、1つの複雑なmap処理を書いたとしても、それほどのメリットはありません。すなわち、ユーザーはプログラムを小さく管理しやすい操作群として構成することができるのです。

3.4 Sparkへの関数の渡し方

Sparkの多くの変換、そして一部のアクションは、Sparkがデータの演算処理を行う際に使用する関数渡しに依存しています。それぞれのコア言語は、Sparkへ関数を渡すに当たって、少しずつ異なるメカニズムを持っています。

3.4.1 Python

Pythonでは、Sparkに関数を渡す方法として、3つの選択肢があります。短い関数の場合、**リスト3-2**や**リスト3-18**のように、ラムダ式で渡すことができます。あるいは、トップレベル関数や、ローカルで定義された関数を渡すこともできます。

リスト3-18 Pythonでの関数渡し

```
word = rdd.filter(lambda s: "error" in s)

def containsError(s):
    return "error" in s
word = rdd.filter(containsError)
```

関数を渡す際に注意しなければならないことは、その関数を含むオブジェクトをうっかりシリアライズしないようにすることです。オブジェクトのメンバーである関数を渡す場合や、オブジェクト内のフィールド（例えばself.field）への参照を含む関数の場合、Sparkはそのオブジェクト**全体**をワーカーノード群へ送信するので、必要な情報よりも遙かに大きなデータが送信されてしまうかもしれません（**リスト3-19**参照）。シリアライズする方法をPythonが理解できないオブジェクトがそのクラスに含まれているような場合には、プログラムが動作しない原因になることもあります。

リスト3-19 フィールドへの参照を含む関数を渡している（こうしてはいけない！）

```
class SearchFunctions(object):
  def __init__(self, query):
      self.query = query
  def isMatch(self, s):
      return self.query in s
  def getMatchesFunctionReference(self, rdd):
      # 問題あり："self.isMatch"中で"self"全体を参照している
      return rdd.filter(self.isMatch)
  def getMatchesMemberReference(self, rdd):
      # 問題あり："self.query"中で"self"全体を参照している
      return rdd.filter(lambda x: self.query in x)
```

このようにはせず、単純にオブジェクトの必要なフィールドはローカル変数に取り出しておき、それを渡すようにしてください。**リスト3-20**がその例です。

リスト3-20 フィールド参照のないPythonの関数を渡す

```
class WordFunctions(object):
  ...
  def getMatchesNoReference(self, rdd):
      # 安全：必要なフィールドだけをローカル変数に入れておく
      query = self.query
      return rdd.filter(lambda x: query in x)
```

3.4.2 Scala

Scalaでは、Scalaの他の関数APIでも行われるように、インラインで定義した関数、メソッドへの参照、あるいはスタティックな関数を渡すことができます。ただし、他にも考慮に入れておかなければならないことがあります。特に、渡す関数と、その関数から参照されているデータが、シリアライズ可能でなければならない（JavaのSerializableインターフェイスを実装している）ということがそうです。さらに、Pythonの場合と同様に、オブジェクトのメソッドやフィールドを渡す場合、それらがそのオブジェクト全体への参照を含んでいると問題になります。そして、Pythonの場合に比べると、そういった参照をselfのように書くことが強制されているわけではないので、さらに気づきにくくなっています。Pythonの**リスト3-20**でそうしたように、必要なフィールドはローカル変数に取り出しておき、そのフィールドを含むオブジェクト全体を渡さなくても済むようにしてください。**リスト3-21**がその例です。

リスト3-21　Scalaでの関数渡し

```
class SearchFunctions(val query: String) {
  def isMatch(s: String): Boolean = {
    s.contains(query)
  }
  def getMatchesFunctionReference(rdd: RDD[String]): RDD[String] = {
    // 問題あり："isMatch"は"this.isMatch"なので、"this"全体を渡してしまっている
    rdd.map(isMatch)
  }
  def getMatchesFieldReference(rdd: RDD[String]): RDD[String] = {
    // 問題あり："query"は"this.query"なので、"this"全体を渡してしまっている
    rdd.map(x => x.split(query))
  }
  def getMatchesNoReference(rdd: RDD[String]): RDD[String] = {
    // 安全：必要なフィールドだけをローカル変数に取り出している
    val query_ = this.query
    rdd.map(x => x.split(query_))
  }
}
```

ScalaでNotSerializableExceptionが生じた場合は、通常はシリアライズできないクラスのメソッドもしくはフィールドへの参照が問題になっています。シリアライズ可能なローカル変数や、トップレベルのオブジェクトのメンバー関数を渡すことは、常に安全であることを覚えておいてください。

3.4.3 Java

Javaで関数とされるのは、org.apache.spark.api.java.functionパッケージにあるSparkの関数インターフェイスのいずれかを実装しているオブジェクトです。関数の返値の型によって、いくつものインターフェイスが用意されています。最も基本的な関数インターフェイスを**表3-1**に示

します。また、キー／値のデータのような特別な型のデータを返す必要がある場合の他の関数インターフェイスについては、「3.5 Java」のセクションで取り上げます。

表3-1 標準的なJavaの関数インターフェイス

関数名	実装するメソッド	使用方法
Function<T, R>	R call(T)	入力を1つ取り、出力を1つ返す。map()やfilter()といった操作と併せて使う。
Function2<T1, T2, R>	R call(T1, T2)	入力を2つ取り、出力を1つ返す。aggregate()やfold()といった操作と併せて使う。
FlatMapFunction<T,R>	Iterable<R> call(T)	入力を1つ取り、出力は返さないこともあれば、複数返すこともある。flatMap()といった操作と併せて使う。

関数クラスは、無名のインナークラスとしてインラインで定義することも（**リスト3-22**）、名前をつけたクラスとして定義することも（**リスト3-23**）できます。

リスト3-22 無名のインナークラスを使ったJavaでの関数渡し

```
JavaRDD<String> errors = lines.filter(new Function<String, Boolean>() {
  public Boolean call(String x) { return x.contains("error"); }
});
```

リスト3-23 名前付きクラスを使ったJavaでの関数渡し

```
class ContainsError implements Function<String, Boolean> {
  public Boolean call(String x) { return x.contains("error"); }
}

JavaRDD<String> errors = lines.filter(new ContainsError());
```

どちらのスタイルにするかは個人の好みによりますが、筆者らとしては、大規模なプログラムを構成する場合には、トップレベルの名前付き関数を使う方がクリーンになることが多いと考えています。トップレベル関数を使うことには、**リスト3-24**のように、コンストラクタパラメータを与えられるというメリットもあります。

リスト3-24 パラメータを持つJavaの関数クラス

```
class Contains implements Function<String, Boolean> {
  private String query;
  public Contains(String query) { this.query = query; }
  public Boolean call(String x) { return x.contains(query); }
}

JavaRDD<String> errors = lines.filter(new Contains("error"));
```

Java 8では、ラムダ式を使ってコンパクトに関数インターフェイスを実装できます。本書の執筆時点では、Java 8はまだ比較的新しいので、本書のサンプルでは、それ以前のバージョンのJavaのやや冗長な構文を使ってクラスを定義しています。ラムダ式を使った場合、検索のサンプルは**リスト3-25**のようになります。

リスト3-25 Java 8のラムダ式を使った関数渡し

```
JavaRDD<String> errors = lines.filter(s -> s.contains("error"));
```

Java 8のラムダ式の使い方に興味があるなら、Oracleのドキュメンテーション（http://docs.oracle.com/javase/tutorial/java/javaOO/lambdaexpressions.html）か、Sparkでのラムダ式の使い方についてのDatabricksのblogポスト（http://databricks.com/blog/2014/04/14/spark-with-java-8.html）を参照してください。

無名のインナークラスとラムダ式は、どちらも自分が属するメソッド中の`final`な変数を参照できるので、PythonやScalaの場合と同様に、これらの変数をSparkに渡すことができます。

3.5 一般的な変換とアクション

本章では、Sparkで最も広く使われる変換やアクションを紹介していきます。それら以外にも、特定の型のデータを含むRDDに対して行える操作もあります。例えば、数値で構成されるRDDに対する統計関数や、キーに基づくデータの集計のような、キー／値のペアで構成されるRDDに対する操作がそうです。異なる型のRDD間の変換や、こういった特殊な操作については、後々のセクションで取り上げます。

3.5.1 基本的なRDD

まずは、内容のデータに関わらず、あらゆるRDDに対して行える変換とアクションの説明から始めていきましょう。

要素単位の変換

読者のみなさんもおそらく使うことになる、最も一般的な2つの変換が、`map()`と`filter()`です（**図3-2**参照）。`map()`は関数を1つ取り、その関数をRDD中の各要素に適用し、その結果を各要素の新しい値とするRDDを返します。`filter()`も関数を1つ取り、そのフィルタ関数が真になる要素だけを含むRDDを返します。

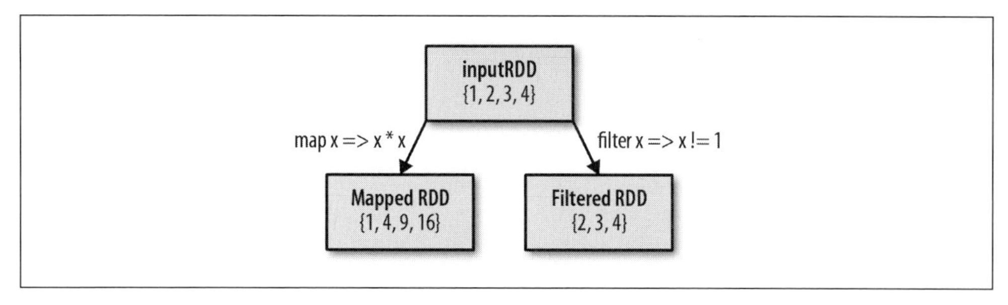

図3-2　入力のRDDに対してmap()やfilter()を適用したRDD

map() でできることは、コレクション中の各 URL の Web サイトのフェッチから、単に数値を 2 乗することまで、いくらでもあります。map() が返す型は、入力の型と同じである必要はないことを覚えておくと良いでしょう。そのため、String の RDD があり、map() 関数がその文字列を解析して Double 型の値を返すなら、入力の RDD の型は RDD[String] であり、結果の RDD の型は RDD[Double] となります。

それでは、RDD 内のすべての数値を 2 乗する基本的な map() のサンプルを見てみましょう（リスト 3-26 からリスト 3-28）。

リスト3-26　PythonでRDD内の値を2乗する

```
nums = sc.parallelize([1, 2, 3, 4])
squared = nums.map(lambda x: x * x).collect()
for num in squared:
    print "%i " % (num)
```

リスト3-27　ScalaでRDD内の値を2乗する

```
val input = sc.parallelize(List(1, 2, 3, 4))
val result = input.map(x => x * x)
println(result.collect().mkString(","))
```

リスト3-28　JavaでRDD内の値を2乗する

```
JavaRDD<Integer> rdd = sc.parallelize(Arrays.asList(1, 2, 3, 4));
JavaRDD<Integer> result = rdd.map(new Function<Integer, Integer>() {
  public Integer call(Integer x) { return x*x; }
});
System.out.println(StringUtils.join(result.collect(), ","));
```

場合によっては、それぞれの入力要素から複数の出力を生成したいこともあります。そのための操作が flatMap() です。map() と同じく、flatMap() に渡された関数は、入力 RDD の各要素に対して呼ばれます。ただしこの関数は、1 つの要素を返すのではなく、返値を返すイテレータを返します。そして、返される RDD の内容はイテレータではなく、すべてのイテレータから返された要素になります。flatMap()のシンプルな利用方法としては、入力文字列を単語に分割するというものがあります。**リスト3-29**から**リスト3-31**をご覧ください。

リスト3-29 Pythonでのflat Map()。行を複数の単語に分割する

```
lines = sc.parallelize(["hello world", "hi"])
words = lines.flatMap(lambda line: line.split(" "))
words.first() # "hello" を返す
```

リスト3-30 Scalaでのflat Map()。行を複数の単語に分割する

```
val lines = sc.parallelize(List("hello world", "hi"))
val words = lines.flatMap(line => line.split(" "))
words.first() // "hello" を返す
```

リスト3-31 Javaでのflat Map()。行を複数の単語に分割する

```
JavaRDD<String> lines = sc.parallelize(Arrays.asList("hello world", "hi"));
JavaRDD<String> words = lines.flatMap(new FlatMapFunction<String, String>() {
  public Iterable<String> call(String line) {
    return Arrays.asList(line.split(" "));
  }
});
words.first(); //  "hello" を返す
```

図3-3は、flatMap()とmap()の違いを示したものです。flatMap()は、関数が返してきたイテレータをフラットにするものと考えることができるので、最終的に得られるのはリストからなるRDDではなく、それらのリスト中の要素からなるRDDになるのです。

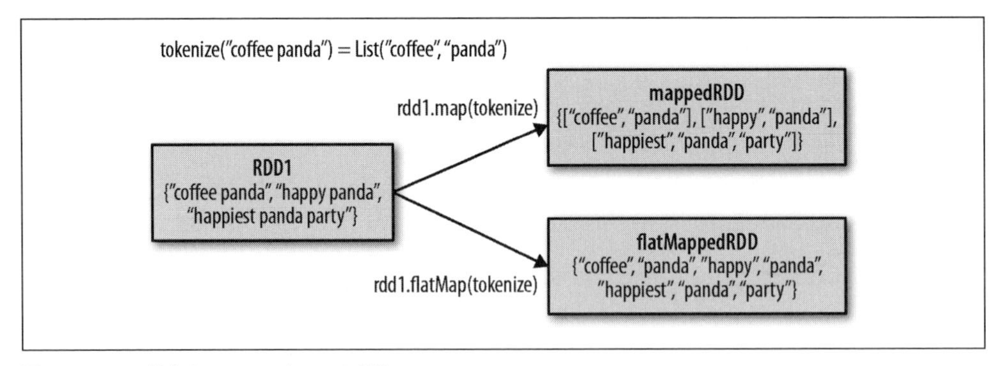

図3-3 RDDに対するflatMap()とmap()の違い

擬似的な集合操作

RDDは、和や積といった、数学的な集合に対する操作の多くをサポートしています。これらは、RDDそのものが適切な集合になっていない場合でも使用できます。**図3-4**では、4つの操作が示されています。これらの操作を行う場合には、操作対象のRDDがすべて同じ型でなければならないことに注意してください。

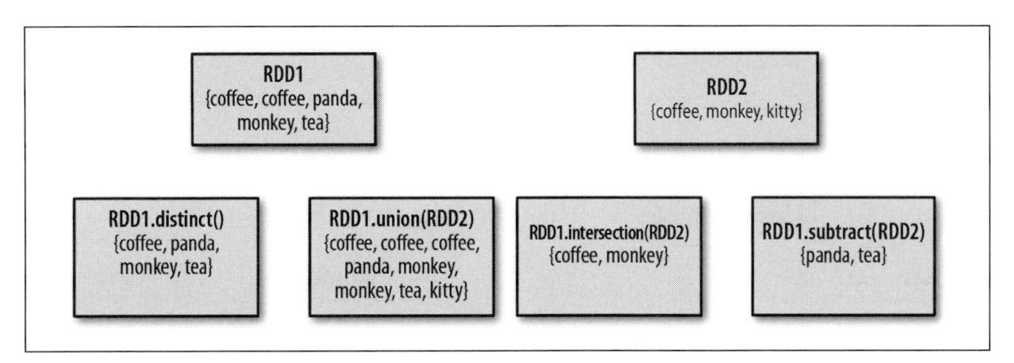

図3-4 シンプルな集合演算

RDDには重複している要素が含まれていることがよくあります。すなわち、RDDには、要素がユニークでなければならないという集合の性質が欠けていることがよくあるのです。ユニークな要素だけが必要な場合は、RDD.distinct()という変換を使い、異なる要素だけを含む新しいRDDを生成することができます。ただし、distinct()は各要素が1つずつしか返されないことを保証するため、ネットワーク上ですべてのデータをシャッフルする必要があることから、コストのかかる処理であることに注意してください。シャッフルと、その回避方法については、**4章**でさらに詳しく議論します。

最もシンプルな集合の操作はunion(other)で、双方のソースに含まれているデータからなるRDDが返されます。これは、多くのソースから取得したログファイル群を処理するといったように、多くのユースケースで役立ちます。数学的なunion()とは異なり、入力RDDに重複する要素があった場合、Sparkのunion()の結果には、重複する要素がそのまま含まれます（これは、必要ならdistinct()を使って修正できます）。

Sparkにはintersection(other)メソッドもあります。これは、双方のRDDに含まれている要素だけを返すものです。intersectionの動作時には、重複する要素もすべて取り除きます（片方のRDD内に重複する要素も取り除かれます）。intersection()とunion()の考え方は似ていますが、intersection()では共通の要素を特定するためにネットワーク経由でシャッフルが行われることから、union()に比べれば、かなりパフォーマンスが落ちます。

場合によっては、多少のデータを考慮から外さなければならないことがあります。subtract(other)関数は2つめのRDDを取り、2つめのRDDにはなく、1つめのRDDだけにある値を持つRDDを返します。intersection()と同じく、subtract()もシャッフルを行います。

2つのRDD同士のカルテシアン積を計算することもできます。**リスト3-5**をご覧ください。cartesian(other)は、ソースRDD内のいずれかの要素をa、他方のRDD内のいずれかの要素をbとして、生成しうるすべての(a, b)のペアを返します。カルテシアン積は、すべてのユーザーの他のユーザーに対する関心の期待値を計算したい場合など、取り得るすべてのペア同士の類似性を考慮したい場合に役立ちます。あるRDDの自分自身に対するカルテシアン積を取ることも可能であり、これはユーザーの相似性を扱うようなタスクの場合に役立ちます。ただし、カルテシアン積を大規模なRDDに対して求めることは、**きわめて大きなコストのかかる処理**であることに注意してください。

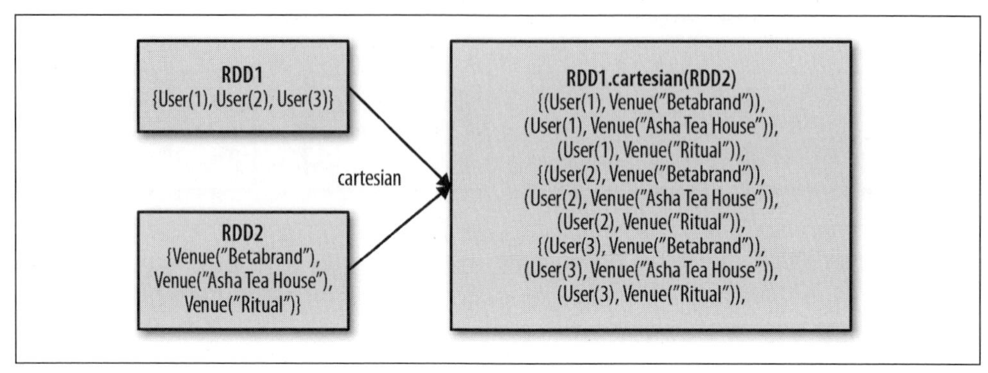

図3-5 2つのRDD間でのカルテシアン積

表3-2および**表3-3**は、これまでに紹介したRDDの変換と、その他のRDDの変換をまとめたものです。

表3-2 [1, 2, 3, 3]という内容のRDDに対する基本的な変換

関数名	目的	例	結果
`map()`	RDD中の各要素に関数を適用し、その結果からなるRDDを返す。	`rdd.map(x => x + 1)`	`{2, 3, 4, 4}`
`flatMap()`	RDD中の各要素に関数を適用し、その関数が返すイテレータ群が返す値からなるRDDを返す。しばしば単語の取り出しに使われる。	`rdd.flatMap(x => x.to(3))`	`{1, 2, 3, 2, 3, 3, 3}`
`filter()`	`filter()`に渡された条件を満たす要素のみからなるRDDを返す。	`rdd.filter(x => x != 1)`	`{2, 3, 3}`
`distinct()`	重複する要素を取り除く。	`rdd.distinct()`	`{1, 2, 3}`
`sample(withReplacement, fraction, [seed])`	RDDのサンプリングを行う。置き換えをすることもできる。	`rdd.sample(false, 0.5)`	非決定的

表3-3　{1, 2, 3}と{3, 4, 5}を含むRDD群に対する2つのRDDを扱う変換

関数名	目的	例	結果
union()	それぞれのRDDに含まれる要素からなるRDDを生成する。	rdd.union(other)	{1, 2, 3, 3, 4, 5}
inter section()	双方のRDDに含まれる要素のみからなるRDDを生成する。	rdd.intersection(other)	{3}
subtract()	片方のRDDの内容を取り除く(例えばトレーニングデータの除去に使われる)。	rdd.subtract(other)	{1, 2}
cartesian()	RDD同士のカルテシアン積を生成する。	rdd.cartesian(other)	{(1, 3), (1, 4), ... (3, 5)}

アクション

基本的なRDDに対する最も一般的なアクションは、RDDの中のある型の2つの要素に対して操作を行い、同じ型の要素を返す関数を取るreduce()です。このアクションは、読者のみなさんも使うことになるでしょう。こういった関数のシンプルな例としては、RDDの合計を計算するために使える+があげられます。RDD中の要素の合計を計算したり、要素数をとったり、あるいはその他の種類の集計を行ったりすることは、reduce()を使えば簡単です（**リスト3-32**から**リスト3-34**を参照してください）。

リスト3-32　Pythonでのreduce()

```
sum = rdd.reduce(lambda x, y: x + y)
```

リスト3-33　Scalaでのreduce()

```
val sum = rdd.reduce((x, y) => x + y)
```

リスト3-34　Javaでのreduce()

```
Integer sum = rdd.reduce(new Function2<Integer, Integer, Integer>() {
  public Integer call(Integer x, Integer y) { return x + y; }
});
```

fold()はreduce()に似ており、reduce()と同じシグニチャの関数を取りますが、加えて各パーティションでの最初の呼び出しの際に、「ゼロの値」を取ります。ゼロの値としては、単位元、すなわち、ある値に対してその値と渡した関数を複数回適用しても、元の値と同じ値が返されるような値を渡します（例えば+に対しては0、*に対しては1、リストの連結に対しては空のリスト）。

fold()によるオブジェクトの生成は、2つのパラメータのうち最初の方をそのまま変更して返すようにすれば、最小限に抑えることができます。ただし、2番目のパラメータは変更してはなりません。

fold()とreduce()では、操作の対象となるRDD中の要素と同じ型が返されることが必要です。これはsumのような操作ではうまくいきますが、場合によっては異なる型を返してほしいこともあります。例えば移動平均を計算する場合には、ある時点までの合計と要素数を追跡しなければならないので、値のペアを返す必要があります。これを回避するには、まずmap()を使ってすべての要素をその要素と1という数値のペアに変換するという方法があります。こうすれば、このペアは返したい型と同じ型になるので、reduce()の関数をペアに対して適用することができます。

aggregate()関数には、返す型が操作の対象のRDDの型と同じでなければならないという制約はありません。fold()の場合と同様に、aggregate()には返される型と同じ型のゼロの値を、初期値として渡します。そして、アキュムレータを使ってRDDの2つの要素を結合する関数を提供します。最後に、2つのアキュムレータ（「6.2 アキュムレータ」を参照）をマージする第2の関数を渡します。この場合、各ノードは自分のローカルの結果をアキュムレータとして返すことになります。

aggregate()を使えば、fold()の前にmap()を使ったりすることなく、RDDの平均を計算することができます。**リスト3-35**から**リスト3-37**をご覧ください。

リスト3-35 Pythonでのaggregate()

```
sumCount = nums.aggregate((0, 0),
               (lambda acc, value: (acc[0] + value, acc[1] + 1)),
               (lambda acc1, acc2: (acc1[0] + acc2[0], acc1[1] + acc2[1])))
avg = sumCount[0] / float(sumCount[1])
```

リスト3-36 Scalaでのaggregate()

```
val result = input.aggregate((0, 0))(
               (acc, value) => (acc._1 + value, acc._2 + 1),
               (acc1, acc2) => (acc1._1 + acc2._1, acc1._2 + acc2._2))
val avg = result._1 / result._2.toDouble
```

リスト3-37 Javaでのaggregate()

```
class AvgCount implements Serializable {
  public AvgCount(int total, int num) {
    this.total = total;
    this.num = num;
  }
  public int total;
  public int num;
  public double avg() {
    return total / (double) num;
  }
}
Function2<AvgCount, Integer, AvgCount> addAndCount =
  new Function2<AvgCount, Integer, AvgCount>() {
```

```
    public AvgCount call(AvgCount a, Integer x) {
      a.total += x;
      a.num += 1;
      return a;
    }
  };
  Function2<AvgCount, AvgCount, AvgCount> combine =
    new Function2<AvgCount, AvgCount, AvgCount>() {
    public AvgCount call(AvgCount a, AvgCount b) {
      a.total += b.total;
      a.num += b.num;
      return a;
    }
  };
  AvgCount initial = new AvgCount(0, 0);
  AvgCount result = rdd.aggregate(initial, addAndCount, combine);
  System.out.println(result.avg());
```

RDDのアクションの中には、データの一部、あるいはすべてを、通常のコレクションや値としてドライバプログラムに返すものがあります。

データをドライバプログラムに返す操作で最もシンプルかつ一般的なものは、RDDの内容全体をそのまま返すcollect()です。collect()は、RDDの内容全体がメモリに収まるような状況で、ユニットテストに使われることがよくあります。これは、そういった状況であれば、RDDの内容が期待通りになっているかどうかを簡単に比較できるからです。collect()は、すべてのデータをドライバプログラムにコピーしなければならないことから、全データが1台のマシンに収まらなければならないという制約を受けます。

take(n)は、RDDからn個の要素を返しますが、その際にはアクセスするパーティション数を最小限に抑えようとします。そのため、take()が返すコレクションには偏りがあるかもしれません。こうした操作が返す要素は、期待通りの順番にはなっていないかもしれないことに注意してください。

こうした操作は、ユニットテストや手早くデバッグをする際には便利ですが、大量のデータを扱っている場合には、ボトルネックを生じさせてしまうかもしれません。

データに対して順序が設定されているなら、top()を使えばRDDの先頭の要素群を取り出すこともできます。top()はデータのデフォルトの順序を使用しますが、独自の比較関数を渡して、先頭の要素群を取り出すこともできます。

場合によっては、ドライバプログラムにデータのサンプルが必要になることもあります。takeSample(withReplacement, num, seed)関数を使えば、データのサンプルを取ることができ、その際に置き換えをすることも可能です。

RDDの全要素に対してアクションを行い、ただしドライバプログラムには何も返さなくてもかまわないこともあります。その例としては、WebサーバーへのJSONのポストや、データベースへのレコードの挿入があります。どちらの場合でも、foreach() アクションを使えば、RDD 中の各要素に対して演算処理を行い、ローカルには何も返さずに済みます。

まだ説明していない、基本的な RDD に対する標準的な操作は、ほぼ名前から想像できる通りの動作をします。count() は要素数を返し、countByValue() は、ユニークな値とそのカウントのマップを返します。**表 3-4** は、これまでに取り上げていないものも含めて、アクションをまとめたものです。

表3-4 {1, 2, 3, 3}を含むRDDに対する基本的なアクション

関数名	目的	例	結果
collect()	RDD のすべての要素を返す	rdd.collect()	{1, 2, 3, 3}
count()	RDD の要素数を返す。	rdd.count()	4
countByValue()	RDD の各要素の出現回数を返す。	rdd.coiuntByValue()	{(1, 1), (2, 1), (3, 2)}
take(num)	RDD から num 個の要素を返す。	rdd.take(2)	{1, 2}
top(num)	RDD の先頭の num 個の要素を返す。	rdd.top(2)	{3, 3}
takeOrdered (num)(ordering)	指定された順序に基づいて num 個の要素を返す。	rdd.takeOrdered(2) (myOrdering)	{3, 3}
takeSample (with Replace ment, num, [seed])	ランダムに num 個の要素を返す。	rdd.takeSample (false, 1)	非決定的
reduce(func)	RDD 中の要素を結合処理を並列に行う（例えば sum）。	rdd.reduce ((x, y) => x + y)	9
fold(zero)(func)	reduce() と同じ。ただし、ゼロの値を受け取る。	rdd.fold(0) ((x, y) => x + y)	9
aggregate (zeroValue) (seqOp, combOp)	reduce() と同じ。返す型が入力と異なる場合に使用する。	rdd.aggregate((0, 0)) ((x, y) => (x._1 + y, x._2 + 1), (x, y) => (x._1 + y._1, x._2 + y._2))	(9, 4)
foreach(func)	指定した関数を RDD 中の各要素に適用する。	rdd.foreach(func)	なし

3.5.2 異なる型のRDDへの変換

関数によっては、ある種の型の RDD にしか適用できないものがあります。例えば、mean() や variance() といった関数は数値の RDD にしか適用できず、join() はキー／値のペアの RDD にしか適用できません。数値型のデータに対するこういった特別な関数は **6 章**で、ペアの RDD に対する関数は **4 章**で取り上げます。Scala と Java では、これらのメソッドは標準的な RDD のクラスでは定義されていないので、こうした追加関数を使うためには、特化したクラスを正しく使用できるようにしておかなければなりません。

Scala

Scalaでは、特別な関数を使ったRDDの変換（例えば数値関数をRDD[Double]に適用するため）は、暗黙の変換によって自動的に処理されます。「2.5 SparkContextの初期化」で触れた通り、こうした変換を行うためには、import org.apache.spark.SparkContext._を追加しなければなりません[†]。こういった暗黙の変換のリストは、SparkContextオブジェクトのScaladoc（http://spark.apache.org/docs/latest/api/scala/index.html#org.apache.spark.SparkContext$）にあります[‡]。こうした暗黙の変換は、RDDをDoubleRDDFunctions（数値型データのRDDの場合）やPairRDDFunctions（キー／値ペアの場合）といった暗黙のラッパークラスに変換したうえで、mean()やvariance()といった追加の関数に渡します。

暗黙の変換はきわめて強力ですが、混乱を招くこともあります。RDDに対してmean()のような関数を呼ぼうとした場合に、RDDクラスのScaladoc（http://spark.apache.org/docs/latest/api/scala/index.html#org.apache.spark.rdd.RDD）を見ると、mean()という関数がないことに気づくかもしれません。この呼び出しは、RDD[Double]とDoubleRDDFunctionsとの間の変換が暗黙のうちに行われるおかげで成功します。RDDに対する関数をScaladocで探す場合には、こうったラッパークラスで利用できる関数を探すのも忘れないようにしてください。

Java

Javaでは、特別な型のRDDへの変換は、もう少し明示的なものになります。特に、DoubleやペアのRDDとしてはJavaDoubleRDDおよびJavaPairRDDという特別なクラス群があり、それらのデータ型用のメソッドが追加されています。そのため、何が行われているかを理解しやすくなるというメリットがありますが、多少複雑になってしまいます。

こうした特殊な型のRDDを構築するには、Functionクラスを使うのではなく、特別なバージョンを使う必要があります。Tという型のRDDからDoubleRDDを生成したいなら、Function<T Double>を使うのではなく、DoubleFunction<T>を使います。**表3-5**は、特化した関数と、その使用方法を示しています。

また、そういったRDDに対しては、個別の関数を呼ぶ必要があります（従って、DoubleFunctionを生成してそれをmap()に渡すことはできません）。DoubleRDDを返させたい場合には、map()ではなく、mapToDouble()を呼ばなければなりません。他の関数に関しても、パターンは同じです。

† 訳注：SPARK-4397の提案によりコンパイラが自動的に暗黙的な型変換を検知できるようになりました。そのため、1.3.0以降では明示的なSparkContext._のインポートは不要です。

‡ 訳注：このAPIは現在deprecatedとなり、再設計されたAPIに置き換えられています。https://issues.apache.org/jira/browse/SPARK-4795を参照してください。

表3-5 型固有の関数のためのJavaのインターフェイス

関数名	等価な関数 *<A, B, ...>	使用目的
DoubleFlatMapFunction<T>	Function<T, Iterable<Double>>	flatMapToDoubleからのDoubleRDDの生成。
DoubleFunction<T>	Function<T, double>	mapToDoubleからのDoubleRDDの生成。
PairFlatMapFunction<T, K, V>	Function<T, Iterable<Tuple2<K, V>>>	flatMapToPairからのPairRDD<K, V>の生成。
PairFunction<T, K, V>	Function<T, Tuple2<K, V>>	mapToPairからのPairRDD<K, V>の生成。

数値のRDDを2乗した**リスト3-28**を修正すれば、JavaDoubleRDDを生成させることができます。このようにすれば、DoubleRDDに固有の関数である、mean()やvariance()を使うことができます。

リスト3-38 JavaでのDoubleRDDの生成

```
JavaDoubleRDD result = rdd.mapToDouble(
  new DoubleFunction<Integer>() {
    public double call(Integer x) {
      return (double) x * x;
    }
});
System.out.println(result.mean());
```

Python

Python APIの構成は、JavaやScalaとは異なっています。Pythonでは、すべての関数はRDDのベースクラスに実装されていますが、RDD内のデータの型が適切でなかった場合には、実行時に失敗します。

3.6 永続化（キャッシング）

すでに議論した通り、SparkのRDDは遅延評価されますが、同じRDDを何回も使いたいこともあります。素直にそうしてしまうと、SparkはそのRDDと、さらにその依存対象をすべてそのアクションが呼ばれるたびに計算し直すことになります。これは特に、同じデータを何度も参照するイテレーティブなアルゴリズムの場合には高くつくことになります。もう1つのわかりやすい例としては、**リスト3-39**のような、同じRDDのカウントをとってから書き出すような場合があります。

リスト3-39 Scalaにおける2乗の実行

```
val result = input.map(x => x*x)
println(result.count())
println(result.collect().mkString(","))
```

Sparkにデータを**永続化**させれば、RDDが複数回計算されることを防ぐことができます。SparkにRDDを永続化させると、RDDを計算するノードは、自分のパーティションを保存することになります。データを永続化したノードに障害があった場合、Sparkは失われたデータのパーティションを必要に応じて計算し直します。また、ノードに障害があっても速度の低下を起こさないようにするために、データを複数のノードに複製しておくこともできます。

表3-6に示す通り、Sparkでは目的に応じて異なるレベルの永続化を選択できます。Scala（**リスト3-40**）やJavaでは、デフォルトの`persist()`はデータをJVMのヒープにシリアライズされていないオブジェクトとして保存します。Pythonでは、ストアに永続化されるデータは常にシリアライズされるので、デフォルトではpickleされたオブジェクトとしてJVMのヒープに保存されます。データをディスクやヒープ外のストレージに書き出す場合にも、データはシリアライズされます。

表3-6 永続化のレベル。org.apache.spark.storage.StorageLevelおよびpyspark.StorageLevelから引用。必要であれば、ストレージレベルの後に_2をつければ、2台のマシンにデータを複製できる

レベル	領域の使用量	CPUの負荷	メモリに格納	ディスクに格納	コメント
MEMORY_ONLY	多い	低	Y	N	
MEMORY_ONLY_SER	少ない	高	Y	N	
MEMORY_AND_DISK	多い	中	部分的	部分的	メモリに収まらないデータはディスクに書き出される。
MEMORY_AND_DISK_SER	少ない	高	部分的	部分的	メモリに収まらないデータはディスクに書き出される。メモリには、シリアライズされた形式で保存される。
DISK_ONLY	少ない	高	N	Y	

オフヒープキャッシングはexperimentalであり、Tachyon（http://tachyon-project.org）を使用しています。Sparkでのオフヒープキャッシングに関心があるなら、Running Spark on Tachyon（http://tachyon-project.org/Running-Spark-on-Tachyon.html）を参照してください。

リスト3-40 Scalaでのpersist()

```
import org.apache.spark.storage._
val result = input.map(x => x * x)
result.persist(StorageLevel.DISK_ONLY)
println(result.count())
println(result.collect().mkString(","))
```

RDDに対するpersist()は、最初のアクションよりも前に呼んでいることに注意してください。persist()の呼び出し自体は、評価を強制的に実行しません。

メモリに収まらないデータをキャッシュしようとした場合、SparkはLeast Recently Used（LRU）キャッシュポリシーを使い、古いパーティションを自動的に待避させます。メモリのみを使用するストレージレベルの場合、そうなったパーティションは、次にアクセスされたときには計算し直されます。ただし、メモリとディスクを使用するストレージレベルであれば、そのパーティションはディスクに書き出されます。すなわちどちらの場合でも、ユーザーはSparkが大量にキャッシュしすぎてジョブが失敗することを心配する必要はありません。とはいえ、不要なデータをキャッシュすることで、有用なデータが待避させられ、再計算に時間をとられてしまうかもしれません。

最後に、RDDにはunpersist()というメソッドがあります。このメソッドを呼べば、そのRDDをキャッシュから取り除くことができます。

3.7 まとめ

本章では、RDDの実行モデルと、RDDの数多くの一般的な操作を取り上げました。ここまで読んでこられた読者のみなさま、おめでとうございます。これで、Sparkを使うための核となる概念はすべて学んだことになります。次章では、キー／値ペアのRDDで使える一連の特別な操作を取り上げます。これらは、データの集計やグループ化を並列に行うための最も一般的な方法です。その後は、さまざまなデータソースでの入出力と、SparkContextの高度な扱い方について議論していきましょう。

4章
キー／値ペアの処理

本章は、キー／値ペアのRDDの扱い方を取り上げます。キー／値ペアのRDDは、Sparkでの多くの操作に必要となる、広く使われるデータ型です。キー／値ペアのRDDは集計を行う場合に使われることが多く、データをキー／値の形式にするために、多少のETL（抽出、変換、ロード）処理を最初に行わなければならないことがしばしばあります。キー／値ペアのRDDには、新しい操作があります（例えば、各製品ごとのレビュー数のカウント、同じキーを持つデータのグループ化、2つの別々のRDDのグループ化など）。

また、ノード間でのペアRDDの配置を制御する高度な機能である、**パーティショニング**についても議論します。パーティショニングを制御して、データが同じノード内でまとめてアクセスされるようにすることによって、アプリケーションの通信コストを劇的に下げられる場合もあります。そうなれば、処理速度は大きく向上します。パーティショニングの説明では、例としてPageRankを取り上げます。分散データセットにおける適切なパーティショニングの選択は、ローカルのデータにおける適切なデータ構造の選択に似ています。すなわちどちらの場合も、データのレイアウトが大きくパフォーマンスに影響するのです。

4.1　ペアRDDを使う理由

Sparkでは、キー／値ペアを含むRDDに対して、特別な操作群が提供されています。キー／値ペアを含むRDDは、ペアRDDと呼ばれます。ペアRDDは、それぞれのキーに対して並列に処理を行ったり、ネットワークを経由してデータをグループ化しなおしたりする操作を持っていることから、多くのプログラムにとって有用なビルディングブロックです。例えば、ペアRDDはそれぞれのキーごとにデータを集計する`reduceByKey()`メソッドや、同じキーを持つ要素をグループ化して2つのRDDをマージすることができる`join()`メソッドを持っています。RDDからフィールドを取り出したり（例えばイベントの時刻や顧客ID、あるいはその他の識別情報）、そういったフィールドをキーとしてペアRDDの操作で使ったりすることは、珍しくありません。

4.2　ペアRDDの生成

ペアRDDをSparkで得る方法はいくつもあります。**5章**でロードについて調べる際には、多くの入力フォーマットで、キー/値のデータからペアRDDが直接返されます。他の場合としては、ペアRDDに変換したい通常のRDDがあることもあります。この場合は、キー/値ペアを返すmap()が使えます。その様子を示すために、テキストの行を含むRDDがあるとして、各行の先頭の単語をキーとしてデータにつけてみましょう。

キー/値ペアのRDDを構築する方法は、言語によって異なります。Pythonでは、キーの付いたデータを扱う関数を使ってみるためには、タプルから構成されるRDDを返さなければなりません(**リスト4-1**参照)。

リスト4-1 先頭の単語をキーとするペアRDDのPythonでの生成

```
pairs = lines.map(lambda x: (x.split(" ")[0], x))
```

Scalaでキーの付いたデータを扱う関数を使ってみるには、やはりタプル群を返す必要があります(**リスト4-2**)。さらに多くのキー/値関数を使えるよう、タプルからなるRDDに対しては、暗黙の変換があります。

リスト4-2 先頭の単語をキーとするペアRDDのScalaでの生成†

```
val pairs = lines.map(x => (x.split(" ")(0), x))
```

Javaには組み込みのタプル型がないので、SparkのJava APIを使う場合、ユーザーはscala.Tuple2クラスを使ってタプルを生成します。このクラスはとてもシンプルです。Javaのユーザーは、new Tuples(elem1, elem2)とすれば、新しいタプルを構築でき、その要素には._1()および._2()というメソッドでアクセスできます。

Javaのユーザーは、ペアRDDを生成する場合にもSparkの特別なバージョンの関数を呼ばなければなりません。例えば、基本的なmap()関数の代わりに、mapToPair()関数を使わなければなりません。このことについては、「3.5 Java」で詳しく議論しましたが、**リスト4-3**のシンプルなケースも見ておきましょう。

リスト4-3 シンプルなケース

```
PairFunction<String, String, String> keyData =
  new PairFunction<String, String, String>() {
  public Tuple2<String, String> call(String x) {
    return new Tuple2(x.split(" ")[0], x);
  }
};
JavaPairRDD<String, String> pairs = lines.mapToPair(keyData);
```

† 訳注:linesに空白のみを含む行があると、このコードは実行時にエラーになるので注意してください。翻訳時点で最新のSpark 1.4のREADME.mdには46行目に空白のみを含む行があるので、parisもしくはその子孫のRDDに対してアクションを実行した時点で例外が生じます。

ScalaやPythonでインメモリのコレクションからペアRDDを生成する場合には、ペアのコレクションに対してSparkContext.parallelize()を呼ぶだけで済みます。Javaでインメモリのコレクションからペア RDD を生成する場合には、SparkContext.parallelizePairs()を呼びます。

4.3 ペアRDDの変換

ペアRDDでは、標準のRDDで使えるすべての変換が使えます。「3.4 Sparkへの関数の渡し方」で説明したのと同じルールが当てはまります。ペアRDDにはタプルが含まれるので、渡す関数は個々の要素ではなく、タプルを操作するものでなければなりません。**表4-1**と**表4-2**は、ペアRDDの変換をまとめたもので、本章では後ほど詳しくこれらの変換を見ていきます。

表4-1 1つのペアRDD（サンプルは{(1, 2), (3, 4), (3, 6)}）に対する変換

関数名	目的	例	結果
reduceByKey(func)	同じキーの値を結合する。	rdd.reduceByKey((x,y)=>x+y)	{(1, 2), (3, 10)}
groupByKey()	同じキーの値をグループ化する。	rdd.groupByKey()	{(1, [2]), (3, [4, 6])}
combineByKey(createCombiner, mergeValue, mergeCombiners, partitioner)	同じキーの値を、異なる型の値に結合する。	**リスト4-12**から**リスト4-14**を参照。	
mapValues(func)	キーを変化させることなく、ペアRDDのそれぞれの値に関数を適用する。	rdd.mapValues(x => x+1)	{(1,3), (3, 5), (3, 7)}
flatMapValues(func)	イテレータを返す関数をペアRDDの各要素に適用し、返された各要素に対して、元のキーとのキー／値のエントリを生成する。トークン化に使われることが多い。	rdd.flatMapValues(x => (x to 5)	{(1, 2), (1, 3), (1, 4), (1, 5), (3, 4), (3, 5)}
keys()	キーのみからなるRDDを返す。	rdd.keys()	{1, 3, 3}
values()	値のみからなるRDDを返す。	rdd.values()	{2, 4. 6}
sortByKey()	キーでソートされたRDDを返す。	rdd.sortByKey()	{(1, 2), (3, 4), (3, 6)}

表4-2 2つのペアRDD（rdd = {(1, 2), (3, 4), (3, 6)} other = {(3, 9)}）に対する変換

関数名	目的	例	結果
subtractByKey	他方のRDDに含まれているキーを持つ要素を取り除く。	rdd.subtractByKey(other)	{(1, 2)}
join	2つのRDDの内部結合を行う。	rdd.join(other)	{(3, (4, 9)), (3, (6, 9))}
rightOuterJoin	2つのRDDの結合を行う。2つめのRDDに含まれているキーが含まれる。	rdd.rightOuterJoin(other)	{(3,(Some(4),9)), (3,(Some(6),9))}
leftOuterJoin	2つのRDDの結合を行う。1つめのRDDに含まれているキーが含まれる。	rdd.leftOuterJoin(other)	{(1,(2,None)), (3, (4,Some(9))), (3, (6,Some(9)))}
cogroup	両方のRDDの同じキーを持つデータをグループ化する。	rdd.cogroup(other)	{(1,([2],[])), (3, ([4, 6],[9]))}

ペアRDDのこれらの関数の各ファミリについては、この後のセクションで詳しく議論していきます。

ペアRDDは、RDDであることに変わりはないので（Java/ScalaならTuple2オブジェクト、Pythonならタプルで構成されているというだけのことです）、RDDと同じ関数群がサポートされています。例えば、先ほどのセクションのペアRDDに対し、**リスト4-4**から**リスト4-6**、および**図4-1**のようにして、20文字以上の行をフィルタリングして取り除くことができます。

リスト4-4 2番目の要素に対するPythonでのシンプルなフィルタ

```
result = pairs.filter(lambda keyValue: len(keyValue[1]) < 20)
```

リスト4-5 2番目の要素に対するScalaでのシンプルなフィルタ

```
pairs.filter{case (key, value) => value.length < 20}
```

リスト4-6 2番目の要素に対するJavaでのシンプルなフィルタ

```
Function<Tuple2<String, String>, Boolean> longWordFilter =
  new Function<Tuple2<String, String>, Boolean>() {
    public Boolean call(Tuple2<String, String> keyValue) {
      return (keyValue._2().length() < 20);
    }
  };
JavaPairRDD<String, String> result = pairs.filter(longWordFilter);
```

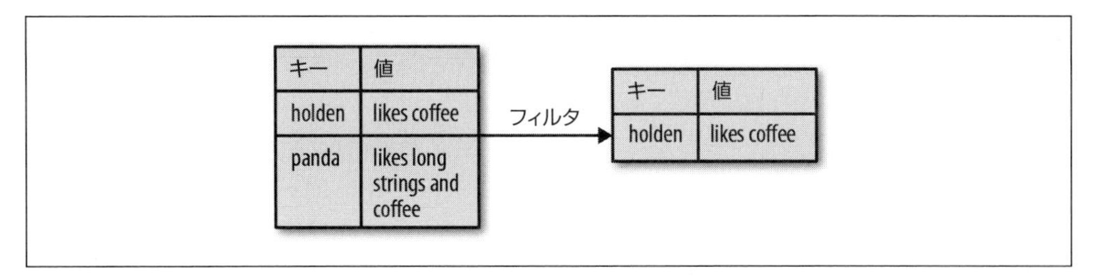

図4-1　値に対するフィルタ

ペアRDDの値の部分にだけアクセスしたい場合、ペアを扱うのが面倒になることがあります。これは一般的なパターンなので、Sparkでは`mapValues(func)`関数が用意されています。これは、`map{case (x, y): (x, func(y))}`と等価です。この関数は、サンプルに繰り返し出てくることになります。

さあ、それではペアRDDの関数のファミリをそれぞれ見ていくことにしましょう。最初は集計です。

4.3.1　集計

データセットがキー／値ペアで表現されている場合、同じキーを持つすべての要素を集計し、統計を取りたいことがよくあります。基本のRDDに対する`fold()`、`combine()`、`reduce()`といったアクションはすでに見ましたが、ペアRDDには、これらに似た、キーを単位とする変換が用意されています。同様に、Sparkには同じキーを持つ値を組み合わせる一連の操作もあります。これらの操作はRDDを返すものであり、アクションではなく変換です。

`reduceByKey()`は、`reduce()`とよく似ています。どちらも関数を1つ取り、それを使って値を結合するのです。`reduceByKey()`は、データセット中のキーごとのreduce操作を並列に行います。それぞれの操作では、同じキーを持つ値が結合されます。データセットにはきわめて大量のキーが含まれていることがあり得るので、`reduceByKey()`はユーザーのプログラムに値を返すアクションとしては実装されていません。その代わりに、`reduceByKey()`は各キーと、そのキーに対するreduceされた値からなる新しいRDDを返すのです。

`foldByKey()`は、`fold()`によく似ています。どちらもRDD中のデータと同じ型のゼロの値と、結合関数を使います。`fold()`の場合と同じく、`foldByKey()`に渡されたゼロの値は、結合関数を使って他の要素と結合されても、なんら影響しないものでなければなりません。

リスト4-7と**リスト4-8**に示す通り、`fold()`と`map()`を組み合わせてRDD全体の平均を計算するのとよく似たやり方で、`reduceByKey()`を`mapVlaues()`と併せて使い、キーごとの平均を計算することができます（**図4-2**参照）。平均を取るだけなら、この後取り上げる、さらに特化した関数を使って同じ結果を得ることもできます。

リスト4-7 reduceByKey()とmapValues()を使ったPythonでのキーごとの平均値の計算

```
rdd.mapValues(lambda x: (x, 1)).reduceByKey(lambda x, y: (x[0] + y[0], x[1] + y[1]))
```

リスト4-8 reduceByKey()とmapValues()を使ったScalaでのキーごとの平均値の計算

```
rdd.mapValues(x => (x, 1)).reduceByKey((x, y) => (x._1 + y._1, x._2 + y._2))
```

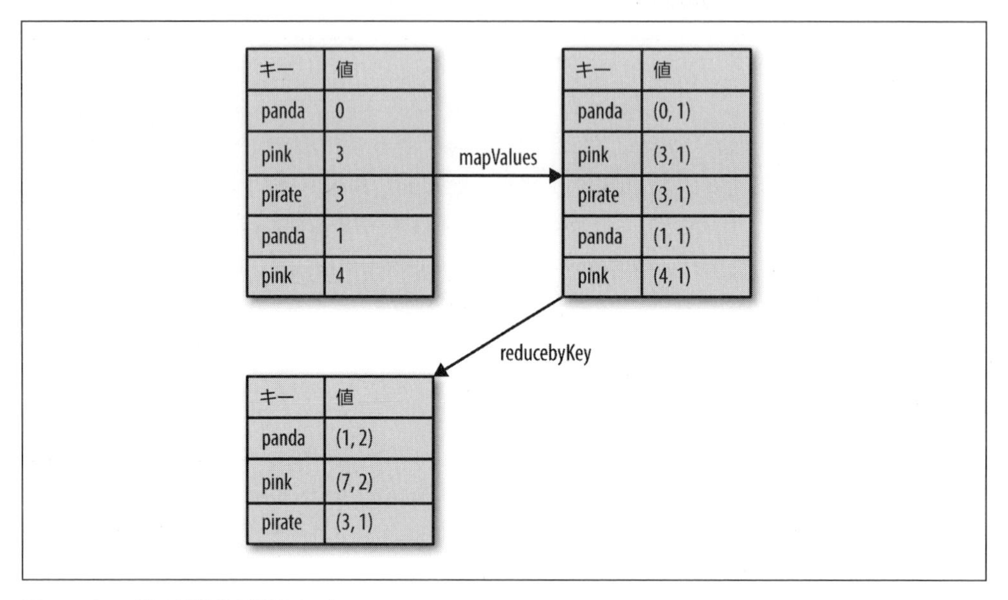

図4-2 キーごとの平均値の計算データフロー

MapReduceのcombinerの概念になじみがあるなら、reduceByKey()やfoldByKey()を呼ぶと、各キーに対するグローバルな演算が行われる前に、自動的にマシン上でローカルに結合処理が行われることを覚えておいてください。ユーザーがcombinerを指定する必要はありません。さらに汎用的なcombineByKeyインターフェイスを使えば、結合の動作をカスタマイズできます。

リスト4-9から**リスト4-11**では、同様のアプローチを使って古典的な分散ワードカウントの問題を実装できています。前章のflatMap()を使って単語と数値の1からなるペアRDDを生成し、続いてreduceByKey()を**リスト4-7**や**リスト4-8**と同じように使い、すべての単語に対して合計を計算します。

リスト4-9 Pythonでのワードカウント

```
rdd = sc.textFile("s3://...")
words = rdd.flatMap(lambda x: x.split(" "))
result = words.map(lambda x: (x, 1)).reduceByKey(lambda x, y: x + y)
```

リスト4-10 Scalaでのワードカウント

```
val input = sc.textFile("s3://...")
val words = input.flatMap(x => x.split(" "))
val result = words.map(x => (x, 1)).reduceByKey((x, y) => x + y)
```

リスト4-11 Javaでのワードカウント

```
JavaRDD<String> input = sc.textFile("s3://...")
JavaRDD<String> words = input.flatMap(new FlatMapFunction<String, String>() {
  public Iterable<String> call(String x) { return Arrays.asList(x.split(" ")); }
});
JavaPairRDD<String, Integer> result = words.mapToPair(
  new PairFunction<String, String, Integer>() {
    public Tuple2<String, Integer> call(String x) { return new Tuple2(x, 1); }
}).reduceByKey(
  new Function2<Integer, Integer, Integer>() {
    public Integer call(Integer a, Integer b) { return a + b; }
});
```

実際には、最初の RDD に countByValue() を使って input.flatMap(x => x.split(" ")).countByValue() とすれば、もっとすばやくワードカウントを実装できます。

combineByKey() は、キーを単位とする集計関数の中でも最も汎用的なものです。キーを単位とする他の combiner の多くは、この関数を使って実装されています。aggregate() と同様に、combineByKey() も入力データとは違う型の値を返すことができます。

combineByKey() は、処理の対象となる各要素の扱われる様子を見てみると理解しやすいでしょう。combineByKey() は、1つのパーティション内の要素を見ていき、各要素がこれまでに現れていないキーを持っているか、それとも前の要素と同じキーを持っているかを見ます。

もしそれが新しい要素なら、combineByKey() は渡された関数である createCombiner() を呼び、そのキーに対するアキュムレータの初期値を生成します。重要なのは、キーが RDD 内で初めて見つかったときではなく、各パーティション内で初めて見つかったときにこの動作が行われる点です。

もしその値が、そのパーティションを処理する過程ですでに現れたことがあるものであれば、引数として渡された関数である mergeValue() を、そのキーのアキュムレータの現在の値と新しい値を渡して呼び出します。

各パーティションは独立して処理されるので、同じキーに対して複数のアキュムレータが得られることになります。各パーティションから得られる結果をマージする際に、仮に同じキーに対するアキュムレータが2つ以上のパーティションから来たなら、それらはユーザーが渡した mergeCombiners() 関数を使ってマージされます。

処理するデータにcombineByKey()でmap側での集計を行うことにメリットがないことがわかっているのであれば、この集計は禁止することもできます。例えばgroupByKey()は、集計関数（リストへの追加を行うだけ）によって領域が節約されることがないので、map側での集計を行いません。map側の結合を禁止したいなら、パーティショナを指定する必要があります。その場合、単純にrdd.partitionerを渡してソースRDDのパーティショナをそのまま使ってしまうこともできます。

combineByKey()には実に多くのパラメータがあるので、例として調べてみるのにぴったりです。combineByKey()の動作をわかりやすくするために、**リスト4-12**から**リスト4-14**の、各キーに対する平均値の計算を見てみることにしましょう。**図4-3**も参照してください。

リスト4-12　combineByKey()を使ったPythonでのキーごとの平均値の計算

```
sumCount = nums.combineByKey(
  (lambda x : (x , 1)),
  (lambda x, y : (x[0] + y, x[1] + 1)),
  (lambda x ,y : (x [0] + y[0], x[1] + y[1])))
print sumCount.map(lambda (k,v): (k, v[0]/float(v[1]))).collect()
```

リスト4-13　combineByKey()を使ったScalaでのキーごとの平均値の計算

```
val result = input.combineByKey(
  (v) => (v, 1),
  (acc: (Int, Int), v) => (acc._1 + v, acc._2 + 1),
  (acc1: (Int, Int), acc2: (Int, Int)) => (acc1._1 + acc2._1, acc1._2 + acc2._2)
  ).map{ case (key, value) => (key, value._1 / value._2.toFloat) }
result.collectAsMap().map(println(_))
```

リスト4-14　combineByKey()を使ったjavaでのキーごとの平均値の計算

```
public static class AvgCount implements Serializable {
  publicAvgCount(inttotal,intnum){ total_=total; num_=num;}
  public int total_;
  public int num_;
  publicfloatavg(){ returntotal_/(float)num_;}
}

Function<Integer, AvgCount> createAcc = new Function<Integer, AvgCount>() {
  public AvgCount call(Integer x) {
    return new AvgCount(x, 1);
  }
};
Function2<AvgCount, Integer, AvgCount> addAndCount =
  new Function2<AvgCount, Integer, AvgCount>() {
  public AvgCount call(AvgCount a, Integer x) {
    a.total_ += x;
    a.num_ += 1;
```

```
      return a;
    }
  };
  Function2<AvgCount, AvgCount, AvgCount> combine =
    new Function2<AvgCount, AvgCount, AvgCount>() {
    public AvgCount call(AvgCount a, AvgCount b) {
      a.total_ += b.total_;
      a.num_ += b.num_;
      return a;
    }
  };
  AvgCount initial = new AvgCount(0,0);
  JavaPairRDD<String, AvgCount> avgCounts =
    nums.combineByKey(createAcc, addAndCount, combine);
  Map<String, AvgCount> countMap = avgCounts.collectAsMap();
  for (Entry<String, AvgCount> entry : countMap.entrySet()) {
    System.out.println(entry.getKey() + ":" + entry.getValue().avg());
  }
```

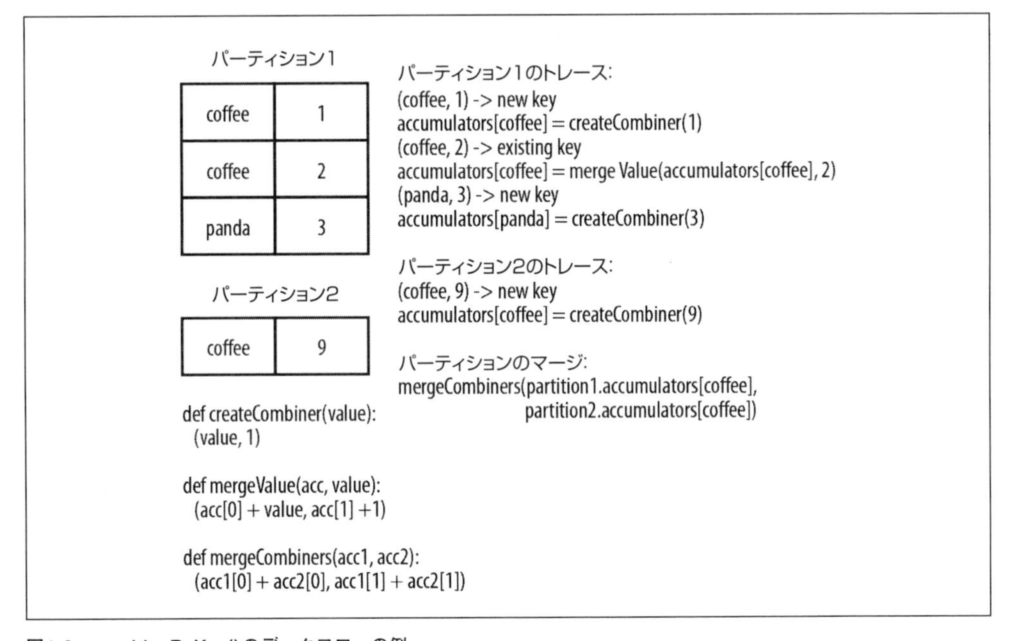

図4-3 combineByKey()のデータフローの例

キーごとのデータのマージの方法には、いろいろな選択肢があります。ほとんどはcombineByKey()の上に実装されていますが、提供しているインターフェイスはシンプルなものになっています。どういった場合でも、Sparkの特化した集計関数のいずれかを使えば、素直にデータをグループ化してreduceするアプローチよりも、はるかに高速になることがあります。

並列処理のレベルのチューニング

ここまでは、変換の処理はすべて分散処理されるということは述べてきましたが、実際にSparkがどのように処理を分割するかは、まだ見ていませんでした。すべてのRDDは、決まった数の**パーティション**を持っており、その数によって、RDDに対する処理を実行する際の並列度が決まります。

集計やグループ化の処理を行う場合、Sparkに対して特定の数のパーティションを使用するよう要求できます。Sparkは、クラスタのサイズに基づいて常に妥当なデフォルト値を推定しようとしますが、場合によってはパフォーマンスを向上させるために並列処理のレベルをチューニングしたい場合もあります。

本章で議論した操作のほとんどは、グループ化されたRDDや集計結果のRDDを生成する際に使用するパーティション数を指定する、第2のパラメータを受け付けます。**リスト4-15**と**リスト4-16**を参照してください。

リスト4-15 カスタムの並列度を指定したPythonでのreduceByKey()

```
data = [("a", 3), ("b", 4), ("a", 1)]
sc.parallelize(data).reduceByKey(lambda x, y: x + y) # デフォルトの並列度
sc.parallelize(data).reduceByKey(lambda x, y: x + y, 10) # カスタムの並列度
```

リスト4-16 カスタムの並列度を指定したScalaでのreduceByKey()

```
val data = Seq(("a", 3), ("b", 4), ("a", 1))
sc.parallelize(data).reduceByKey((x, y) => x + y) // デフォルトの並列度
sc.parallelize(data).reduceByKey((x, y) => x + y, 10) // カスタムの並列度
```

場合によっては、グルーピングや集計の操作のコンテキスト外で、RDDのパーティショニングを変更したいこともあります。そういった場合のために、Sparkには`repartition()`関数が用意されています。この関数は、データをネットワーク越しにシャッフルし、新しいパーティション群を生成します。Sparkには、最適化された`repartition()`として`coalesce()`もあります。`coalesce()`を使うと、RDDのパーティションを減らす場合に限り、シャッフルをしないように指定し、データの移動を避けることができます。`coalesce()`を呼んでも安全かどうかを判断するには、Java/Scalaなら`rdd.partitions.size`を、Pythonなら`rdd.getNumPartitions()`を使って、RDDのサイズをチェックし、RDDを現在のパーティション数よりも少ないパーティションに結合しようとしていることを確認します。

4.3.2 データのグループ化

キーの付いたデータのユースケースとして一般的なのは、キーごとにデータをグループ化することです。例えば、ある顧客の注文をまとめて見るような場合がそうです。

すでにデータに必要なキーがつけられているなら、`groupByKey()`を使えばデータをRDD内のキーでグループ化できます。`K`という型のキーと、`V`という型の値を含むRDDからは、[K,

Iterable[V]] という型の RDD が返されます。

groupBy() は、ペアになっていないデータや、現在のキーに対して等価判定以外の条件を使いたい場合に使われます。groupBy() は、ソース RDD の各要素に対して適用される関数を取り、その結果でキーを決定します。

groupByKey() の後に、値に対して reduce() や fold() を使っているコードを書いているなら、キー単位の集計関数のいずれかを使うことで、同じ結果をおそらくもっと効率よく得ることができます。RDD をインメモリの値に reduce するのではなく、キーごとのデータを reduce し、その値を各キーと対応づけた RDD を返させるのです。例えば、rdd.reduceByKey(func) は、rdd.groupByKey().mapValues(value => value.reduce(func)) と同じ RDD を生成しますが、各キーに対する値のリストを生成するステップを省けることから、効率が優れているのです。

単一の RDD のデータをグループ化することに加えて、cogroup() という関数を使えば、同じキーを持つ複数の RDD からのデータをグループ化することもできます。cogroup() は、同じ型 K のキーを持つ 2 つの RDD がそれぞれ V と W という型の値を持っている場合、[K, (Iterable[V], Iterable[W])] という型の RDD を返します。一方の RDD にあるキーが他方の RDD にはなかった場合、対応する Iterable は単に空になります。cogroup() の持つパワーを生かせば、複数の RDD のデータをグループ化できるのです。

cogroup() は、次のセクションで議論する結合のビルディングブロックとして使われます。

cogroup() は、単に結合を実装するだけでなく、それ以外のことにも使うことができます。キーによる集合の積の計算も、cogroup() で実装できます。加えて、cogroup() は 3 つ以上の RDD を 1 度に扱うこともできます。

4.3.3 結合

キーが付けられたデータに対して行える操作で最も役立つものの中には、そのデータをキーの付けられた他のデータと共に使うものがあります。データ同士の結合（ジョイン）は、ペア RDD に対する操作のなかでも最も広く使われているものの 1 つであり、左右の外部結合、クロス結合、内部結合を含むあらゆる選択肢が用意されています。

最もシンプルな join の操作は、内部結合です[†]。双方のペア RDD に含まれるキーだけが出力されます。どちらかの入力データに、同じキーに対して複数の値がある場合には、結果のペア RDD には 2 つの入力 RDD のそのキーで可能なすべての値の組み合わせに対してエントリが作られます。これは、**リスト 4-17** を見れば理解しやすいでしょう。

† 結合（http://en.wikipedia.org/wiki/Join_(SQL)）という言葉は、同じ値を共有する 2 つのテーブルのフィールド群を組み合わせることを表す、データベースの用語です。

リスト4-17 Scalaシェルでの内部結合

```
storeAddress = {
  (Store("Ritual"), "1026 Valencia St"), (Store("Philz"), "748 Van Ness Ave"), (Store("Philz"), "3101
24th St"),
  (Store("Starbucks"), "Seattle")}

storeRating = {
  (Store("Ritual"), 4.9), (Store("Philz"), 4.8))}

storeAddress.join(storeRating) == {
  (Store("Ritual"), ("1026 Valencia St", 4.9)),
  (Store("Philz"), ("748 Van Ness Ave", 4.8)),
  (Store("Philz"), ("3101 24th St", 4.8))}
```

結果に残したいキーは、必ずしも両方のRDDになければならないというわけではありません。例えば、顧客の情報をレコメンデーションと結合する場合、まだレコメンデーションがない顧客を除外したくはありません。leftOuterJoin(other) および rightOuterJoin(other) はどちらも、ペアRDDの片方にキーがなくてもペアRDD同士をキーで結合します。

leftOuterJoin() では、結果のペアRDDには、ソースRDDの各キーに対応するエントリがあります。結果中の各キーに関連づけられている値は、ソースRDDの値と、他方のペアRDDの値を含むOption（JavaではOptional）とのタプルになります。Pythonでは、値がなければNoneが使われます。値がある場合には、ラッパーなしで通常の値が使われます。join() の場合と同様に、同じキーに対して複数のエントリがあった場合には、2つの値のリスト間のカルテシアン積が返されることになります。

Optionalは、GoogleのGuavaライブラリ（https://github.com/google/guava）の一部であり、存在しないかもしれない値を表現します。値が設定されているかはisPresent()で調べることができ、データがあるならget()でその値を含むインスタンスが返されます。

rightOuterJoin() はほとんど leftOuterJoin() と同じですが、キーがなければならないのが他方のRDDの方であり、タプル内のオプションが他方のRDDではなく、ソースRDDに対応していることが異なります。

リスト4-17を見直せば、join() を紹介するのに使った2つのペアRDD同士の leftOuterJoin() と rightOuterJoin() を取ることができます。**リスト4-18**をご覧ください。

リスト4-18 leftOuterJoin()とrightOuterJoin()

```
storeAddress.leftOuterJoin(storeRating) ==
{(Store("Ritual"),("1026 Valencia St",Some(4.9))),
  (Store("Starbucks"),("Seattle",None)),
  (Store("Philz"),("748 Van Ness Ave",Some(4.8))),
  (Store("Philz"),("3101 24th St",Some(4.8)))}
```

```
storeAddress.rightOuterJoin(storeRating) ==
{(Store("Ritual"),(Some("1026 Valencia St"),4.9)),
  (Store("Philz"),(Some("748 Van Ness Ave"),4.8)),
  (Store("Philz"), (Some("3101 24th St"),4.8))}
```

4.3.4 データのソート

データのソートは、多くの場合に役立ちます。特に、ダウンストリームへの出力を生成している場合にそうです。キーの順序関係が定義されていれば、キー／値ペアの RDD はソートすることができます。いったんデータがソートできてしまえば、それ以降にデータに対して collect() や save() を呼び出せば、ソートされたデータが得られることになります。

RDD を逆順にしたいこともよくあるので、sortByKey() 関数は、ascending というパラメータを取ります。このパラメータは、ソートを正順で行うかどうかを指定します（デフォルトは true です）。あるいは、まったく異なる順序でソートをしたいこともあるので、そのために比較関数を渡すこともできるようになっています。**リスト 4-19** から**リスト 4-21** では、整数を文字列に変換し、文字列比較関数を使って RDD をソートしています。

リスト4-19　Pythonでのカスタムソート順序の例。整数を文字列と見なしてソートする

```
rdd.sortByKey(ascending=True, numPartitions=None, keyfunc = lambda x: str(x))
```

リスト4-20　Scalaでのカスタムソート順序の例。整数を文字列と見なしてソートする

```
val input: RDD[(Int, Venue)] = ...
implicit val sortIntegersByString = new Ordering[Int] {
  override def compare(a: Int, b: Int) = a.toString.compare(b.toString)
}
input.sortByKey()
```

リスト4-21　Javaでのカスタムソート順序の例。整数を文字列と見なしてソートする

```
class IntegerComparator implements Comparator<Integer> {
  public int compare(Integer a, Integer b) {
    return String.valueOf(a).compareTo(String.valueOf(b))
  }
}
rdd.sortByKey(comp)
```

4.4 ペアRDDで使えるアクション

変換と同様に、ベースのRDDで使える通常のアクションは、ペアRDDでも使うことができます。ペアRDDで使えるアクションはそれ以外にもあり、データがキー／値形式になっていることの利点を生かすことができます。**表4-3**を参照してください。

表4-3 ペアRDDのアクション（サンプルは({(1, 2), (3, 4), (3, 6)})）

関数	説明	例	結果
countByKey()	キーごとの要素数をカウントする。	rdd.countByKey()	{(1, 1), (3, 2)}
collectAsMap()	容易にルックアップできるよう、結果をmapとして返す。同じキーのエントリが複数ある場合は、そのうち1つだけが返される。	rdd.collectAsMap()	Map{(1, 2), (3, 6)}
lookup(key)	指定されたキーに関連づけられたすべての値を返す。	rdd.lookup(3)	[4, 6]

ペアRDDには、この他にもRDDを保存するアクションが複数あります。それらについては、**5章**で取り上げます。

4.5 データのパーティショニング（上級編）

本章で最後に議論するSparkの機能は、データセットのノード間でのパーティショニングを制御する方法です。分散プログラムでは、通信は非常にコストが高いので、ネットワークトラフィックを最小限に抑えるようにデータを配置することによって、パフォーマンスを大幅に向上させることができます。単一ノードのプログラムにおいて、レコードのコレクションで適切なデータ構造を選択する必要があるのと同様に、SparkのプログラムはRDDのパーティショニングを制御して、通信を削減しなければならないのです。パーティショニングは、あらゆるアプリケーションで有効というわけではありません。例えば、あるRDDが1度しか走査されないのであれば、それをあらかじめパーティショニングすることに意味はありません。パーティショニングが役立つのは、データセットが結合のようなキーに基づく操作によって**複数回**再利用される場合に限られます。このすぐ後に、いくつかの例を紹介しましょう。

Sparkのパーティショニングは、キー／値ペアのRDDすべてで利用可能で、キーに対する関数に基づいて、Sparkのシステムが要素をグループ化することになります。Sparkでは、それぞれのキーが送られるワーカーノードを明示的に制御することはできませんが（これは、Sparkが特定のノードに障害があっても動作できるように設計されているためでもあります）、キーの集合がまとまって、あるノードに現れることをプログラムが保証することはできます。例えば、あるRDDを100個のハッシュパーティションに分割し、ハッシュ値の100の剰余が等しいキーが同じノードに置かれるようにすることができます。あるいは、RDDをソートされたキーの範囲でパーティショニングし、同じ範囲のキーが同じノードに置かれるようにすることもできます。

シンプルな例として、ユーザー情報の大規模なテーブルをメモリに保持するアプリケーションについて考えてみましょう。例えば、(UserID, UserInfo) というペアの RDD に、UserInfo にそのユーザーが購読しているトピックのリストが格納されているような場合です。アプリケーションは、このテーブルを過去5分間の間に起きたイベントを表す小さなファイルと定期的に結合します。これはつまり、過去5分間にある Web サイトのリンクをクリックしたユーザーを、(UserID, LinkInfo) というペアのテーブルが表しているような場合です。例えば、購読していないトピックのリンクをクリックしたユーザー数をカウントしたいとしましょう。この組み合わせは、Spark の join() で処理できます。join() を使えば、UserInfo と LinkInfo のペアを、キーに基づいて各 UserID でグループ化できます。このアプリケーションは、**リスト 4-22** のようになります。

リスト4-22 Scalaでのサンプルアプリケーション

```
// 初期化コード。ユーザーの情報を HDFS 上の Hadoop の SequenceFile からロードする。
// これで、userData の要素は HDFS のブロックごとに、ブロックのあった場所に分散される
// Spark には、ある UserID がどのパーティションにあるのかを知る方法はない。
val sc = new SparkContext(...)
val userData = sc.sequenceFile[UserID, UserInfo]("hdfs://...").persist()

// 過去 5 分間のイベントのログファイルを処理するために定期的に呼ばれる関数。
// このログファイルは、(UserID, LinkInfo) というペアを含む SequenceFile とする。
def processNewLogs(logFileName: String) {
  val events = sc.sequenceFile[UserID, LinkInfo](logFileName)
  val joined = userData.join(events)// (UserID, (UserInfo, LinkInfo)) というペアの RDD
  val offTopicVisits = joined.filter {
    case (userId, (userInfo, linkInfo)) => // タプル内の要素を見る
      !userInfo.topics.contains(linkInfo.topic)
  }.count()
  println("Number of visits to non-subscribed topics: " + offTopicVisits)
}
```

このコードはそのままでも問題なく動作しますが、効率はよくありません。これは、processNewLogs() が呼ばれるたびに走る join() の処理が、データセット中のキーのパーティショニングについて何も知らないためです。デフォルトでは、この処理は**両方のデータセット**のすべてのキーのハッシュを取り、同じキーを持つ要素をネットワーク経由で同じマシンに送信し、そのマシン上で同じキーを持つ要素同士を結合することになります（**図 4-4** 参照）。5分ごとに調べる events の小さなログに比べれば、userData テーブルははるかに大きいと考えられるので、これは多くの処理を無駄に行っていることになります。userData テーブルは、仮に変更されていなかったとしても、呼び出しごとにハッシュを取り、ネットワーク上でシャッフルされることになるのです。

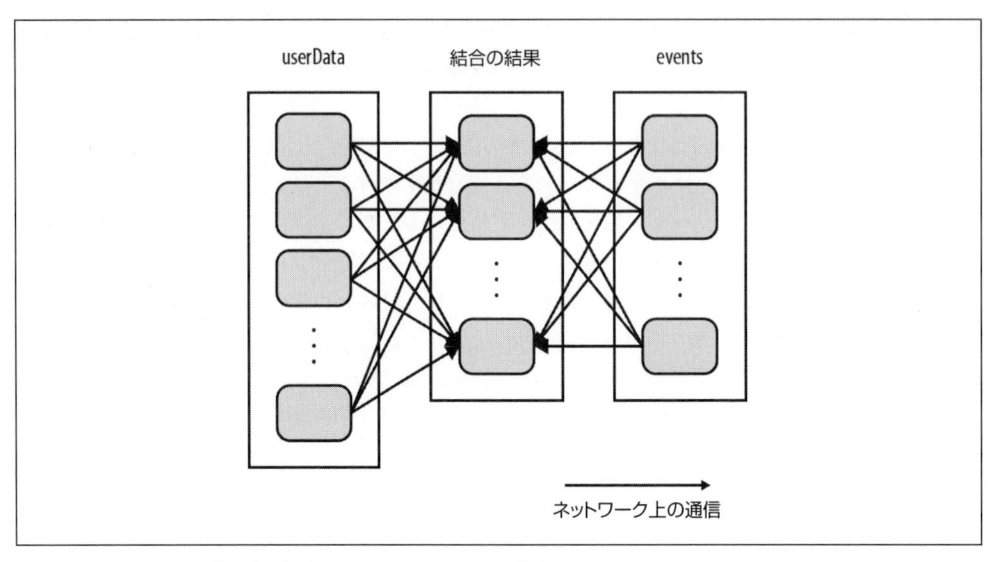

図4-4 partitionBy()を使わない場合のuserDataとeventsの結合

この問題は、簡単に解決できます。プログラムの開始の時点で、partitionBy() 変換を使ってuserData をハッシュパーティショニングしておけば良いのです。リスト 4-23 では、そのためにspark.HashParittioner オブジェクトを partitionBy に渡しています。

リスト4-23 Scalaでのカスタムパーティショナ

```
val sc = new SparkContext(...)
val userData = sc.sequenceFile[UserID, UserInfo]("hdfs://...")
                 .partitionBy(new HashPartitioner(100)) // 100 個のパーティションを作成する
                 .persist()
```

processNewLogs() メソッドを変更する必要はありません。events RDD は processNewLogs() にローカルであり、このメソッド内で 1 度使われるだけなので、events に対してパーティショナを指定してもメリットはありません。partitionBy() は、userData を構築する際に呼ばれるので、Spark は userData がハッシュパーティショニングされているのを知っており、この RDD に対して join() が呼ばれたときには、この情報を有効活用してくれるのです。特に、userData.join(events) が呼ばれたときには、Spark は events RDD だけをシャッフルし、イベントの情報をその UserID に基づき、対応する userData のハッシュパーティションが置かれているマシンに送ってくれるのです（図 4-5 参照）。その結果、ネットワーク上でやり取りされるデータは大きく減少し、プログラムははるかに高速に動作するようになります。

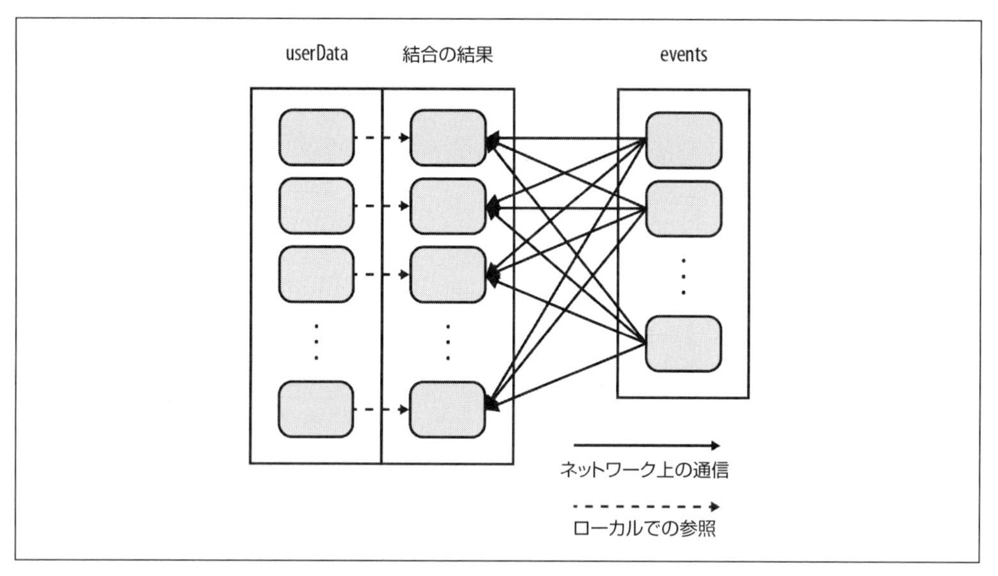

図4-5　partitionBy()を使った場合のuserDataとeventsの結合

partitionBy() は変換なので、新しい RDD を返す点に注意してください。partitionBy() は、元々の RDD をその場で書き換えるわけではないのです。RDD は、いったん生成された後は決して変更されません。そのため、元々の sequenceFile() ではなく、partitionBy() の結果を永続化し、userData として保存しておくことが重要なのです。また、partitionBy() に渡された 100 という値はパーティション数を示しており、この RDD に対するそれ以降の処理（例えば結合）のタスクの並列度を制御します。一般に、この値は最低でもクラスタ内のコア数以上にしてください。

partitionBy() で変換をした後の RDD の永続化に失敗した場合、RDD をそれ以降に使うたびに、データのパーティショニングが繰り返されることになります。永続化ができていなければ、パーティション化された RDD を利用するたびに、その RDD の系統を完全に再評価することになってしまうのです。そうなってしまえば partitionBy() のメリットは失われ、ネットワーク経由でパーティショニングとシャッフルが繰り返されることになり、パーティショナを指定しなかった場合と同じような状況に陥ることになります。

実際のところ、他の多くの Spark の操作では、結果が格納される RDD のパーティショニング情報は、自動的にわかります。そして、join() 以外の操作の多くはこの情報を活用できるのです。例えば、sortByKey() および groupByKey() は、それぞれ範囲とハッシュでパーティショニングされた RDD を返します。一方で、map() のような操作を行うと、新しい RDD は親のパーティショニング情報を**忘れる**ことになります。これは、論理的にはこうした操作によってレコードのキーが書き換えられるかもしれないためです。この後に続くセクションでは、RDD のパーティショニングを決定する方法と、Spark の操作に対するパーティショニングの正確な影響を説明します。

Java と Python におけるパーティショニング

Scala の API と同様に、Spark の Java および Python の API もパーティショニングによる恩恵を被ります。ただし、Python では `partitionBy()` に `Hashpartitioner` オブジェクトを渡すことはできません。その代わりに、単純に希望するパーティション数を渡すことができます（例えば `rdd.partitionBy(100)`）。

4.5.1 RDDのパーティショナの決定

Scala と Java では、partitioner プロパティを使って RDD のパーティショニングの方法を指定できます†。このプロパティは scala.Option オブジェクトです。これは Scala のコンテナクラスで、アイテムを1つ含むか、まったく含んでいないかのどちらかです。この Option の isDefined() を呼べば値が設定されているかどうかを調べることができ、get() で値を得ることができます。値がある場合には、その値は spark.Partitioner オブジェクトです。基本的には、このオブジェクトは RDD に対して、それぞれのキーの行き先のパーティションを知らせるものです。このことについては、後ほど詳しく述べます。

partitioner プロパティは、Spark の操作がどのようにパーティショニングに影響するのか、そしてプログラム中で行いたい操作が適切な結果を生むことになるかを、Spark のシェルで調べる際に大変役立ちます（**リスト 4-24** 参照）。

リスト4-24　RDDのパーティショナの指定

```
scala> val pairs = sc.parallelize(List((1, 1), (2, 2), (3, 3)))
pairs: spark.RDD[(Int, Int)] = ParallelCollectionRDD[0] at parallelize at <console>:12

scala> pairs.partitioner
res0: Option[spark.Partitioner] = None

scala> import org.apache.spark.HashPartitioner
import org.apache.spark.HashPartitioner

scala> val partitioned = pairs.partitionBy(new HashPartitioner(2))
partitioned: spark.RDD[(Int, Int)] = ShuffledRDD[1] at partitionBy at <console>:14

scala> partitioned.partitioner
res1: Option[spark.Partitioner] = Some(spark.HashPartitioner@5147788d)
```

この短いセッションでは、まず (Int, Int) のペアの RDD を生成しました。この RDD には、最初はパーティショニングの情報がありません（Option の値が None になっています）。そして、この RDD に対してハッシュパーティショニングを行い、2番目の RDD を生成しました。この先実際に partitioned を変換の対象にしたいのであれば、partitioned が定義されている3行目

† Python API では、パーティショナは内部的には利用されているものの、まだ外部からは利用できません。

に persist() を追加しておくべきです。そうすべき理由は、これまでの例で userData に対して persist() が必要だったのと同じ理由です。persist() をしておかなければ、それ以降の RDD のアクションは、pertitioned の系統全体を評価し直すことになるので、pairs に対して何度もハッシュパーティショニングが行われることになってしまいます。

4.5.2 パーティショニングの恩恵を受ける操作

Spark の操作の多くは、ネットワーク越しにキーに基づくシャッフルを起こします。それらはすべて、パーティショニングの恩恵を受けることができます。Spark 1.0 では、パーティショニングの恩恵を受けることができる操作は、cogroup()、groupWith()、join()、leftOuterJoin()、rightOuterJoin()、groupByKey()、reduceByKey()、combineByKey()、lookup() です。

reduceByKey() のように、単一の RDD に対して働く操作をパーティション化された RDD で動作させると、各キーのすべての値は、単一のマシン上で**ローカル**に計算され、ローカルに reduce された最終の値だけが、各ワーカーノードからマスターに戻されます。cogroup() や join() のように 2 つの RDD に対する操作の場合、事前にパーティショニングが行われていれば、最低でも RDD の 1 つ（パーティショナがわかっている RDD）は、シャッフルされません。両方の RDD が**同じ**パーティショナを使っており、同じマシン群にキャッシュされている（例えば片方の RDD がもう片方の RDD に対する mapValues() を使って生成されている場合。この場合、キーとパーティショニングはそのまま保持されます）場合や、どちらかの RDD がまだ計算されていない場合は、ネットワーク越しのシャッフルは行われません。

4.5.3 パーティショニングに影響する操作

Spark は、それぞれの操作がパーティショニングに及ぼす内部的な影響を知っており、データのパーティショニングを行う操作によって生成される RDD に、自動的に partitioner を設定します。例えば、2 つの RDD を結合するために join() を呼んだとしましょう。同じキーを持つ要素は同じマシンにハッシュされるので、Spark は結果がハッシュパーティショニングされることを知っており、この結合の結果に対する reduceByKey() のような操作は、きわめて高速になります。

ただし、逆に既知のパーティショニングが行われることが保証できない変換の場合、出力される RDD には partitioner が設定されません。例えば、ハッシュパーティショニングされたキー／値ペアの RDD に対して map() を呼んだ場合、map() に渡された関数は、理論的には各要素のキーを変更する可能性があるので、結果には partitioner がないことになります。Spark は、渡された関数がキーをそのまま残してくれるかは分析しません。しかし、タプルのキーがそのまま残ることを保証する、mapValues() と flatMapValues() という 2 つの操作が提供されています。

以上を踏まえて、出力先の RDD にパーティショナを設定する操作は、cogroup()、groupWith()、join()、leftOuterJoin()、rightOuterJoin()、groupByKey()、reduceByKey()、combineByKey()、partitionBy()、sort()、mapValues()（親の RDD にパーティショナが設定されている場合）、flatMapValues()（親の RDD にパーティショナが設定されている場合）、filter()（親の RDD にパーティショナが設定されている場合）です。**これ以外のすべての操作**は、パーティショナを持たない結果を生成します。

最後に2つのRDDを扱う操作について触れておきましょう。出力にどのRDDのパーティショナが設定されるかは、親のRDDのパーティショナによります。デフォルトではハッシュパーティショナが使われ、パーティション数は処理の際の並列度に設定されます。ただし、親のどちらかのpartitionerが設定されているなら、そのパーティショナが使われることになります。どちらの親にもpartitionerが設定されている場合は、1つめの親のパーティショナが使われます。

4.5.4 事例：PageRank

RDDのパーティショニングの恩恵を受けることができる複雑なアルゴリズムの例として、PageRankについて考えてみましょう。GoogleのLarry Pageにちなんで名付けられたPageRankは、ある集合中の各ドキュメントに対し、そのドキュメントに対するリンクを張っているドキュメントの数に基づいて、重要度（ランク）を割り当てることを目的としています。PageRankは、もちろんWebページのランク付けに使うことができますが、科学的な記事や、ソーシャルネットワーク中で影響力を持つユーザーのランク付けにも利用できます。

PageRankはイテレーティブなアルゴリズムであり、数多くの結合を実行します。そのため、PageRankはRDDのパーティショニングの良いユースケースなのです。このアルゴリズムは、2つのデータセットを管理します。1つのデータセットには、各ページの近隣のリストが(pageID, linkList)という要素として格納されています。そしてもう1つのデータセットには、各ページのその時点のランクが(pageID, rank)という要素として格納されています。PageRankの処理は、次のように進みます。

1. 各ページのランクを1.0に初期化します。
2. 各イテレーションにおいて、ページpはrank(p)/numNeighbors(p)をその近隣ページ（そのページからリンクが張られているページ）にコントリビューションとして送ります。
3. 各ページのランクを、0.15 + 0.85 * contributionsReceivedに設定します。

最後の2つのステップは、何回か繰り返します。その過程で、このアルゴリズムは各ページの適切なPageRankへ収斂していきます。実際には、通常この繰り返しは10回ほどになります。

リスト4-25は、SparkでのPageRankの実装のコードです。

リスト4-25　ScalaによるPageRank

```
// 近隣のリストは、SparkのobjectFileとして保存されているものとする
val links = sc.objectFile[(String, Seq[String])]("links")
              .partitionBy(new HashPartitioner(100))
              .persist()

// 各ページのランクを1.0に初期化する。ここではmapValuesを使うので、結果のRDDは、
```

```
// links と同じパーティショナを持つことになる
var ranks = links.mapValues(v => 1.0)

// PageRank を 10 回繰り返す
for (i <- 0 until 10) {
  val contributions = links.join(ranks).flatMap {
    case (pageId, (links, rank)) =>
      links.map(dest => (dest, rank / links.size))
  }
  ranks = contributions.reduceByKey((x, y) => x + y).mapValues(v => 0.15 + 0.85*v)
}

// 最終のランクの書き出し
ranks.saveAsTextFile("ranks")
```

これだけです！ このアルゴリズムは、ranks RDD の各要素を 1.0 に初期化するところから始まり、各イテレーションごとに変数の ranks を更新していきます。PageRank の本体は、Spark ではきわめてシンプルに表現できます。まず、現在の ranks RDD と、静的な links との結合を行います。これは、リンクリストと各ページ ID のランクを併せて取得するためです。そして、これを flatMap の中で使い、各ページの近隣ページに送信するコントリビューションの値を生成します。続いて、それらの値をページ ID ごと（すなわちコントリビューションを受け取るページごと）に加算し、そのページのランクを 0.15 + 0.85 * contributionsReceived に設定します。

このコードそのものはシンプルですが、このサンプルでは RDD が効率的にパーティショニングされることを保証し、通信を最小限に抑えるために、いくつかのことを行っています。

1. links RDD が各イテレーションにおいて ranks に結合されていることに注意してください。links は静的なデータセットなので、開始時点で partitionBy() を使ってパーティショニングし、後でネットワーク越しにシャッフルせずにすむようにしています。実際には、各ページ ID に対する近隣ページのリストを持っている links RDD は、単に Double だけを含む ranks よりも、バイト数でいえばはるかに大きいと考えられるので、PageRank をシンプルに実装した場合（例えば素のままの MapReduce）に比べると、この最適化によってかなりのネットワークトラフィックが削減できます。

2. 同じ理由から、links に対して persist() を呼び、繰り返しの間、この RDD が RAM 上に保持されるようにしています。

3. 最初に ranks を生成する際に、map() ではなく mapValues() を使い、親の RDD（links）のパーティショニングが引き継がれるようにしています。こうすることで、ranks に対する最初の結合のコストが下がります。

4. ループの本体では、reduceByKey() の後に mapVlaues() を続けています。reduceByKey()

の結果はすでにハッシュパーティショニングされているので、こうすることでマッピングされた結果を次のイテレーションで links に対して効率的に結合できるようになります。

要素のキーを変更しない場合は mapValues() もしくは flatMapValues() を使い、パーティションに関係する最適化の効果を最大限に活かしましょう。

4.5.5 カスタムのパーティショナ

Spark の HashPartitioner と RangePartitioner は多くのユースケースに適していますが、Spark ではカスタムの Partitioner オブジェクトを渡すことで、RDD のパーティショニングをチューニングすることもできます。こうすることで、ドメイン固有の知識を活かし、さらに通信を削減することができます。

例えば、前セクションの PageRank のアルゴリズムをある Web ページの集合に対して実行したいとします。各ページの ID（これは RDD のキーです）はその URL です。シンプルなハッシュ関数を使ってパーティショニングを行った場合、似た URL を持つページ（例えば http://www.cnn.com/WORLD と http://www.cnn.com/US）は、まったく別々のノードに割り当てられてしまうかもしれません。しかし、同じドメイン内の Web ページ群は、相互にリンクを張っている場合が多いことは明らかです。PageRank では、各ページからその近隣のページへイテレーションごとにメッセージを送らなければならないので、こういったページ群は同じパーティションに納めるほうが良いでしょう。URL 全体ではなく、ドメイン名の部分だけを見るカスタムの Partitioner を使えば、そうすることができます。

カスタムのパーティショナを実装するには、org.apache.spark.Partitioner クラスのサブクラスを作成し、3つのメソッドを実装します。

- numPartitions: Int　生成するパーティション数を返す。
- getPartition(key: Any): Int　指定されたキーに対するパーティション ID（0 から numPartitions - 1）を返す。
- equals()　標準的な Java の等価判定のメソッド。このメソッドを実装することが重要なのは、Spark は 2 つの RDD が同じ方法でパーティショニングされているかを判断する際に、渡された Partitioner オブジェクトが他の Partitioner のインスタンスと等価なのかを調べなければならないことによる。

1つ注意しなければならないのは、ハッシュのアルゴリズムが Java の hashCode() メソッドに依存している場合、このメソッドはマイナスの数値を返すかもしれないことです。getPartition() は、負の値を返してはならないので、気をつけてください。

リスト 4-26 は、先ほど説明したドメイン名ベースのパーティショナの例です。これは、URL のドメイン名の部分だけをハッシュの対象にします。

リスト4-26 Scalaのカスタムパーティショナ

```
class DomainNamePartitioner(numParts: Int) extends Partitioner {
  override def numPartitions: Int = numParts
  override def getPartition(key: Any): Int = {
    val domain = new Java.net.URL(key.toString).getHost()
    val code = (domain.hashCode % numPartitions)
    if (code < 0) {
      code + numPartitions // 負の値にはしない
    } else {
      code
    }
  }
  // Java の equals メソッド。Spark がこの Partitione オブジェクトを比較する際に使われる
  override def equals(other: Any): Boolean = other match {
    case dnp: DomainNamePartitioner =>
      dnp.numPartitions == numPartitions
    case _ =>
      false
  }
}
```

equals() メソッドで、Scala のパターンマッチング演算子（match）を使い、other が DomainNamePartitioner かを調べ、もしそうならキャストしていることに注目してください。これは、Java で instanceof() を使うのと同じことです。

カスタムの Partitioner を使うのは簡単で、partitionBy() メソッドに渡すだけです。join() や groupByKey() といった、Spark でのシャッフルベースのメソッドの多くは、出力のパーティショニングを制御するための、オプションの Partitioner オブジェクトを引数として取ることができます。

Java でカスタム Partitoner を生成するのも、Scala の場合とよく似ています。spark.Partitioner クラスを拡張し、必要なメソッドを実装するだけです。

Python では Partitioner クラスを拡張しませんが、ハッシュ関数を追加の引数として RDD.partitionBy() に渡します。**リスト 4-27** をご覧ください。

リスト4-27 Pythonでのカスタムパーティショナ

```
import urlparse

def hash_domain(url):
  return hash(urlparse.urlparse(url).netloc)

rdd.partitionBy(20, hash_domain) # 20 個のパーティションを生成する
```

渡すハッシュ関数は、その識別子によって他のRDDのハッシュ関数と比較されることに注意してください。同じパーティショナで複数のRDDをパーティショニングしたい場合は、それぞれのRDDに同じ関数オブジェクト（例えばグローバルな関数）を渡すようにしてください。毎回lambdaで新しい関数オブジェクトを生成してはいけません！

4.6 まとめ

本章では、Sparkで利用できる特別な関数を使って、キー／値のデータを扱う方法を見てきました。ペアRDDでは、**3章**のテクニックも引き続き利用できます。次章では、データのロードとセーブの方法を見ていきましょう。

5章
データのロードとセーブ

本章の中には、エンジニアに役立つ部分もあれば、データサイエンティストに役立つ部分もあります。エンジニアは、想定される下流のデータ利用者に適したものがないか、出力フォーマットをいろいろ調べてみたいかもしれません。データサイエンティストは、扱う入力データのフォーマットに注目したいことでしょう。

5.1 ロードやセーブの選択肢の重要性

Sparkでデータをいったん分散させれば、多くの操作をそのデータに対して行えることを見てきました。ここまでのサンプルでは、すべてのデータは直接書いたコレクションか、通常のファイルからロードしたりセーブしたりしてきましたが、データが1台のマシンに収まりきらない場合もあります。そこで、本章ではロードやセーブの選択肢について見ていくことにしましょう。

Sparkは幅広い入出力ソースをサポートしていますが、これはHadoopのために利用可能なエコシステムの上にSparkが構築されているおかげでもあります。特に、SparkはHadoop MapReduceが利用するInputFormatとOutputFormatインターフェイスを通じてデータにアクセスできます。これらのインターフェイスは、広く使われている多くのファイルフォーマットやストレージシステムで利用することができます（例えばS3、HDFS、Cassandra、HBaseなど）[†]。「5.2.6 Hadoopの入出力フォーマット」のセクションでは、これらのフォーマットを直接使う方法を紹介します。

ただし、さらに一般的には、こうした直接的なインターフェイスの上に構築された、高レベルのAPIを使う方が良いでしょう。ありがたいことに、Sparkとそのエコシステムでは、この部分で多くの選択肢が提供されています。本章では、データソースとして一般的な3つのグループを取り上げます。

† 訳注：SparkでHBase上のデータをより簡単に扱うためのSparkOnHBaseというプロジェクトもあります。http://blog.cloudera.com/blog/2014/12/new-in-cloudera-labs-sparkonhbase/ およびhttps://issues.apache.org/jira/browse/HBASE-13992を参照してください。

ファイルフォーマットとファイルシステム

NFS、HDFS、Amazon S3 といった、ローカルあるいは分散ファイルシステムに保存されたデータに対しては、Spark はテキスト、JSON、SequenceFile、Protocol Buffers といった多くのファイルフォーマットにアクセスできます。ここでは、いくつかの一般的なフォーマットの使い方と、Spark からファイルシステムにアクセスし、圧縮の設定をする方法を紹介していきます。

Spark SQL 経由での構造化データソース

9章で取り上げる Spark SQL モジュールは、JSON や Apache Hive のような構造化データソースに対する優れた API を提供します。この API は、しばしば効率の面でも優れていることがあります。本章では Spark SQL の使い方を簡単に説明しますが、詳細の大部分は**9章**に譲ります。

データベースとキー／値ストア

Cassandra、HBase、Elasticsearch、JDBC データベースに接続するための組み込みおよびサードパーティのライブラリを紹介していきます。

ここで紹介する方法のほとんどは、Spark のすべての言語で利用できますが、ライブラリの中では現時点で Java および Scala でしか使えないものもあります。そういった場合には、その旨を記載しています。

5.2 ファイルフォーマット

Spark では、数多くのファイルフォーマットで、データのロードとセーブを非常にシンプルに行えます。フォーマットは、テキストのように構造化されていないものから、JSON のように半構造化されているもの、そして SequenceFile のように構造化されているものまで、さまざまです（**表5-1** 参照）。Spark は `textFile()` のようなメソッドにより多くの入力フォーマットをラップしています。また、圧縮されたファイルも、ラッパが拡張子に基づき自動的に扱ってくれます。

表5-1 サポートされている一般的なフォーマット

フォーマット名	構造化	コメント
テキストファイル	非構造化	通常のテキストファイル。1行が1レコードと見なされる。
JSON	半構造化	一般的なテキストベースの半構造化フォーマット。多くのライブラリでは、1行が1レコードになっていることが必要。
CSV	構造化	広く使われているテキストベースのフォーマット。スプレッドシートアプリケーションで使われることが多い。
SequenceFile	構造化	キー／値形式のデータで広く使われている Hadoop のファイルフォーマット。
Protocol Buffers	構造化	高速で、領域の利用効率が高い、多言語に対応したフォーマット。

表5-1 サポートされている一般的なフォーマット（続き）

フォーマット名	構造化	コメント
オブジェクトファイル	構造化	Sparkのジョブから保存され、共有コードによって利用されるデータを保存する場合に役立つフォーマット。このフォーマットはJavaのシリアライゼーションに依存しているので、クラスを変更すると互換性が失われる。

Sparkが直接サポートしている出力のメカニズムに加えて、キー付きの（あるいはペアの）データのためのHadoopの新旧のファイルAPIを利用することもできます。Hadoopのインターフェイスがキー／値形式のデータを要求することから、中にはキーを無視するものもありますが、それらはキー／値形式のデータにしか使うことができません。キーを無視するフォーマットの場合は、ダミーのキー（例えば`null`）を使うのが一般的です。

5.2.1 テキストファイル

テキストファイルは、Sparkでロードもセーブもシンプルに行えます。1つのテキストファイルをRDDとしてロードすると、それぞれの行がRDD中の要素になります。また、複数のテキストファイル全体を1度にロードして、ファイル名をキー、各ファイルの内容を値とするペアRDDとすることもできます。

テキストファイルのロード

1つのテキストファイルは、SparkContextに対して、ファイルへのパスを渡して`textFile()`関数を呼ぶだけでロードできます。**リスト5-1**から**リスト5-3**をご覧ください。パーティション数を制御したい場合には、`minPartitions`を指定することもできます。

リスト5-1 Pythonでのテキストファイルのロード

```
input = sc.textFile("file:///home/holden/repos/spark/README.md")
```

リスト5-2 Scalaでのテキストファイルのロード

```
val input = sc.textFile("file:///home/holden/repos/spark/README.md")
```

リスト5-3 Javaでのテキストファイルのロード

```
JavaRDD<String> input = sc.textFile("file:///home/holden/repos/spark/README.md")
```

1つのディレクトリ内にすべての部分が保存されている状態のマルチパート入力は、2つの方法で扱えます。同じ`textFile`にディレクトリを渡せば、すべての部分をRDDに読み込んでくれます。場合によっては、入力されたそれぞれの部分がどのファイルから来ているかを知ることが重要なことや（時系列のデータで、ファイル名の中にキーが含まれているような場合）や、ファイル全体を1度に処理しなければならないことがあります。ファイルが十分に小さいのであれば、

SparkContext.wholeTextFiles() メソッドを使い、入力ファイルの名前をキーとするペア RDD を得ることができます。

wholeTextFiles() は、それぞれのファイルが一定期間のデータになっている場合にとても便利です。それぞれのファイルに、異なる期間の販売データが入っているとすれば、それぞれの期間の平均値は、**リスト 5-4** のようにすれば簡単に計算できます。

リスト5-4 Scalaでのファイルごとの平均値の計算

```
val input = sc.wholeTextFiles("file:///home/holden/salesFiles")
val result = input.mapValues{y =>
  val nums = y.split(" ").map(x => x.toDouble)
  nums.sum / nums.size.toDouble
}
```

Spark では、指定されたディレクトリ内のすべてのファイルの読み込みをサポートしており、その際にワイルドカードの展開を行うことができます（例えば part-*.txt など）。大規模なデータセットは複数のファイルにまたがっていることが多いので、特に他のファイル（処理の成功を示すマーカーなど）が同じディレクトリにあるかもしれないような場合に、この機能が役立ちます。

テキストファイルの保存

テキストファイルの出力も、きわめてシンプルです。**リスト 5-5** の saveAsTextFile() メソッドは、パスを引数として取り、RDD の内容をそのファイルに出力します。パスはディレクトリとして扱われ、Spark はそのディレクトリの下に複数のファイルを出力します。こうすることで、Spark は複数のノードからの出力を書き出すことができます。このメソッドを使う場合、データのどのセグメントがどのファイルに書き出されることになるのか、制御することができません。ただし、その制御が行える出力フォーマットが他に用意されています。

リスト5-5 Pythonでのテキストファイルの出力

```
result.saveAsTextFile(outputFile)
```

5.2.2 JSON

JSON は、広く使われている半構造化データフォーマットです。JSON データをロードする最もシンプルな方法は、テキストファイルとしてロードしてから JSON パーサで値のマッピングを行う方法です。同様に、好きな JSON シリアライゼーションライブラリを使って値を文字列として出力し、それを書き出すこともできます。あるいは Java や Scala では、カスタムの Hadoop フォーマット（「5.2.6 Hadoop の入出力フォーマット」参照）を使って JSON データを扱うこともできます。「5.4.2 JSON」では、Spark SQL での JSON データのロード方法についても紹介しています。

JSONのロード

データをテキストファイルとしてロードし、JSONデータとしてパースするアプローチは、Sparkでサポートされているいずれの言語でも使えます。この方法は、JSONの1レコードが1行になっていることが前提になります。JSONファイル内のレコードが複数行にまたがっていることがあるなら、それぞれのファイルの全体をロードしてパースしなければなりません。使用する言語でJSONパーサを構築するのがコストのかかる処理になるのであれば、mapPartitions()を使えば、パーサを再利用できます。詳細については、「6.4 パーティション単位での処理」を参照してください。

本書で取り上げている3つの言語で利用可能なJSONライブラリは多岐にわたりますが、話を単純にするため、ライブラリは各言語ごとに1つだけ見ていくことにしましょう。Pythonでは、組み込みのライブラリ（https://docs.python.org/2/library/json.html）を使用し（**リスト5-6**）、JavaとScalaではJackson（http://wiki.fasterxml.com/JacksonHome）を使用します（**リスト5-7**および**リスト5-8**）。これらのライブラリを選択したのは、十分に動作することと、比較的シンプルなことによります。パースの段階に多くの時間を費やすのであれば、Scala（http://engineering.ooyala.com/blog/comparing-scala-json-libraries）やJava（http://geokoder.com/java-json-libraries-comparison）については、他のJSONライブラリも見てみてください。

リスト5-6　Pythonでの非構造化JSONのロード

```
import json
data = input.map(lambda x: json.loads(x))
```

ScalaやJavaでは、レコードはそのスキーマを表現するクラスにロードするのが一般的です。この段階では、不正なレコードのスキップも行っておくと良いかもしれません。次の例では、Personクラスのインスタンスとしてレコードをロードしています。

リスト5-7　ScalaでのJSONのロード

```
import com.fasterxml.jackson.module.scala.DefaultScalaModule
import com.fasterxml.jackson.module.scala.experimental.ScalaObjectMapper
import com.fasterxml.jackson.databind.ObjectMapper
import com.fasterxml.jackson.databind.DeserializationFeature
...
case class Person(name: String, lovesPandas: Boolean) // トップレベルのクラスでなければならない...
// 指定したケースクラスとしてパースする。flatMapを使いエラー処理をする。
// 問題があった場合は、空のリスト（None）を返し、問題がなければ
// 要素を1つ持つリストを返す(Some(_))。
val result = input.flatMap(record => {
  try {
    Some(mapper.readValue(record, classOf[Person]))
  } catch {
    case e: Exception => None
}})
```

リスト5-8 JavaでのJSONのロード

```
class ParseJson implements FlatMapFunction<Iterator<String>, Person> {
  public Iterable<Person> call(Iterator<String> lines) throws Exception {
    ArrayList<Person> people = new ArrayList<Person>();
    ObjectMapper mapper = new ObjectMapper();
    while (lines.hasNext()) {
      String line = lines.next();
      try {
        people.add(mapper.readValue(line, Person.class));
      } catch (Exception e) {
        // 失敗した場合にはレコードをスキップする
      }
    }
    return people;
  }
}
JavaRDD<String> input = sc.textFile("file.json");
JavaRDD<Person> result = input.mapPartitions(new ParseJson());
```

適切なフォーマットになっていないレコードの扱いは、特にJSONのような半構造化データの場合、大きな課題になる場合があります。小さなデータセットであれば、おかしな入力があった場合に全体を止めてしまう（プログラムを異常停止させる）こともできるかもしれませんが、データセットが大規模なら、異常な入力があるのは当たりまえのことにすぎません。不適切なフォーマットのデータをスキップするなら、アキュムレータ（「6.2 アキュムレータ」参照）を使って、エラーの発生数を追跡すると良いでしょう。

JSONの保存

ロードに比べれば、JSONファイルの書き出しははるかにシンプルです。不適切なフォーマットのデータに対する配慮は不要であり、書き出そうとしているデータの型もわかっています。書き出しの際にも、文字列のRDDをパースされたJSONデータに変換する際に使用したライブラリを使うことができます。今回は構造化データのRDDを文字列のRDDに変換すれば、それをSparkのテキストファイルAPIを使って書き出すことができます。

パンダが好きな人たちに対するプロモーションをしているとしましょう。最初のステップで入力を行い、パンダが好きな人だけをフィルタリングします。**リスト5-9**から**リスト5-11**をご覧ください。

リスト5-9 PythonでのJSONのセーブ

```
(data.filter(lambda x: x['lovesPandas']).map(lambda x: json.dumps(x))
  .saveAsTextFile(outputFile))
```

リスト5-10 ScalaでのJSONのセーブ

```
result.filter(p => p.lovesPandas).map(mapper.writeValueAsString(_))
  .saveAsTextFile(outputFile)
```

リスト5-11 JavaでのJSONのセーブ

```
class WriteJson implements FlatMapFunction<Iterator<Person>, String> {
  public Iterable<String> call(Iterator<Person> people) throws Exception {
    ArrayList<String> text = new ArrayList<String>();
    ObjectMapper mapper = new ObjectMapper();
    while (people.hasNext()) {
      Person person = people.next();
      text.add(mapper.writeValueAsString(person));
    }
    return text;
  }
}

JavaRDD<Person> result = input.mapPartitions(new ParseJson()).filter(
  new LikesPandas());
JavaRDD<String> formatted = result.mapPartitions(new WriteJson());
formatted.saveAsTextFile(outfile);
```

これまで見てきた通り、Sparkではテキストを扱う既存のメカニズムを活用し、JSONライブラリを追加することによって、簡単にJSONのロードとセーブが行えます。

5.2.3 CSVとTSV

CSVファイルには、行ごとに一定数のフィールドが含まれており、それぞれのフィールドはカンマで区切られています（あるいは、TSVファイルの場合はタブで区切られています）。多くの場合、レコードは行単位で保存されますが、レコードが行をまたぐことも可能なので、常に行をレコードの単位と見なせるわけではありません。CSVおよびTSVファイルは、整合性を欠くことがあります。最もよく問題になるのは、改行、エスケープ処理、非ASCII文字の表現、あるいは整数以外の数値の扱いです。CSVは、ネストしたフィールド型を直接はサポートしていないので、フィールドによってはユーザーがパッキングや展開をしてやらなければなりません。

JSONのフィールドとは異なり、それぞれのレコードにはフィールド名が関連づけられていませんが、行番号を得ることはできます。単一のCSVファイルの場合、先頭行の列の値を各フィールドの名前とすることがよくあります。

CSVのロード

CSV/TSVデータのロードはJSONデータのロードと似ており、まずテキストとしてロードしてから、処理をすることになります。フォーマットが標準化されているとは言いがたいことから、同じライブラリでもバージョンが異なれば、入力の処理方法が異なっている場合もあります。

JSONの場合と同様に、CSVにもライブラリがたくさんありますが、各言語ごとに1つだけを使うことにしましょう。ここでも、Pythonでは標準のcsvライブラリ（https://docs.python.org/2/library/csv.html）を使います。ScalaとJavaでは、opencsv（http://opencsv.sourceforge.net）を使用します。

Scala や Java で CSV をロードするには、Hadoop の InputFormat である `CSVInputFormat` (http://docs.oracle.com/cd/E27101_01/appdev.10/e20858/oracle/hadoop/loader/examples/CSVInputFormat.html) を使うこともできますが、このライブラリは改行を含むレコードをサポートしていません。

扱う CSV ファイルのどのフィールドにも改行が含まれないのであれば、`textFile()` でロードしてパースできます。**リスト 5-12** から**リスト 5-14** をご覧ください。

リスト5-12　textFile()を使ったPythonでのCSVのロード

```
import csv
import StringIO
...
def loadRecord(line):
    """CSV の行のパース """
    input = StringIO.StringIO(line)
    reader = csv.DictReader(input, fieldnames=["name", "favouriteAnimal"])
    return reader.next()
input = sc.textFile(inputFile).map(loadRecord)
```

リスト5-13　textFile()を使ったScalaでのCSVのロード

```
import java.io.StringReader
import au.com.bytecode.opencsv.CSVReader
...
val input = sc.textFile(inputFile)
val result = input.map{ line =>
  val reader = new CSVReader(new StringReader(line));
  reader.readNext();
}
```

リスト5-14　textFile()を使ったJavsでのCSVのロード

```
import au.com.bytecode.opencsv.CSVReader;
import Java.io.StringReader;
...
public static class ParseLine implements Function<String, String[]> {
  public String[] call(String line) throws Exception {
    CSVReader reader = new CSVReader(new StringReader(line));
    return reader.readNext();
  }
}
JavaRDD<String> csvFile1 = sc.textFile(inputFile);
JavaPairRDD<String[]> csvData = csvFile1.map(new ParseLine());
```

フィールド内に改行が含まれるなら、**リスト5-15**から**リスト5-17**のように、それぞれのファイルを完全に読み込み、全体としてパースしなければなりません。それぞれのファイルが大きい場合にロードとパースがボトルネックになりかねないので、これは喜ばしいことではありません。テキストファイルのいくつかのロードの方法は、「5.2.1 テキストファイルのロード」で説明しました。

リスト5-15　PythonでのCSV全体のロード

```
def loadRecords(fileNameContents):
    """ 指定されたファイルの全レコードのロード """
    input = StringIO.StringIO(fileNameContents[1])
    reader = csv.DictReader(input, fieldnames=["name", "favoriteAnimal"])
    return reader
fullFileData = sc.wholeTextFiles(inputFile).flatMap(loadRecords)
```

リスト5-16　ScalaでのCSV全体のロード

```
case class Person(name: String, favoriteAnimal: String)

val input = sc.wholeTextFiles(inputFile)
val result = input.flatMap{ case (_, txt) =>
  val reader = new CSVReader(new StringReader(txt));
  reader.readAll().map(x => Person(x(0), x(1)))
}
```

リスト5-17　JavaでのCSV全体のロード

```
public static class ParseLine
  implements FlatMapFunction<Tuple2<String, String>, String[]> {
  public Iterable<String[]> call(Tuple2<String, String> file) throws Exception {
    CSVReader reader = new CSVReader(new StringReader(file._2()));
    return reader.readAll();
  }
}
JavaPairRDD<String, String> csvData = sc.wholeTextFiles(inputFile);
JavaRDD<String[]> keyedRDD = csvData.flatMap(new ParseLine());
```

入力ファイル数がそれほどでもなく、wholeTextFile()メソッドを使う必要があるなら、入力データをパーティショニングし直し、以降の操作を効率的に並列化できるようにすると良いかもしれません。

CSVのセーブ

JSONデータの場合と同様に、CSV/TSVデータの書き出しはきわめてシンプルであり、出力エンコーディングオブジェクトは再利用すればメリットがあります。CSVの場合、フィールド名をレコードごとに出力しないので、一貫性のある出力をするためには、マッピングを生成しなければなりません。そのための簡単な方法の1つは、フィールドを配列中の指定した位置に置く関数を書くことです。Python では、出力するのが辞書であれば、構築の際に渡した fieldnames の順序に基づいて、CSV のライターがこの処理を行ってくれます。

ここで使用している CSV ライブラリは、ファイルやライターに対して出力を行うので、StringWriter や StringIO を使って RDD 内の結果を出力できます。**リスト 5-18** および**リスト 5-19** をご覧ください。

リスト5-18 PythonでのCSVの書き出し

```
def writeRecords(records):
    """CSV の行の書き出し """
    output = StringIO.StringIO()
    writer = csv.DictWriter(output, fieldnames=["name", "favoriteAnimal"])
    for record in records:
        writer.writerow(record)
    return [output.getvalue()]

pandaLovers.mapPartitions(writeRecords).saveAsTextFile(outputFile)
```

リスト5-19 ScalaでのCSVの書き出し

```
pandaLovers.map(person => List(person.name, person.favoriteAnimal).toArray)
.mapPartitions{people =>
  val stringWriter = new StringWriter();
  val csvWriter = new CSVWriter(stringWriter);
  csvWriter.writeAll(people.toList) I
  terator(stringWriter.toString)
}.saveAsTextFile(outFile)
```

気がついたかもしれませんが、このサンプルは出力するフィールドがすべてわかっている場合のものです。もしもフィールドの中に、実行時のユーザーの入力によって決まるものがあるなら、別のアプローチを取る必要があります。最もシンプルなのは、すべてのデータを見てユニークなキーを抜き出してから、もう 1 度出力のためにデータを処理し直すという方法です。

5.2.4 SequenceFile

SequenceFile は Hadoop でよく使われるフォーマットで、キー／値ペアから構成されるフラットなファイルです。SequenceFile には同期マーカーがあるので、Spark はファイル中の特定の場所までシークをして、そこからレコードの境界に同期し直すことができます。そのため、Spark は複数のノードから、SequenceFile を効率よく並列に読み取ることができます。SequenceFile は、Hadoop MapReduce のジョブでもよく使われる入出力フォーマットなので、既存の Hadoop のシステムを使っているなら、データが SequenceFile になっていることもよくあります。

Hadoop はカスタムのシリアライゼーションフレームワークを使うため、SequenceFile は Hadoop の Writable インターフェイスを実装する要素から構成されます。**表 5-2** は、いくつかの一般的な型と、それらに対応するWritableのクラス群です。簡単で標準的なルールとしては、クラス名の終わりに`Writable`という単語を加え、それが`org.apache.hadoop.io.Writable`（http://hadoop.apache.org/docs/r2.7.0/api/org/apache/hadoop/io/Writable.html）のサブクラスかどうかを確認してみてください。書き出そうとしているデータのためのWritableが見つからない場合（例えばカスタムのケースクラス）は、一歩進んで`org.apache.hadoop.io.Writable`の`readFields`と`write`をオーバーライドして、独自のWritableのクラスを実装するという方法があります。

HadoopのRecordReaderは、レコードをまたいで同じオブジェクトを再利用するので、以下のような読み取りを行うRDDに対して直接`cache`を呼ぶと、同じオブジェクトへの参照が大量に生成されることになり、問題が起きるかもしれません。そのため、キャッシュを行う前に単純な`map()`の操作をしておいて、その結果をキャッシュするようにしてください。さらに、HadoopのWritableクラスの多くには`java.io.Serializable`が実装されていないので、それらがRDD内で動作するようにするためには、ともあれ`map()`で変換しておく必要があります。

表5-2　HadoopのWritable型の対応表

Scalaの型	Javaの型	HadoopのWritable
`Int`	`Integer`	`IntWritable`もしくは`VIntWritable` †
`Long`	`Long`	`LongWritable`もしくは`VLongWritable` †
`Float`	`Float`	`FloatWritable`
`Double`	`Double`	`DoubleWritable`
`Boolean`	`Boolean`	`BooleanWritable`
`Array[Byte]`	`byte[]`	`BytesWritable`
`String`	`String`	`Text`
`Array[T]`	`T[]`	`ArrayWritable<TW>` ‡
`List[T]`	`List<T>`	`ArrayWritable<TW>` ‡
`Map[A, B]`	`Map<A, B>`	`MapWritable<AW, BW>` ‡

Spark 1.0およびそれ以前のバージョンでは、SequenceFileを扱えるのはJavaとScalaのみでしたが、Spark 1.1ではPythonでもSequenceFileのロードとセーブができるようになりました。ただし、カスタムのWritable型を定義するためには、JavaもしくはScalaを使わなければなりません。PythonのSpark APIが知っているのは、Hadoopで利用できる基本的なWritableをPythonに変換する方法だけであり、他のクラスの場合は、そのクラスで利用できるgetterメソッド群に基づき、できる限りのことを行います。

† intやlongに相当する型は、固定長で保存されることが多く、12という数値を保存するための領域と、2**30という数値を保存するために必要な領域は同じです。もしも小さい数字を大量に保存するなら、可変長の型である`VIntWritable`や`VLongWritable`を使ってください。これらは、小さい数値を保存するときに消費するビット数が少なくなっています。

‡ テンプレートの型もWritable型でなければなりません。

SequenceFileのロード

Sparkには、SequenceFileを読み込むための専用APIがあり、SparkContextでsequenceFile(path, keyClass, valueClass, minPartitions)を呼ぶことができます。すでに触れた通り、SequenceFileはWritableクラス群と併せて動作するので、keyClassとvalueClassは、どちらも適切なWritableのクラスでなければなりません、人々と、彼らが見たパンダの数をSequenceFileから読み込むことを考えてみましょう。この場合、keyClassはTextに、valueClassはIntWritableもしくはVIntWritableになります。ただし**リスト5-20**から**リスト5-22**では、単純化のためにIntWritableを使っています。

リスト5-20 PythonでのSequenceFileのロード

```
data = sc.sequenceFile(inFile,
  "org.apache.hadoop.io.Text", "org.apache.hadoop.io.IntWritable")
```

リスト5-21 ScalaでのSequenceFileのロード

```
val data = sc.sequenceFile(inFile, classOf[Text], classOf[IntWritable]).
  map{case (x, y) => (x.toString, y.get())}
```

リスト5-22 JavaでのSequenceFileのロード

```
public static class ConvertToNativeTypes implements
  PairFunction<Tuple2<Text, IntWritable>, String, Integer> {
  public Tuple2<String, Integer> call(Tuple2<Text, IntWritable> record) {
    return new Tuple2(record._1.toString(), record._2.get());
  }
}

JavaPairRDD<Text, IntWritable> input = sc.sequenceFile(fileName, Text.class,
  IntWritable.class);
JavaPairRDD<String, Integer> result = input.mapToPair(
  new ConvertToNativeTypes());
```

Scalaには、対応するScalaの型にWritableを自動的に変換してくれる便利な関数があります。keyClassとvalueClassを指定する代わりに、sequenceFile[Key, Value](path, minPartitions)を呼べば、ScalaのネイティブなRDDが返されます。

SequenceFileの保存

Scalaでは、データをSequenceFileファイルに書き出すのは簡単です。SequenceFileはキー／値ペアなので、まずSequenceFileに書き出せる型のPairRDDが必要になります。Scalaの多くのネイティブの型とHadoop Writabeとの間では暗黙の変換が行われるので、ネイティブの型を書き出そうしているなら、saveAsSequenceFile(path)でPairRDDをセーブするだけで済みます。キーや値からWritableへの自動変換が行われない場合や、可変長の型（例えばVIntWritable）を使いたい場合には、そのデータに対して map を行い、保存前に変換をしておきます。先ほどの例（人々と見たパンダの数）でロードしたデータの書き出しを考えてみましょう。**リスト 5-23** をご覧ください。

リスト5-23　ScalaでのSequenceFileのセーブ

```
val data = sc.parallelize(List(("Panda", 3), ("Kay", 6), ("Snail", 2)))
data.saveAsSequenceFile(outputFile)
```

Java の場合、SequenceFile のセーブにはもう少し手がかかります。これは、`JavaPairRDD` に `saveAsSequencefile` メソッドがないためであり、その代わりに Hadoop のカスタムフォーマットに保存する機能を利用します。Java での SequenceFile への保存の方法は、「5.2.6 Hadoop の入出力フォーマット」で紹介します。

5.2.5 オブジェクトファイル

オブジェクトファイルは、その名とは異なり、SequenceFile の単純なラッパーであり、値だけを含む RDD をセーブすることができます。SequenceFile の場合とは異なり、オブジェクトファイルでは Java のシリアライゼーションを使って値が書き出されます。

例えばフィールドの追加や削除を行い、クラスを変更した場合、古いオブジェクトファイルは読めなくなってしまうかもしれません。オブジェクトファイルが使っている Java のシリアライゼーションでは、クラスのバージョン間の互換性管理がある程度サポートされてはいますが、そのためにはプログラマー側での対応が必要になります。

オブジェクトファイルが Java のシリアライゼーションを使っていることから、いくつかの制約が生じます。通常の SequenceFile とは異なり、同じオブジェクトを Hadoop で出力した場合とは、出力が異なってしまいます。他のフォーマットとは異なり、オブジェクトファイルで主に想定されている使われ方は、Spark のジョブと他の Spark のジョブとのやり取りです。また、Java のシリアライゼーションは、非常に低速になることがあります。

オブジェクトファイルのセーブは簡単で、RDD で `saveAsObjectFile` を呼ぶだけです。オブジェクトファイルを読み込むのも簡単です。SparkContext でパスを渡して `objectFile()` 関数を呼べば、RDD が返されます。

オブジェクトファイルに関するこういった警告を見れば、オブジェクトファイルを使う人がいるのか疑問に思うかもしれません。オブジェクトファイルを使う主な理由は、セーブしたいオブジェクトが事実上どういったオブジェクトであっても、ほとんど作業が必要ないという点です。

Python ではオブジェクトファイルは使えませんが、Python の RDD と SparkContet では、`saveAsPickleFile` と `pickleFile()` というメソッドがサポートされています。これらのメソッドは、Python のシリアライゼーションライブラリである `pickle` を使います。ただし、オブジェクトファイルと同じ落とし穴は pickle ファイルにもあります。pickle ライブラリは低速なことがあり、クラスを変更すると、古いファイルは読めなくなってしまうかもしれません。

5.2.6 Hadoopの入出力フォーマット

Spark がラッパを持っているフォーマット群に加えて、Hadoop がサポートしているフォーマットは、どれも扱うことができます。Spark は、Hadoop の**新旧ファイル API** をどちらもサポートしているので、柔軟な対応が可能です[†]。

他の Hadoop の入力フォーマットでのロード

新しい Hadoop の API を使ってファイルを読むには、Spark にいくつかの指示をしなければなりません。newAPIHadoopFile は、パスに加えて 3 つのクラスを引数に取ります。最初のクラスは**フォーマットクラス**で、これは入力フォーマットを表すクラスです。古い API で実装された Hadoop の入力フォーマットも扱えるよう、同様の関数として hadoopFile() があります。次のクラスはキーのクラスで、最後のクラスは値のクラスです。Hadoop の設定プロパティを追加で指定する必要がある場合には、conf オブジェクトを渡すこともできます。

Hadoop の入力フォーマットの中でも最もシンプルなものが KeyValueTextInputFormat です。これは、テキストファイルからキー／値のデータを読み取るために使うことができます（**リスト 5-24** 参照）。各行は独立して処理され、キーと値はタブで区切られます。このフォーマットは Hadoop に含まれているので、プロジェクトで使う際に依存対象を追加する必要はありません。

リスト5-24 古いスタイルのAPIを使ったScalaでのKeyValueTextInputFormatのロード

```
val input = sc.hadoopFile[Text, Text, KeyValueTextInputFormat](inputFile).map{
  case (x, y) => (x.toString, y.toString)
}
```

JSON データをロードする方法としては、そのデータをテキストファイルとしてロードしてからパースする方法を見ましたが、JSON データを Hadoop のカスタム入力フォーマットを使ってロードすることもできます。このサンプルを実行するには、圧縮のための多少の設定が必要になるので、飛ばしてもらってもかまいません。Twitter の Elephant Bird package（https://github.com/twitter/elephant-bird）は、JSON、Lucene、Protocol Buffers 関連のフォーマットやその他を含む数多くのデータフォーマットをサポートしています。また、このパッケージは Hadoop の新旧どちらのファイル API とも動作させることができます。Spark から新スタイルの Hadoop API を扱う様子を紹介するために、**リスト 5-25** では、LzoJsonInputFormat を使って LZO 圧縮された JSON データをロードしています。

---

† Hadoop には、誕生後の早い時期に MapReduce の新 API が追加されましたが、ライブラリの中には依然として古い API を使っているものもあります。

リスト5-25 ScalaでElephant Birdを使ったLZO圧縮されたJSONデータのロード

```
val input = sc.newAPIHadoopFile(inputFile, classOf[LzoJsonInputFormat], classOf[LongWritable],
  classOf[MapWritable], conf)
// input 中の各 MapWritable は JSON オブジェクトを表す
```

LZO サポートを利用するには、hadoop-lzo パッケージをインストールし、Spark にそのネイティブライブラリの場所を教えてやらなければなりません。Debian のパッケージをインストールしたなら、起動用の spark-submit に --driver-library-path /usr/lib/hadoop/lib/native/ --driver-class-path /usr/lib/hadoop/lib/ を追加すれば、後は面倒を見てもらえるはずです。

Hadoop の旧 API を使ってファイルを読むのも、使い方という観点から見ればほとんど同じです。ただし、渡すのは古いスタイルの InputFormat クラスです。利便性のための Spark の組み込み関数の多く（sequenceFile() など）は、古いスタイルの Hadoop API を使って実装されています。

Hadoop の出力フォーマットを使ったセーブ

SequenceFile についてはすでにある程度見てきましたが、ペア RDD からの保存をするための同じような便利な関数が、Java にはありません。このセクションでは、古い Hadoop のフォーマット API の使い方を示す方法として SequenceFile の例を使います（**リスト 5-26** 参照）。新しいフォーマット API（saveAsNewAPIHadoopFile）の呼び出し方も、これに似ています。

リスト5-26 JavaでのSequenceFileのセーブ

```
public static class ConvertToWritableTypes implements
  PairFunction<Tuple2<String, Integer>, Text, IntWritable> {
  public Tuple2<Text, IntWritable> call(Tuple2<String, Integer> record) {
    return new Tuple2(new Text(record._1), new IntWritable(record._2));
  }
}

JavaPairRDD<String, Integer> rdd = sc.parallelizePairs(input);
JavaPairRDD<Text, IntWritable> result = rdd.mapToPair(new ConvertToWritableTypes());
result.saveAsHadoopFile(fileName, Text.class, IntWritable.class,
  SequenceFileOutputFormat.class);
```

ファイルシステム以外のデータソース

hadoopFile() および saveAsHadoopFile() ファミリの関数群に加えて、hadoopDataset/saveAsHadoopDataSet および newAPIHadoopDataset/saveAsNewAPIHadoopDataset を使えば、Hadoop がサポートしているファイルシステム以外のストレージフォーマットにアクセスすることができます。例えば、HBase や MongoDB のようなキー／値ストアの多くは、そこから直接読み取りを行える Hadoop の入力フォーマットを提供しています。そういったフォーマットは、いずれも Spark で簡単に使うことができます。

hadoopDataset() ファミリの関数群は、データソースにアクセスするために必要な Hadoop のプロパティを設定するConfigurationオブジェクトだけを引数に取ります。この設定は、Hadoop MapReduceのジョブの設定と同じ方法で行うので、こうしたデータソースにMapReduceからアクセスする方法に従えば、オブジェクトをSparkに渡すことができます。例えば、「5.5.3 HBase」では、HBaseからのデータのロードにnewAPIHadoopDatasetを使う方法を紹介しています。

サンプル：Protocol Buffers

Protocol Buffers†は、始めにGoogleで内部的なリモート手続き呼び出し（RPC）として開発され、後にオープンソース化されました。Protocol Buffers（PBs）は構造化されたデータであり、フィールドやフィールドの型が明確に定義されています。PBsは、エンコードとデコードが高速になり、使用する領域も最小限になるように最適化されています。XMLと比べれば、PBsは1/3から1/10の大きさであり、エンコードとデコードは20倍から100倍高速です。PBsのエンコーディングには一貫性がありますが、PBsのメッセージで構成されるファイルの作成方法は、いくつもあります。

Protocol Buffersは、ドメイン固有言語を使って定義されており、Protocol Bufferコンパイラを使って、多くの言語（Sparkがサポートしている言語はすべて含まれています）でアクセッサメソッドを生成できます。使用する領域が最小限になるようになっているため、PBsは**自己記述型**ではありません。これは、データの記述をエンコードしてしまうと領域を消費してしまうためです。そのため、PBとしてフォーマットされたデータをパースするには、Protocol Buffersの定義によって意味づけをしてやらなければなりません。

PBsを構成するフィールドは、オプションや必須、あるいはリピートとすることができます。データをパースする際には、オプションとされたフィールドがなくても失敗にはなりませんが、必須のフィールドがなければ失敗になります。従って、新しいフィールドを既存のProtocol Buffersに追加する場合、そのデータの利用者が全員一斉にアップグレードするわけではないので、オプションにするのが良いでしょう（仮に全員が一斉にアップグレードするにしても、古いデータも読めるようにしておきたいものです）。

PBのフィールドには、定義済みの多くの型を使うことも、他のPBメッセージを使うこともできます。定義済みの型には、string、int32、enumsなどがあります。ここではProtocol Buffersの完全な紹介はしないので、興味がある型はProtocol BuffersのWebサイト（https://developers.google.com/protocol-buffers）を参照してください。

リスト5-27では、シンプルなProtocol Buffersのフォーマットから、大量のVenueResponseオブジェクトをロードしています。サンプルのVenueResponseは、1つのリピートフィールドを持つシンプルなフォーマットで、必須、オプション、列挙型のフィールドを持つ他のメッセージを含んでいます。

† pbsあるいはprotobufsと呼ばれることもあります。

リスト5-27 Protocol Buffersの定義の例

```
message Venue {
  required int32 id = 1;
  required string name = 2;
  required VenueType type = 3;
  optional string address = 4;

  enum VenueType {
    COFFEESHOP = 0;
    WORKPLACE = 1;
    CLUB = 2;
    OMNOMNOM = 3;
    OTHER = 4;
  }
}

message VenueResponse {
  repeated Venue results = 1;
}
```

前セクションでJSONデータのロードに使用したTwitterのElephant Birdライブラリは、Protocol Buffersのデータのロードおよびセーブもサポートしています。**リスト5-28**では、いくつかのVenuesを書き出しています。

リスト5-28 Elephant Birdを利用した、ScalaでのProtocol Buffersの書き出し

```
val job = new Job()
val conf = job.getConfiguration
LzoProtobufBlockOutputFormat.setClassConf(classOf[Places.Venue], conf);
val dnaLounge = Places.Venue.newBuilder()
dnaLounge.setId(1);
dnaLounge.setName("DNA Lounge")
dnaLounge.setType(Places.Venue.VenueType.CLUB)
val data = sc.parallelize(List(dnaLounge.build()))
val outputData = data.map{ pb =>
  val protoWritable = ProtobufWritable.newInstance(classOf[Places.Venue]);
  protoWritable.set(pb)
  (null, protoWritable)
}
outputData.saveAsNewAPIHadoopFile(outputFile, classOf[Text],
  classOf[ProtobufWritable[Places.Venue]],
  classOf[LzoProtobufBlockOutputFormat[ProtobufWritable[Places.Venue]]], conf)
```

このサンプルの完全なバージョンは、本書のソースコードに含まれています。

プロジェクトをビルドする際には、必ずProtocol BuffersライブラリのバージョンをSparkと揃えてください。本書の執筆時点で使われているのは、バージョン2.5です。

5.2.7 ファイルの圧縮

ビッグデータを扱う際には、ストレージの領域を節約したり、ネットワークのオーバーヘッドを削減するために、圧縮されたデータを使わなければならないことがよくあります。Hadoopのほとんどの出力フォーマットでは、データを圧縮するためのコーデックを指定できます。すでに見てきた通り、Sparkのネイティブの入力フォーマット群（textFileおよびsequenceFile）は、いくつかの種類の圧縮を自動的に処理してくれます。圧縮されたデータを読む場合、圧縮の種類を自動的に推測するために使われる圧縮コーデックがいくつか用意されているのです。

これらの圧縮は、圧縮をサポートしているHadoopのフォーマット群、中でもファイルシステムへ書き出されるものでのみ利用可能です。概して、データベースのHadoopフォーマット群には圧縮のサポートは実装されておらず、圧縮されたレコードがあったとしても、それはデータベース側で設定されたものです。

出力の圧縮コーデックの選択は、そのデータの将来のユーザーに大きな影響を及ぼします。Sparkのような分散システムでは、通常の場合は複数のマシンからデータが読まれることになります。そのためには、各ワーカーは新しいレコードの開始地点を見つけることができなければなりません。圧縮フォーマットによってはそうすることができないものもあり、その場合には1つのノードがすべてのデータを読まなければならず、簡単にボトルネックが生じてしまうことになります。複数のマシンからの読み出しが容易なフォーマットは、「スプリット可能」と呼ばれます。**表5-3**は、圧縮の選択肢のリストです。

表5-3　圧縮の選択肢

フォーマット	スプリット可能	平均的な圧縮速度	テキストでの効率	Hadoopの圧縮コーデック	Pure Java	ネイティブ	コメント
gzip	N	高速	高	org.apache.hadoop.io.compress.GzipCodec	Y	Y	
lzo	Y†	非常に高速	中	com.hadoop.compression.lzo.LzoCodec	Y	Y	各ワーカーノードへのインストールが必要。
bzip2	Y	低速	非常に高い	org.apache.hadoop.io.compress.BZip2Codec	Y	Y	スプリット可能なバージョンが必要な場合はpure Javaの実装を使う。

† 使用するライブラリによります。

表5-3　圧縮の選択肢（続き）

フォーマット	スプリット可能	平均的な圧縮速度	テキストでの効率	Hadoopの圧縮コーデック	Pure Java	ネイティブ	コメント
zlib	N	低速	中	org.apache.hadoop.io.compress.DefaultCodec	Y	Y	Hadoopのデフォルトのコーデック。
Snappy	N	非常に高速	低	org.apache.hadoop.io.compress.SnappyCodec	N	Y	ポーティングされたpure Javaの実装もあるが、まだSpark/Hadoopでは利用できない。

SparkのtextFile()メソッドは圧縮された入力を扱うことができるとはいえ、仮にスプリット可能な形式になっているデータであってもsplittableは**自動的に無効化されてしまいます**。大きな単一ファイルの圧縮された入力データを読まなければならない場合は、Sparkのラッパを通さず、newAPIHadoopFileもしくはhadoopFileを使い、適切な圧縮コーデックを指定してください。

入力フォーマットの中には、ルックアップの役に立つよう、キー／値データの中の値だけを圧縮できるものがあります（例えばSequenceFile）。あるいは、独自の圧縮制御ができる入力フォーマットもあります。例えば、TwitterのElephant Birdパッケージ内のフォーマットの多くは、LZOで圧縮されたデータを扱うことができます。

5.3　ファイルシステム

Sparkは、多くのファイルシステムのデータを読み書きすることができます。それらのファイルシステム上では、好きなファイルフォーマットを自由に利用できます。

5.3.1　ローカル／通常のファイルシステム

Sparkはローカルファイルシステムからのファイルのロードをサポートしていますが、**読み込むファイルはクラスタ内のすべてのノードで同じパスから読めなければなりません。**

NFS、AFS、MapRのNFSレイヤなど、ネットワークファイルシステムの中には、ユーザーからは通常のファイルシステムに見えるものがあります。利用するデータがすでにこういったファイルシステムのいずれかにあるなら、file://形式でパスを指定するだけで、そのデータを入力として利用することができます。そのファイルシステムが各ノードで同じパスにマウントされていれば、Sparkはそのパスを扱うことができます（リスト5-29参照）。

リスト5-29　Scalaでのローカルのファイルシステムからの圧縮されたテキストファイルのロード

```
val rdd = sc.textFile("file:///home/holden/happypandas.gz")
```

ファイルがクラスタ内の全ノードから利用できるようにはなっていない場合、Sparkを通さずにドライバでそのファイルをローカルからロードし、parallelizeを呼んでその内容をワーカー群に分配することができます。ただし、このアプローチは低速になることがあるので、ファイルはHDFS、NFS、S3のような共有ファイルシステムに置くことをお勧めします。

5.3.2 Amazon S3

Amazon S3は、大量のデータの保存先として、ますます使われるようになってきています。S3は、コンピュートノードがAmazon EC2内にある場合には特に高速ですが、パブリックなインターネットを経由する場合は、パフォーマンスが簡単に低下してしまうこともあります。

SparkでS3にアクセスするには、まず環境変数のAWS_ACCESS_KEY_IDとAWS_SECRET_ACCESS_KEYにS3のクレデンシャルを設定しなければなりません。これらのクレデンシャルは、Amazon Web Servicesのコンソールから作成できます。そして、s3n://から始まるパスを、s3n://bucket/path-within-bucketという形式でSparkのファイル入力メソッドに渡します。他のファイルシステムと同様に、S3でもSparkはs3n://bucket/my-files/*.txtというようなワイルドカードパスをサポートしています。

Amazon側からS3のアクセスパーミッションのエラーが返されたなら、アクセスキーを指定したアカウントがreadとlistのパーミッションを対象のバケットに対して持っていることを確認してください。Sparkは、読み取るオブジェクトを特定するために、バケット中のオブジェクトのリストを取得できなければなりません。

5.3.3 HDFS

Hadoop Distributed File System（HDFS）は、広く使われている分散ファイルシステムであり、Sparkからも問題なく利用できます。HDFSはコモディティハードウェア上で動作するように設計されており、高いデータスループットを提供しながら、ノードの障害への耐性があります。SparkとHDFSは、同じマシン群に同居することができ、Sparkはこのデータローカリティを活かし、ネットワークのオーバーヘッドを避けることができます。

SparkをHDFSで利用するのは簡単で、入出力にhdfs://master:port/pathを指定するだけです。

HDFSのプロトコルは、Hadoopのバージョンによって変更されているので、利用しているHDFSのバージョンとは異なるバージョンに対してコンパイルされたSparkを使っている場合、障害が起こるかもしれません。デフォルトでは、SparkはHadoop 1.0.4に対してビルドされています。ソースからビルドする場合は、SPARK_HADOOP_VERSION=を環境変数として指定し、異なるバージョンに対してビルドすることができます。あるいは、コンパイル済みの別バージョンのSparkをダウンロードすることもできるかもしれません。対象バージョンを知るには、hadoop versionを実行してください。

5.4 Spark SQLでの構造化データ

Spark SQLは、Spark 1.0で追加されたコンポーネントであり、Sparkで構造化データや半構造化データを扱う方法として、急速に好まれるようになりました。ここでいう構造化データとは、**スキーマ**を持っているデータのことです。これはすなわち、データのレコード群が、特定のフィールド群を一貫して持っているということです。Spark SQLは、入力として複数の構造化データソースをサポートしており、それらのスキーマを理解できるので、それらのデータソースから、効率よく必要なフィールドだけを読み取ることができます。Spark SQLについては**9章**で詳しく取り上げますが、ここではいくつかの一般的なソースからデータをロードするための利用方法を紹介しておきましょう。

いずれの場合でも、Spark SQLにはデータソースに対して実行するSQLクエリ（いくつかのフィールドもしくはフィールドに対する関数を選択します）を渡すと、各レコードに対するRowオブジェクトを含むRDDが返されます。JavaやScalaでは、列の番号を使ってRowオブジェクトにアクセスできます。それぞれのRowにはget()メソッドがあり、汎用的な型が返されるので、それをキャストすることができます。また、一般的な基本の型には、対応するget()メソッドが用意されています（getFloat()、getInt()、getLong()、getString()、getShort()、getBoolean()など）。Pythonでは、row[column_number]やrow.column_nameとするだけで要素にアクセスできます。

5.4.1 Apache Hive

Hadoopにおいて広く使われている構造化データソースの1つに、Apache Hiveがあります。Hiveは、HDFSやその他のストレージシステムに、通常のテキストから列指向のフォーマットまで、多くのフォーマットでテーブルを保存できます。Spark SQLは、Hiveがサポートしている任意のテーブルをロードできます。

Spark SQLを既存のHiveの環境に接続するには、Hiveの設定を提供してやらなければなりません。それには、hive-site.xmlファイルをSparkの./conf/ディレクトリにコピーします。その後は、Spark SQLにとってのエントリポイントになるHiveContextオブジェクトを生成すれば、テーブルに対してHive Query Language（HQL）を書いて、行を含むRDDを得ることができます。**リスト5-30**から**リスト5-32**をご覧ください。

リスト5-30 PythonでのHiveContextの生成とデータの選択

```
from pyspark.sql import HiveContext

hiveCtx = HiveContext(sc)
rows = hiveCtx.sql("SELECT name, age FROM users")
firstRow = rows.first()
print firstRow.name
```

リスト5-31 ScalaでのHiveContextの生成とデータの選択

```
import org.apache.spark.sql.hive.HiveContext

val hiveCtx = new HiveContext(sc)
val rows = hiveCtx.sql("SELECT name, age FROM users")
val firstRow = rows.first()
println(firstRow.getString(0)) // フィールド0は名前
```

リスト5-32 JavaでのHiveContextの生成とデータの選択

```
import org.apache.spark.sql.hive.HiveContext;
import org.apache.spark.sql.Row;
import org.apache.spark.sql.SchemaRDD;

HiveContext hiveCtx = new HiveContext(sc);
SchemaRDD rows = hiveCtx.sql("SELECT name, age FROM users");
Row firstRow = rows.first();
System.out.println(firstRow.getString(0)); // フィールド0は名前
```

Hiveからのデータのロードについては、「9.3.1 Apache Hive」で詳しく取り上げます。

5.4.2 JSON

レコード間で一貫したスキーマを持つJSONデータがある場合、Spark SQLはそのスキーマを推定し、データを行としてロードすることもできます。この場合、必要なフィールドを取り出すことがシンプルにできるようになります。JSONデータをロードするには、Hiveの場合と同じく、まず`HiveContext`を生成します（ただしこの場合、Hiveがインストールされている必要はありません。すなわち、`hive-site.xml`ファイルは不要です）。そして、`HiveContext.jsonFile`メソッドを使い、ファイル全体に対する`Row`オブジェクトを含むRDDを取得します。`Row`オブジェクト全体を使うこともできますが、このRDDをテーブルとして登録し、特定のフィールドだけを選択することもできます。例えば、**リスト5-33**のようなフォーマットで、1行ごとにtweetが含まれているJSONファイルがあるとしましょう。

リスト5-33 JSONで表現されたtweetのサンプル

```
{"user": {"name": "Holden", "location": "San Francisco"}, "text": "Nice day out today"}
{"user": {"name": "Matei", "location": "Berkeley"}, "text": "Even nicer here :)"}
```

リスト5-34から**リスト5-36**に示す通り、このデータをロードして、ユーザー名と本文のフィールドだけを取り出すことができます。

リスト5-34　Spark SQLを使ったPythonでのJSONのロード

```
tweets = hiveCtx.jsonFile("tweets.json")
tweets.registerTempTable("tweets")
results = hiveCtx.sql("SELECT user.name, text FROM tweets")
```

リスト5-35　Spark SQLを使ったScalaでのJSONのロード

```
val tweets = hiveCtx.jsonFile("tweets.json")
tweets.registerTempTable("tweets")
val results = hiveCtx.sql("SELECT user.name, text FROM tweets")
```

リスト5-36　Spark SQLを使ったJavaでのJSONのロード

```
SchemaRDD tweets = hiveCtx.jsonFile(jsonFile);
tweets.registerTempTable("tweets");
SchemaRDD results = hiveCtx.sql("SELECT user.name, text FROM tweets");
```

Spark SQLでのJSONデータのロードと、そのスキーマへのアクセス方法については、「9.3.3 JSON」でさらに議論します。加えて、Spark SQLはデータのロードのみならず、データに対するクエリや、RDDとの複雑な組み合わせ方や、JSONデータに対するカスタム関数の実行といったこともサポートしています。これらについては、**9章**で取り上げます

5.5　データベース

Sparkは、HadoopのコネクタあるいはSparkのカスタムコネクタを利用して、複数の一般的なデータベースにアクセスできます。本セクションでは、広く使われている4つのコネクタを紹介します。

5.5.1　Java Database Connectivity

Sparkは、MySQLやPostgreSQLを含む、Java Database Connectivity（JDBC）をサポートしている任意のリレーショナルデータベースからデータをロードできます。そういったデータにアクセスするには、`org.apache.spark.rdd.JdbcRDD`を構築し、SparkContextやその他のパラメータを渡してやります。**リスト5-37**は、`JdbcRDD`を使ってMySQLデータベースにアクセスする一連の流れです。

リスト5-37　ScalaでのJdbcRDD

```
def createConnection() = {
  Class.forName("com.mysql.jdbc.Driver").newInstance();
  DriverManager.getConnection("jdbc:mysql://localhost/test?user=holden");
}

def extractValues(r: ResultSet) = {
  (r.getInt(1), r.getString(2))
```

```
}

val data = new JdbcRDD(sc,
  createConnection, "SELECT * FROM panda WHERE ? <= id AND id <= ?",
  lowerBound = 1, upperBound = 3, numPartitions = 2, mapRow = extractValues)
println(data.collect().toList)
```

JdbcRDDは、いくつかのパラメータを取ります。

- 最初に、データベースへの接続を確立するための関数を渡します。これによって、接続に必要な設定がなされた後、データをロードするための接続が各ノードから生成されます。
- 次に、一定範囲のデータを読み取るクエリを、そのクエリに対するパラメータのlowerBoundとupperBoundの値と共に渡します。Sparkは、これらのパラメータを使ってさまざまなマシンから異なる範囲のデータへのクエリを実行できるので、単一のノードがすべてのデータをロードしようとしてボトルネックになることが避けられます†。
- 最後のパラメータは、出力の各行をjava.sql.ResultSet（http://docs.oracle.com/javase/7/docs/api/java/sql/ResultSet.html）から、データを操作するのに便利な形式に変換する関数です。**リスト5-37**では、(Int, String)のペアを取得しています。このパラメータが指定されていない場合、Sparkは自動的に各行をオブジェクトの配列に変換します。

他のデータソースの場合と同様に、JdbcRDDを使う場合には、データベースがSparkからの並列読み取りの負荷に耐えられるようにしておいてください。データに対するクエリをデータベースに直接行うのではなく、オフラインで行いたいなら、データベースの機能を使ってテキストファイルへエキスポートするという方法はいつでも使えます。

5.5.2 Cassandra

SparkのCassandraサポートは、DataStaxからオープンソースのSpark Cassandra connector（https://github.com/datastax/spark-cassandra-connector）の登場によって、大きく改善されました。現時点では、このコネクタはSparkに取り込まれてはいないので、ビルドファイルにはいくつかの依存対象を追加する必要があります。CassandraではまだSpark SQLは使えませんが、CassandraRowオブジェクトを返します。**リスト5-38**および**リスト5-39**からわかる通り、このオブジェクトには、Spark SQLのRowオブジェクトと同じメソッドがいくつか用意されています。Spark Cassandraコネクタが使えるのは、今のところJavaとScalaのみです。

† 読み取るレコード数がわからない場合は、まずレコード数をクエリで取得し、その結果を使ってupperBoundとlowerBoundを決めることができます。

リスト5-38 Cassandraコネクタを使うために必要なsbtの設定

```
"com.datastax.spark" %% "spark-cassandra-connector" % "1.0.0-rc5",
"com.datastax.spark" %% "spark-cassandra-connector-java" % "1.0.0-rc5"
```

リスト5-39 Cassandraコネクタを使うために必要なMavenの設定

```
<dependency> <!-- Cassandra -->
  <groupId>com.datastax.spark</groupId>
  <artifactId>spark-cassandra-connector</artifactId>
  <version>1.0.0-rc5</version>
</dependency>
<dependency> <!-- Cassandra -->
  <groupId>com.datastax.spark</groupId>
  <artifactId>spark-cassandra-connector-java</artifactId>
  <version>1.0.0-rc5</version>
</dependency>
```

Elasticsearchの場合とよく似ていますが、Cassandraコネクタは接続先のクラスタを知るために、ジョブのプロパティを読み取ります。`spark.cassandra.connection.host`でCassandraのクラスタを指定し、ユーザー名とパスワードがあるなら、それらを`spark.cassandra.auth.username`および`spark.cassandra.auth.password`に設定します。接続するのが単一のCassandraクラスタならば、SparkContextを生成する際にこの設定をしておくことができます。**リスト5-40**と**リスト5-41**を参照してください。

リスト5-40 ScalaでのCassandraのプロパティの設定

```
val conf = new SparkConf(true)
        .set("spark.cassandra.connection.host", "hostname")
val sc = new SparkContext(conf)
```

リスト5-41 JavaでのCassandraのプロパティの設定

```
SparkConf conf = new SparkConf(true) .
  set("spark.cassandra.connection.host", cassandraHost);
JavaSparkContext sc = new JavaSparkContext(conf);
```

Datastax Cassandraコネクタは、Scalaのimplicitsを使い、SparkContextとRDDの上に追加の関数を提供しています。暗黙の変換をインポートし、データをロードしてみましょう（**リスト5-42**）。

リスト5-42 Scalaでキー／値データのRDDの全体をテーブルとしてロードする

```
// SparkContext と RDD に関数を追加する Implicits
import com.datastax.spark.connector._
```

```
// テーブル全体をRDDとして読み込む。testテーブルは、
// CREATE TABLE test.kv(key text PRIMARY KEY, value int); で作成されたものとする
val data = sc.cassandraTable("test" , "kv")
// valueフィールドについての基本的な統計情報を出力する
data.map(row => row.getInt("value")).stats()
```

Javaには暗黙の変換がないので、この機能のために明示的にSparkContextとRDDを変換する必要があります（**リスト5-43**）。

リスト5-43 Javaでキー／値データのRDDの全体をテーブルとしてロードする

```
import com.datastax.spark.connector.CassandraRow;
import static com.datastax.spark.connector.CassandraJavaUtil.javaFunctions;

// テーブル全体をRDDとして読み込む。testテーブルは、
// CREATE TABLE test.kv(key text PRIMARY KEY, value int); で作成されたものとする
JavaRDD<CassandraRow> data = javaFunctions(sc).cassandraTable("test" , "kv");
// 基本的な統計情報を出力する。
System.out.println(data.mapToDouble(new DoubleFunction<CassandraRow>() {
  public double call(CassandraRow row) { return row.getInt("value"); }
}).stats());
```

テーブル全体をロードするのに加えて、データのサブセットをクエリで取り出すこともできます。例えば`sc.cassandraTable(...).where("key=?", "panda")`というように、`where`節を`cassandraTable()`の呼び出しに加えれば、データを制限できます。

Cassandraコネクタは、さまざまな型のRDDからのCassandraへのセーブをサポートしています。`CassandraRow`オブジェクトのRDDは直接セーブが可能であり、これはテーブル間のデータコピーに役立ちます。行の形式ではなく、タプルやリストのRDDも、**リスト5-44**のように列のマッピングを指定すればセーブできます。

リスト5-44 ScalaでのCassandraへのセーブ

```
val rdd = sc.parallelize(List(Seq("moremagic", 1)))
rdd.saveToCassandra("test" , "kv", SomeColumns("key", "value"))
```

このセクションではCassandraコネクタをごく簡単に紹介しました。詳しい情報は、CassandraコネクタのGitHubページ（https://github.com/datastax/spark-cassandra-connector）を参照してください。

5.5.3 HBase

Spark は Hadoop の入力フォーマットを通して HBase にアクセスできます†。この入力フォーマットは、org.apache.hadoop.hbase.mapreduce.TableInputFormat クラスに実装されています。この入力フォーマットは、org.apache.hadoop.hbase.io.ImmutableBytesWritable 型のキーと、org.apache.hadoop.hbase.client.Result 型の値を持つキー／値ペアの集合を返します。Result クラスには、API のドキュメント（https://hbase.apache.org/apidocs/org/apache/hadoop/hbase/client/Result.html）に説明されている通り、その列ファミリに基づいて値を取り出すためのさまざまなメソッドが含まれています。

HBase を Spark で利用するためには、**リスト 5-45** の Scala の場合のように、適切な入力フォーマットを渡して SparkContext.newAPIHadoopRDD を呼びます。

リスト5-45 HBaseからの読み取りを行うScalaのサンプル

```
import org.apache.hadoop.hbase.HBaseConfiguration
import org.apache.hadoop.hbase.client.Result
import org.apache.hadoop.hbase.io.ImmutableBytesWritable
import org.apache.hadoop.hbase.mapreduce.TableInputFormat

val conf = HBaseConfiguration.create()
conf.set(TableInputFormat.INPUT_TABLE, "tablename") // 走査するテーブル

val rdd = sc.newAPIHadoopRDD(
  conf, classOf[TableInputFormat], classOf[ImmutableBytesWritable], classOf[Result])
```

HBase からの読み取りを最適化するために、TableInputFormat には、走査の対象を 1 つの列の集合に限定したり、走査する時間の範囲を制限したりする、複数の設定が含まれています。これらのオプションは、TableInputFormat の API ドキュメンテーション（http://hbase.apache.org/apidocs/org/apache/hadoop/hbase/mapreduce/TableInputFormat.html）に掲載されています。これらのオプションは、HBaseConfiguration を Spark に渡す前に設定しておいてください。

5.5.4 Elasticsearch

Spark は、Elasticsearch-Hadoop（https://github.com/elastic/elasticsearch-hadoop）を使って、Elasticsearch のデータを読み書きできます。Elasticsearch は Lucene をベースとする、新しいオープンソースの検索システムです。

Elasticsearch コネクタは、これまで見てきた他のコネクタとは少々異なっており、渡されたパスの情報は無視して、SparkContext の設定情報に依存します。Elasticsearch の OutputFormat コネクタも Spark のラッパを使う型をまったく持っていないので、その代わりに saveAsHadoopDataSet

† 訳注：Spark で HBase 上のデータをより簡単に扱うための SparkOnHBase というプロジェクトもあります。http://blog.cloudera.com/blog/2014/12/new-in-cloudera-labs-sparkonhbase/ および https://issues.apache.org/jira/browse/HBASE-13992 を参照してください。

を使うことになります。これはすなわち、手作業で多くのプロパティを設定しなければならないことを意味します。Elasticsearch での簡単なデータの読み書きの方法については、**リスト 5-46** と**リスト 5-47** を参照してください。

最新の Elasticsearch Spark コネクタはさらに使いやすくなっており、Spark SQL の行を返せるようになっています。このコネクタは、Elasticsearch のネイティブの型で行への変換がサポートできていないものがまだあるため、公開されていません。

リスト5-46 ScalaでのElasticsearchへの出力

```
val jobConf = new JobConf(sc.hadoopConfiguration)
jobConf.set("mapred.output.format.class", "org.elasticsearch.hadoop.mr.EsOutputFormat")
jobConf.setOutputCommitter(classOf[FileOutputCommitter])
jobConf.set(ConfigurationOptions.ES_RESOURCE_WRITE, "twitter/tweets")
jobConf.set(ConfigurationOptions.ES_NODES, "localhost")
FileOutputFormat.setOutputPath(jobConf, new Path("-"))
output.saveAsHadoopDataset(jobConf)
```

リスト5-47 ScalaでのElasticsearchからの入力

```
def mapWritableToInput(in: MapWritable): Map[String, String] = {
  in.map{case (k, v) => (k.toString, v.toString)}.toMap
}

val jobConf = new JobConf(sc.hadoopConfiguration)
jobConf.set(ConfigurationOptions.ES_RESOURCE_READ, args(1))
jobConf.set(ConfigurationOptions.ES_NODES, args(2))
val currentTweets = sc.hadoopRDD(jobConf,
  classOf[EsInputFormat[Object, MapWritable]], classOf[Object],
  classOf[MapWritable])
// map だけを取り出す
// MapWritable[Text, Text] to Map[String, String] を変換する
val tweets = currentTweets.map{ case (key, value) => mapWritableToInput(value) }
```

Elasticsearch のコネクタの使い方は、他のコネクタ群と比較すると多少入り組んでいますが、こういったタイプのコネクタの扱い方のリファレンスとして役立ちます。

書き込みについては、Elasticsearch はマッピングの推測を行いますが、この推測が間違っていることがありうるので、文字列以外の型のデータを保存するなら、明示的にマッピングを設定（http://www.elastic.co/guide/en/elasticsearch/reference/current/indices-put-mapping.html）しておく方が良いでしょう。

5.6 まとめ

本章を読み終えたなら、データをSparkに取り込んで演算処理を行い、その結果を役立つフォーマットで保存できるようになったということです。データに利用できる数多くのフォーマットを調べると共に、圧縮の選択肢と、そのデータの利用方法への影響についても調べました。大規模なデータセットのロードとセーブができるようになったので、これ以降の章では、より効率的で強力なSparkのプログラムの書き方を調べていきましょう。

6章 Sparkの高度なプログラミング

6.1 イントロダクション

本章では、これまでの章では取り上げてこなかった、Sparkプログラミングの高度な機能を紹介します。情報を集計するための**アキュムレータ**と、大きな値を効率的に分配するための**ブロードキャスト変数**という、2つの種類の共有変数を紹介します。RDDに対する既存の変換の上に構築される、例えばデータベースへのクエリのようにセットアップのコストが大きなタスクのバッチ操作も紹介しましょう。利用できるツールの範囲を広げるために、Rで書かれたスクリプトのような、外部のプログラムとやり取りするためのSparkのメソッド群も取り上げます。

本章を通じて、ハムラジオのオペレータのコールログを入力に使ってサンプルを構築します。これらのログには、最低でもコンタクトのあったステーションのコールサインが含まれます。コールサインは国ごとに割り当てられ、それぞれの国にはコールサインの範囲が割り当てられているので、コールサインに関係する国をルックアップすることができます。コールログの中には、オペレータの物理的な場所も含まれているので、その情報を使えば距離を割り出すこともできます。**リスト6-1**は、ログエントリのサンプルです。本書のサンプルのリポジトリには、コールログからルックアップして、その結果を処理するコールサインのリストが含まれています。

リスト6-1　JSON表現のログエントリのサンプル。いくつかのフィールドは省略されている

```
{"address":"address here", "band":"40m","callsign":"KK6JLK","city":"SUNNYVALE", "contactlat":"37.38473
3","contactlong":"-122.032164",
"county":"Santa Clara","dxcc":"291","fullname":"MATTHEW McPherrin",
"id":57779,"mode":"FM","mylat":"37.751952821","mylong":"-122.4208688735",...}
```

最初に見るSparkの機能群は共有変数です。これは、Sparkのタスク中で使える特別な種類の変数です。本書のサンプルでは、Sparkの共有変数を使って致命的ではない状況のエラーのカウントと、大きなルックアップテーブルの分配を行っています。

例えばデータベースへの接続や乱数ジェネレータの生成などのように、タスクのセットアップに時間がかかる処理が含まれる場合には、セットアップした内容を複数のデータアイテムにまたがって共有すると便利です。リモートコールサインルックアップデータベースを使い、パーティションごとに操作を行うことで、セットアップの作業の成果を再利用する方法を見ていくことにしましょう。

直接サポートされている言語に加えて、Sparkのシステムは他の言語で書かれたプログラムを呼ぶこともできます。本章では、言語を問わず利用できるSparkのpipe()メソッドを使い、標準入出力を通じて他のプログラムとやり取りする方法を紹介します。pipe()メソッドは、ハムラジオのオペレータのコンタクト同士の距離を計算するRのライブラリにアクセスするために使います。

最後に、キー／値ペアを扱うツールと同様に、Sparkには数値データを扱うメソッドがあります。これらのメソッドを使って、ハムラジオのコールログで計算した距離から、例外を取り除いてみましょう。

6.2 アキュムレータ

map()の関数や、filter()の条件のように、関数をSparkに渡す場合、通常はそれらの外部であるドライバプログラム内で定義された変数を使うことができます。ただし、クラスタ内で実行されているそれぞれのタスクは各変数の新しいコピーを受け取ることになり、それらのコピーでの更新は、ドライバ側には反映されません。Sparkの共有変数である**アキュムレータ**と**ブロードキャスト変数**は、結果の集約およびブロードキャストという2つの一般的な通信のパターンにおいて、この制約を緩和します。

1つ目の種類の共有変数であるアキュムレータが提供するのは、ワーカーノード群からドライバプログラムへ値を集約するためのシンプルな構文です。アキュムレータのもっとも一般的な利用方法の1つは、ジョブの実行中に生じたイベント数を、デバッグのためにカウントすることです。例えば、ファイルからログを取り出したいすべてのコールサインのリストをロードするとしましょう。ただし、入力ファイル中に空の行が何行あったかも知りたいものとします（正常な入力であれば、そういった行はそれほどたくさんはないはずです）。**リスト6-2**から**リスト6-4**は、このシナリオの例です。

リスト6-2　アキュムレータを使ったPythonでの空の行のカウント

```
file = sc.textFile(inputFile)
# Accumulator[Int]を生成して0に初期化
blankLines = sc.accumulator(0)

def extractCallSigns(line):
    global blankLines # グローバル変数にアクセスできるようにする
    if (line == ""):
        blankLines += 1
    return line.split(" ")

callSigns = file.flatMap(extractCallSigns)
callSigns.saveAsTextFile(outputDir + "/callsigns")
print "Blank lines: %d" % blankLines.value
```

リスト6-3 アキュムレータを使ったScalaでの空の行のカウント

```
val file = sc.textFile("file.txt")

val blankLines = sc.accumulator(0) // Accumulator[Int]を生成して0に初期化

val callSigns = file.flatMap(line => {
  if (line == "") {
    blankLines += 1 // アキュムレータに加算
  }
  line.split(" ")
})

callSigns.saveAsTextFile("output.txt")
println("Blank lines: " + blankLines.value)
```

リスト6-4 アキュムレータを使ったJavaでの空の行のカウント

```
JavaRDD<String> rdd = sc.textFile(args[1]);

final Accumulator<Integer> blankLines = sc.accumulator(0);
JavaRDD<String> callSigns = rdd.flatMap(
  new FlatMapFunction<String, String>() { public Iterable<String> call(String line) {
      if (line.equals("")) {
        blankLines.add(1);
      }
      return Arrays.asList(line.split(" "));
  }});

callSigns.saveAsTextFile("output.txt")
System.out.println("Blank lines: "+ blankLines.value());
```

これらの例では、blankLinesという名前でAccumulator[Int]を生成し、入力中に空の行があれば、このアキュムレータに1を加えています。変換の評価が終わったら、このカウンタの値を出力します。注意しなければならないのは、正しい値がわかるのは、あくまでsaveAsTextFile()アクションを実行した後です。これは、saveAsTextFile()の前にあるmap()は遅延評価されるため、アキュムレータへの加算という副作用は、saveAsTextFile()アクションによってmap()という変換が強制された後にしか生じないためです。

もちろん、reduce()のようなアクションを使ってRDD全体から集計した値をドライバプログラムに戻すこともできますが、RDDの変換の過程において、RDDそのものとは異なるスケールや粒度で集計を行うシンプルな方法が必要になることもあります。先ほどの例では、アキュムレータを使うことによって、わざわざfilter()やreduce()を別に実行することなく、データをロードしながらエラーをカウントできています。

まとめると、アキュムレータは次のように動作します。

- アキュムレータは、ドライバの中でSparkContext.accumulator(initialValue)メソッドを呼んで生成します。こうすることで、生成されたアキュムレータには指定した初期値が設定されています。返されるアキュムレータの型はorg.apache.spark.Accumulator[T]オブジェクトです。Tは、initialValueの型です。

- Sparkのクロージャ内のワーカーのコードは、アキュムレータの+=メソッド（Javaの場合はadd）を使って、アキュムレータに値を加算できます。

- ドライバプログラムからアキュムレータの値にアクセスするには、valueプロパティを使います（Javaであればvalue()とsetValue()です）。

ワーカーノード上のタスクは、アキュムレータのvalue()にアクセスできないことに注意してください。こうしたタスクから見れば、アキュムレータは**書き込みのみが許された変数**です。この制約のおかげで、アキュムレータの更新のたびに通信を行う必要がなくなり、実装が効率的になっているのです。

ここで紹介したようなカウントの取り方は、追跡する値が複数ある場合や、同じ値を並列プログラム中の複数の場所から加算を行う必要がある場合（例えば、プログラム全体を通じてJSONのパースライブラリへの呼び出しをカウントする場合）に、特に便利です。例えば、データがある程度の割合で壊れていることが予想されていたり、バックエンドの障害を一定回数は許容したりすることはよくあります。エラーがあまりに多い場合に、役に立たない出力が生成されてしまうのを避けるために、適正なレコード数のカウンタと不正なレコードのカウンタを使うことができます。アキュムレータの値を利用できるのはドライバプログラムだけなので、チェックを行うのもドライバプログラムになります。

先ほどのサンプルの続きを見ていきましょう。コールサインを検証して、入力の大部分が適正だった場合にのみ出力を行います。ハムラジオのコールサインのフォーマットは国際電気通信連合の19条で規定されているので、それに準拠しているかを確認するための正規表現を**リスト6-5**で構築しています。

リスト6-5　Pythonでのアキュムレータによるエラーのカウント

```
# コールサインの検証用のアキュムレータの生成
validSignCount = sc.accumulator(0)
invalidSignCount = sc.accumulator(0)

def validateSign(sign):
    global validSignCount, invalidSignCount
    if re.match(r"\A\d?[a-zA-Z]{1,2}\d{1,4}[a-zA-Z]{1,3}\Z", sign):
        validSignCount += 1
        return True
    else:
        invalidSignCount += 1
```

```
        return False

# 各コールサインの登場回数のカウント
validSigns = callSigns.filter(validateSign)
contactCount = validSigns.map(lambda sign: (sign, 1)).reduceByKey(lambda (x, y): x + y)

# カウントを行うために評価を強制する
contactCount.count()
if invalidSignCount.value < 0.1 * validSignCount.value:
    contactCount.saveAsTextFile(outputDir + "/contactCount")
else:
    print "Too many errors: %d, %d valid" % (invalidSignCount.value, validSignCount.value)
```

6.2.1 クロージャに注意†

Sparkでは、プログラマにとって直感的なスタイルでデータ処理のコードを書いていくことができます。ただし、RDDのメソッドが実行される様子を理解しておかないと、思わぬ結果につまずくことになるかもしれません。

RDDのメソッドは、クロージャ内で実行されます。これがどういうことを意味するのか、見ていきましょう。

6.2.1.1 Sparkにおけるクロージャ

Sparkにおいては、RDDのメソッドの実行はクロージャとして扱われます。クロージャは、演算を実行する際に必要となる変数とメソッド群をカプセル化したものです。RDDのメソッドを実行すると、そのメソッドと、そのメソッドへの引数として渡された関数や、その関数内で参照されている変数は、クロージャとしてまとめられてエクゼキュータに送信され、各エクゼキュータによって実行されます。ここで問題になるのが、クロージャに取り込まれた変数の書き換えです。

例えば、RDDではなく、通常のリストでforeachを使った場合、foreachに渡した関数内でスコープ外からきた変数を書き換えれば、そのまま書き換えられた値がスコープ外からも見えるようになります。これは、通常のリストでのforeachの実行は、クロージャとして実行されているわけではないからです。

リスト6-6　通常のリストでのforeach

```
var counter = 0
var data = Array(1, 2, 3)

data.foreach(x => counter += x)

println("Counter value: " + counter)
Counter value: 6
```

† 訳注：原書にはクロージャの説明がありませんでした。Sparkのコードを書く上でクロージャを理解することはとても重要なので、ここでは日本語版独自にクロージャに関わる動作について、注意すべき点を追記しました。

一方、同じことをRDDで実行すると、foreachの実行はクロージャで行われるため、counterは更新されません。

リスト6-7 RDDでのforeach

```
var counter = 0
var rdd = sc.parallelize(Array(1, 2, 3))

rdd.foreach(x => counter += x)

println("Counter value: " + counter)
Counter value: 0
```

この例でわかる通り、RDDのメソッド内から、そのメソッドのスコープ外にある、ドライバ側の変数を直接書き換えることはできません。ドライバ側の変数を、RDDのメソッド内から書き換える必要がある場合には、アキュムレータを使用してください。

6.2.1.2 クロージャ内でのprintln

もう1つ注意が必要なパターンとしては、RDDのメソッド内でprintlnを実行するようなケースです。Sparkではインタラクティブシェルで対話的に処理を進めることができるため、例えば次のようにすればRDDの内容を出力できそうに思えます。

リスト6-8 spark-shellでのprintln]{

```
val rdd = sc.parallelize(Array(1, 2, 3))

rdd.foreach(println)
1
2
3
```

ローカルモードでspark-shellを使っている場合、これで問題なくRDDの内容が出力されます。しかし、クラスタに接続しているspark-shellの場合は、このコードを実行してもコンソールには何も出力されません。これは、printlnの結果が送られる標準出力は、spark-shellが実行されたセッションのものではなく、rdd.foreach(println)がクロージャとして送られる各エクゼキュータのセッションのものになるためです。StandaloneクラスタやYARNクラスタ上でこのコードを実行し、各エクゼキュータのWeb UIから標準出力を確認してみれば、各エクゼキュータに分配されたRDDの内容が、それぞれのエクゼキュータから出力されていることがわかるでしょう。

RDDの内容をコンソールに出力したい場合は、RDDのメソッド内で直接printlnするのではなく、いったんcollect()やtake()でRDDの内容をドライバ側に持ってきてから出力します。ただし、collect()を実行した場合、RDDの内容をすべてドライバのメモリに持ってくることになるので、RDDの内容の量によってはメモリ不足が生じることがあるので注意してください。

take() を使えば、取得するRDDの要素数を指定することができますが、取得する要素の順序は不定であることに注意してください。

6.2.2 アキュムレータとフォールトトレランス

Sparkは、障害を起こしたマシンや低速になっているマシンがあった場合、障害あるいは速度低下を起こしたタスクを実行し直すことによって、自動的に対処を行います。例えば、map()のパーティションの操作を行っているノードがクラッシュした場合、その処理は他のノードで再実行されます。仮にそのノードがクラッシュはしておらず、単に他のノードよりもはるかに低速だった場合、Sparkは先行してそのタスクの投機的なコピーの実行を他のノードで開始し、そのコピーのタスクが終了すれば、その結果を採用します。障害を起こしたノードが1つもない場合であっても、キャッシュされた値がメモリから追い出されていることがあれば、その値を再構築するためにSparkがタスクを再実行しなければならないこともあります。最終的には、クラスタ内で起きていることによっては、同じデータに対して同じ関数が何度も実行されるかもしれません。

このことと、アキュムレータはどう関係するのでしょうか？ 結論を言えば、**アクション内で使われたアキュムレータに関しては、Sparkはタスクの更新を各アキュムレータに1度だけ適用します**。従って、障害があろうと、評価が複数回実行されようと、信頼の置ける絶対的な値のカウンタが必要なら、そのアキュムレータはforeach()のようなアクションの中に置かなければならないのです。

アクションではなく、RDDの変換の中で使われているアキュムレータについては、この保証はありません。変換の中でのアキュムレータの更新は、複数回生ずるかもしれないのです。そういったケースの1つは、ある値がキャッシュされたものの、その使用頻度が低かったためにLRUキャッシュからまず待避させられてしまい、その後に必要になったことによって意図せず更新されることが、何度も起きるようなケースです。こうなると、RDDをその系統から再計算しなければならなくなるので、意図していなかった副作用として、その系統の中にあった変換中のアキュムレータへの更新の呼び出しが、再びドライバに送られることになります。従って、変換の中でアキュムレータを使う場合は、それはデバッグ用途に限られるべきです。

Sparkの将来のバージョンではこの振る舞いが変更され、更新のカウントは1度だけ行われるようになるかもしれませんが、現在のバージョン（1.4）では複数回の更新が起こりうるので、アキュムレータを変換の中で使うのは、デバッグ目的に限ることをお勧めします。

6.2.3 カスタムアキュムレータ

ここまでは、Sparkに組み込まれている型のアキュムレータの1つである、加算を持つ整数型（Accumulator[Int]）を見てきました。インストールしたままのSparkでは、Double、Long、Floatといった型のアキュムレータをサポートしています。これらに加えて、Sparkにはカスタムのアキュムレータの型と、カスタムの集計操作（例えば、値を追加するのではなく、蓄積された値の中から最大値を見つけるなど）を定義するためのAPIがあります。カスタムのアキュムレータは、AccumulatorParamを拡張しなければなりません。AccumulatorParamについては、SparkのAPI

ドキュメンテーション（http://spark.apache.org/docs/latest/api/scala/index.html#package）に説明があります。加算の操作としては、単に数値を加えるだけではなく、交換可能かつ結合可能な操作であれば、任意の操作を使うことができます。例えば、合計値を追跡するための加算の代わりに、それまでに現れた最大値を追跡することもできます。

操作opが交換可能であるとは、任意のa, bという値に対してa op b = b op aであるということです。操作opが結合可能であるとは、任意のa, b, cという値に対して(a op b) op c = a op (b op c)であるということです。例えば、Sparkのアキュムレータで広く使われるsumやmaxは、交換可能かつ結合可能な操作です。

6.3 ブロードキャスト変数

Sparkにおける2種類目の共有変数である**ブロードキャスト変数**は、大きなリードオンリーの変数をプログラム中で効率的にすべてのワーカーノードに送信し、Sparkの操作で使ってもらうためのものです。ブロードキャスト変数は、例えばアプリケーションが大規模なリードオンリーのルックアップ用のテーブルや、あるいは機械学習のアルゴリズムの大規模な特徴ベクトルを全ノードに送りたいような場合に便利です。

Sparkは、クロージャ中で参照されたすべての変数を、自動的にワーカーノード群に送信することを思い出してください。これは便利ではありますが、一方で(1)デフォルトのタスク起動の仕組みは、小さいサイズのタスクに対して最適化されていることと、(2)実際には同じ変数が**複数の**並列操作で使われるとしても、Sparkが操作のたびにその変数を送信してしまうために、非効率的になる場合があります。例えば、配列にマッチさせることによって、コールサインから国をルックアップするようなSparkのプログラムを書きたいとしましょう。この方法は、ハムラジオのコールサインでは国ごとにプレフィックスが決められているので便利ですが、プレフィックスの長さは一定ではありません。この処理をSparkで素直に書けば、**リスト6-9**のようなコードになります。

リスト6-9　Pythonでの国のルックアップ

```
# RDDのcontactCounts内のコールサインの場所を
# ルックアップする。コールサインのプレフィックスと
# 国のコードのリストをロードし、ルックアップに備える。
signPrefixes = loadCallSignTable()

def processSignCount(sign_count, signPrefixes):
    country = lookupCountry(sign_count[0], signPrefixes)
    count = sign_count[1]
    return (country, count)

countryContactCounts = (contactCounts
                        .map(processSignCount)
                        .reduceByKey((lambda x, y: x+ y)))
```

このプログラムは動作はするものの、大きなテーブルを扱う場合（例えばコールサインではなくIPアドレスを扱うことになった場合など）、signPrefixesは、すぐに数MBのサイズになり、このArray型のデータをタスクの度にマスターから送信するのは負担になるかもしれません。加えて、同じsignPrefixesオブジェクトを後で使うことがあれば（同じコードをfile2.txtに対して実行するかもしれません）、マスターは各ノードにこのデータを**もう1度**送信することになります

この問題は、signPrefixesをブロードキャスト変数にすれば解決できます。ブロードキャスト変数は、単なるspark.broadcast.Bloadcast[T]型の変数で、Tという型の値のラッパです。この値には、タスク中のBroadcastオブジェクトのvalueを呼べばアクセスできます。この値が各ノードに送られるのは1度だけであり、BitTorrentに似た効率的な通信の仕組みが使われます。

ブロードキャスト変数を使えば、先ほどのサンプルは**リスト6-10**から**リスト6-12**のようになります。

リスト6-10　ブロードキャスト変数を使ったPythonでの国のルックアップ

```
# RDDのcontactCounts内のコールサインの場所を
# ルックアップする。コールサインのプレフィックスと
# 国のコードのリストをロードし、ルックアップに備える。
signPrefixes = sc.broadcast(loadCallSignTable())

def processSignCount(sign_count, signPrefixes):
    country = lookupCountry(sign_count[0], signPrefixes.value)
    count = sign_count[1]
    return (country, count)

countryContactCounts = (contactCounts
                        .map(processSignCount)
                        .reduceByKey((lambda x, y: x+ y)))

countryContactCounts.saveAsTextFile(outputDir + "/countries.txt")
```

リスト6-11　ブロードキャスト変数を使ったScalaでの国のルックアップ

```
// RDDのcontactCounts内のコールサインの場所を
// ルックアップする。コールサインのプレフィックスと
// 国のコードのリストをロードし、ルックアップに備える。
val signPrefixes = sc.broadcast(loadCallSignTable())
val countryContactCounts = contactCounts.map{case (sign, count) =>
  val country = lookupInArray(sign, signPrefixes.value)
  (country, count)
}.reduceByKey((x, y) => x + y)
countryContactCounts.saveAsTextFile(outputDir + "/countries.txt")
```

リスト6-12 ブロードキャスト変数を使ったJavaでの国のルックアップ

```
// コールサインのテーブルを読み込む
// contactCounts RDD中の各コールサインの
// 国をルックアップする。
final Broadcast<String[]> signPrefixes = sc.broadcast(loadCallSignTable());
JavaPairRDD<String, Integer> countryContactCounts = contactCounts.mapToPair(
  new PairFunction<Tuple2<String, Integer>, String, Integer> (){
    public Tuple2<String, Integer> call(Tuple2<String, Integer> callSignCount) {
      String sign = callSignCount._1();
      String country = lookupCountry(sign, callSignInfo.value());
      return new Tuple2(country, callSignCount._2());
    }}).reduceByKey(new SumInts());
countryContactCounts.saveAsTextFile(outputDir + "/countries.txt");
```

これらのサンプルにあるように、ブロードキャスト変数を使うプロセスはシンプルです。

1. SparkContext.broadcastをTという型のオブジェクトに対して呼び出し、Broadcast[T]を生成します。Tには、Serializableな任意の型を使うことができます。
2. 値にアクセスするには、valueプロパティ（Javaの場合はvalue()メソッド）を使います。
3. この変数は、各ノードに1度だけ送られます。また、リードオンリーとして扱わなければなりません（更新しても、**他のノードには伝達されません**）。

リードオンリーという要求を満たすための最も簡単な方法は、プリミティブな値か、イミュータブルなオブジェクトへの参照をブロードキャストすることです。こうすれば、ドライバのコード内以外に、ブロードキャスト変数の値を変更することはできなくなります。とはいえ、ミュータブルなオブジェクトをブロードキャストする方が便利だったり、効率的だったりすることもあります。ブロードキャスト変数を変更したいのであれば、リードオンリーという条件は自分で面倒を見なければなりません。Array[String]型のコールサインのプレフィックステーブルでそうしたように、ワーカーノードで動作するコードが、val theArray = broadcastArray.value; theArray(0) = newValueのような処理をしないようにしなければなりません。このコードがワーカーノードで実行されれば、この行がnewValueに代入するのは、このコードを実行しているワーカーノードにローカルな配列のコピーの最初の要素にすぎません。この行を実行しても、他のワーカーノードのbroadcastArray.valueの内容は変化しないのです。

6.3.1 ブロードキャストの最適化

大きな値をブロードキャストする場合は、高速でコンパクトなデータシリアライゼーションフォーマットを選択することが重要です。これは、値のシリアライズや、ネットワーク経由でのシリアライズされた値の送信に時間がかかるようになれば、ネットワーク経由で値を送信するための時間が急速にボトルネックになっていくためです。特に、SparkのScalaやJavaのAPIでデフォルトのシリアライゼーションライブラリとして使用されているJava Serializationは、配列やプリミティブ型以外を扱う場合、そのままでは非常に効率が悪くなることがあります。シリアライゼーションを最適化するには、`spark.serializer`プロパティを使って別のシリアライゼーションライブラリを選択したり（**8章**では、高速なシリアライゼーションライブラリである**Kyro**の使用方法を説明します）、あるいは独自のデータ型に対する独自のシリアライゼーションルーチンを実装する（例えば、Java Serializationの`java.io.Externalizable`インターフェイスを使ったり、`reduce()`メソッドを使ってPythonのpickleライブラリ用のカスタムシリアライゼーションを定義したりすることができます）という方法があります。

6.4 パーティション単位での処理

データをパーティション単位で処理することで、データアイテムごとにセットアップの処理を繰り返さずに済むようになります。要素ごとに行いたくはないセットアップのステップの例としては、データベースへの接続や乱数ジェネレータの生成があります。Sparkには**パーティションごとに処理を行う**バージョンの`map`および`foreach`があり、RDDの各パーティションごとに1度だけコードが実行されるようにすることで、こうした処理のコストを削減しやすくしてくれます。

コールサインのサンプルに立ち戻れば、コンタクト先が記録されているハムラジオのコールサインの公開リストのオンラインデータベースがあります。パーティション単位の操作を使えば、このデータベースへのコネクションプールを共有することで、大量のコネクションをセットアップせずに済むようになり、JSONパーサも再利用できます。**リスト6-13**から**リスト6-15**では`mapPartitions()`関数を使っています。この関数に渡す関数は、入力RDDの各パーティションの要素のイテレータを受け取り、結果のイテレータを返さなければなりません。

リスト6-13　Pythonでのコネクションプールの共有

```
def processCallSigns(signs):
    """ コネクションプールを使ったコールサインのルックアップ """
    # コネクションプールの生成
    http = urllib3.PoolManager()
    # 各コールサインの記録に関連づけられたURL
    urls = map(lambda x: "http://73s.com/qsos/%s.json" % x, signs)
    # リクエストの生成（ノンブロッキング）
    requests = map(lambda x: (x, http.request('GET', x)), urls)
    # 結果のフェッチ
    result = map(lambda x: (x[0], json.loads(x[1].data)), requests)
    # 空の結果を取り除いて結果を返す
    return filter(lambda x: x[1] is not None, result)

def fetchCallSigns(input):
    """ コールサインのフェッチ """
    return input.mapPartitions(lambda callSigns : processCallSigns(callSigns))

contactsContactList = fetchCallSigns(validSigns)
```

リスト6-14 Scalaでのコネクションプールと JSONパーサの共有

```
val contactsContactLists = validSigns.distinct().mapPartitions{
  signs =>
  val mapper = createMapper()
  val client = new HttpClient()
  client.start()
  // http リクエストの生成
  signs.map {sign =>
    createExchangeForSign(sign)
 // レスポンスのフェッチ
  }.map{ case (sign, exchange) =>
      (sign, readExchangeCallLog(mapper, exchange))
  }.filter(x => x._2 != null) // 空のコールログの除去
}
```

リスト6-15 Javaでのコネクションプールと JSONパーサの共有

```
// セットアップの成果物を再利用するためのに mapPartitions を使う
JavaPairRDD<String, CallLog[]> contactsContactLists =
  validCallSigns.mapPartitionsToPair(
  new PairFlatMapFunction<Iterator<String>, String, CallLog[]>() {
    public Iterable<Tuple2<String, CallLog[]>> call(Iterator<String> input) {
      // 結果を格納するリスト
      ArrayList<Tuple2<String, CallLog[]>> callsignLogs = new ArrayList<>();
      ArrayList<Tuple2<String, ContentExchange>> requests = new ArrayList<>();
      ObjectMapper mapper = createMapper();
      HttpClient client = new HttpClient();
      try {
        client.start();
        while (input.hasNext()) {
          requests.add(createRequestForSign(input.next(), client));
        }
        for (Tuple2<String, ContentExchange> signExchange : requests) {
          callsignLogs.add(fetchResultFromRequest(mapper, signExchange));
        }
      } catch (Exception e) {
      }
      return callsignLogs;
    }});
System.out.println(StringUtils.join(contactsContactLists.collect(), ","));
```

パーティションを単位として操作をしている場合、Sparkが関数に渡してくるのは、そのパーティション内の要素を返すIteratorです。値を返すためには、Iterableを返してやります。**表6-1**に示す通り、mapPartitions()以外にも、Sparkにはパーティションを単位とする操作が数多く用意されています。

表6-1 パーティション単位の操作

関数名	渡される値	返す値	RDD[T}での関数のシグニチャ
mapPartitions()	パーティション内の要素のイテレータ	返す要素のイテレータ	f: (Iterator[T]) → Iterator[U]
mapPartitions WithIndex()	パーティションの番号を示す整数値と、パーティション内の要素のイテレータ	返す要素のイテレータ	f: (Int, Iterator[T]) → Iterator[U]
foreach Partition()	要素のイテレータ	なし	f: (Iterator[T]) → Unit

セットアップの処理を避けることに加え、mapPartitions()を使うことで、オブジェクトの生成のオーバーヘッドを回避できることもあります。結果の集計のために、別の型のオブジェクトを生成しなければならない場合があります。**3章**で平均値を計算したときのことを思い出せば、そのときの方法の1つに、数値からなるRDDをタプルからなるRDDに変換し、reduceのステップで処理した要素数を追跡できるようにしたことがありました。同じことを各要素に対して行う代わりに、タプルをパーティションごとに生成することもできます。**リスト6-16**と**リスト6-17**をご覧ください。

リスト6-16 mapPartitions()を使わないPythonでの平均の計算

```
def combineCtrs(c1, c2):
    return (c1[0] + c2[0], c1[1] + c2[1])

def basicAvg(nums):
    """ 平均値の計算 """
    nums.map(lambda num: (num, 1)).reduce(combineCtrs)
```

リスト6-17 mapPartitions()を使ったPythonでの平均の計算

```
def partitionCtr(nums):
    """ パーティションに対してsumCounterを計算する """
    sumCount = [0, 0]
    for num in nums:
        sumCount[0] += num
        sumCount[1] += 1
    return [sumCount]

def fastAvg(nums):
    """ 平均値の計算 """
    sumCount = nums.mapPartitions(partitionCtr).reduce(combineCtrs)
    return sumCount[0] / float(sumCount[1])
```

6.5 外部のプログラムへのパイプ

Sparkでは、最初から3つの言語バインディングを使うことができるので、Sparkのアプリケーションを書く際に必要な条件は、すべて満たせてしまえるかもしれません。しかし、必要なことがScala、Java、Pythonのいずれでもできない場合には、例えばRのスクリプトのような、他の言語で書かれたプログラムに対してパイプでデータを渡すための汎用的な仕組みが、Sparkには用意されています

SparkのRDDには、pipe()メソッドがあります。pipe()を使えば、Unixの標準入出力の読み書きができる言語であれば、好きな言語を使って処理の一部を書くことができます。pipe()を使えば、例えばRDDの各要素を標準入力からStringとして読み取り、そのStringを自由に処理してから標準出力へStringとして結果を書き出すような変換が書けるようになります。このインターフェイスとプログラミングモデルには制約があり、限定されているものの、例えばmapやフィルタの処理の中で、ネイティブコードの関数を使いたい場合のように、このやり方がまさに適していることもあります。

もっともあり得るのは、すでに構築とテストが済んだ複雑なソフトウェアが手元にあり、それをSparkから再利用するために、外部のプログラムへRDDの内容をパイプで渡したいような場合です。Rのコードを持っているデータサイエンティストは多く、pipe()を使えばR†‡のプログラムとやり取りできます。

リスト6-18では、Rのライブラリを使ってすべてのコンタクト間の距離を計算しています。RDDの各要素は、改行をセパレータとしてプログラムから書き出され、結果のRDD内の文字列要素が出力中の行になります。Rのプログラムが簡単に入力をパースできるようにするために、データはmylat, mylon, theirlat, theirlonとなるように整形し直します。ここでは、セパレータとしてカンマ（,）を使っています。

リスト6-18 Rでの距離算出プログラム

```
#!/usr/bin/env Rscript
library("Imap")
f <- file("stdin")
open(f)
while(length(line <- readLines(f,n=1)) > 0) {
  # 行の処理
  contents <- Map(as.numeric, strsplit(line, ","))
  mydist <- gdist(contents[[1]][1], contents[[1]][2],
                  contents[[1]][3], contents[[1]][4],
                  units="m", a=6378137.0, b=6356752.3142, verbose = FALSE)
  write(mydist, stdout())
}
```

† SparkRプロジェクト（http://amplab-extras.github.io/SparkR-pkg/）では、RからSparkを使うための軽量フロントエンドも提供されています。

‡ 訳注：SparkRは、Spark 1.4でSparkに統合されました（https://issues.apache.org/jira/browse/SPARK-5654）およびhttp://spark.apache.org/docs/latest/sparkr.html。

この内容を ./src/R/finddistance.R という実行可能ファイルに書いたとすれば、実行の様子は次のようになります。

```
$ ./src/R/finddistance.R
37.75889318222431,-122.42683635321838,37.7614213,-122.4240097
349.2602
coffee
NA
ctrl-d
```

ここまではうまくいっています。stdin からの入力行を変換して、stdout に出力できるようになりました。次に必要なのは、各ワーカーノードから finddistance.R を使えるようにして、実際にシェルスクリプトから RDD を変換してみることです。どちらのタスクも Spark では簡単にこなせます。**リスト 6-19** から**リスト 6-21** をご覧ください。

リスト6-19　pipe()を使ってfinddistance.Rを呼び出すPythonのドライバプログラム

```
# 外部の R のプログラムを使い、コール間の距離を計算する
distScript = "./src/R/finddistance.R"
distScriptName = "finddistance.R"
sc.addFile(distScript)
def hasDistInfo(call):
    """ 距離を計算するのに必要なフィールドがコールにあることを確認する """
    requiredFields = ["mylat", "mylong", "contactlat", "contactlong"]
    return all(map(lambda f: call[f], requiredFields))
def formatCall(call):
    """R のプログラムでパースできるようにコールを整形する """
    return "{0},{1},{2},{3}".format(
        call["mylat"], call["mylong"],
        call["contactlat"], call["contactlong"])

pipeInputs = contactsContactList.values().flatMap(
    lambda calls: map(formatCall, filter(hasDistInfo, calls)))
distances = pipeInputs.pipe(SparkFiles.get(distScriptName))
print distances.collect()
```

リスト6-20　pipe()を使ってfinddistance.Rを呼び出すScalaのドライバプログラム

```
// 外部の R のプログラムを使い、コール間の距離を計算する
// スクリプトは、このジョブと共に各ノードにダウンロードされるファイルのリストに追加する
val distScript = "./src/R/finddistance.R"
val distScriptName = "finddistance.R"
sc.addFile(distScript)
val distances = contactsContactLists.values.flatMap(x => x.map(y =>
  s"${y.contactlay},${y.contactlong},${y.mylat},${y.mylong}")).pipe(Seq( SparkFiles.get(distScriptName)))
println(distances.collect().toList)
```

リスト6-21 pipe()を使ってfinddistance.Rを呼び出すJavaのドライバプログラム

```
// 外部のRのプログラムを使い、コール間の距離を計算する
// スクリプトは、このジョブと共に各ノードにダウンロードされるファイルのリストに追加する
String distScript = "./src/R/finddistance.R";
String distScriptName = "finddistance.R";
sc.addFile(distScript);
JavaRDD<String> pipeInputs = contactsContactLists.values()
  .map(new VerifyCallLogs()).flatMap(
  new FlatMapFunction<CallLog[], String>() {
    public Iterable<String> call(CallLog[] calls) {
      ArrayList<String> latLons = new ArrayList<String>();
      for (CallLog call: calls) {
        latLons.add(call.mylat + "," + call.mylong +
                    "," + call.contactlat + "," + call.contactlong);
      }
      return latLons;
    }
  });
JavaRDD<String> distances = pipeInputs.pipe(SparkFiles.get(distScriptName));
System.out.println(StringUtils.join(distances.collect(), ","));
```

SparkContext.addFile(path)によって、各ワーカーノードがSparkのジョブと共にダウンロードするファイルのリストを構築できます。これらのファイルは、ドライバのローカルファイルシステム（これらのサンプルがそうです）や、HDFSあるいはその他のHadoopがサポートしているファイルシステム、もしくはHTTP、HTTPS、FTPなどのURIから取得できます。ジョブ内でアクションが実行されると、各ノードはこれらのファイルをダウンロードします。そして、それらのファイル群を見つけるにはワーカーノードのSparkFiles.getRootDirectoryを探すか、SparkFiles.get(filename)を使います。もちろんこれは、pipe()が各ワーカーノードでスクリプトを見つけられるようにする方法の1つにすぎません。他のリモートコピーのツールを使って、スクリプトファイルを各ノードのどこかに配置することもできます。

SparkContext.addFile(path)で追加したファイルは、すべて同じディレクトリに保存されるので、ファイル名はユニークにしておくことが重要です。

スクリプトが利用可能になれば、RDDのpipe()メソッドを使い、パイプを通してRDDの要素をスクリプトに渡すのは簡単です。findDistanceの賢いバージョンは、コマンドラインの引数としてSEPARATORを受け付けたりするかもしれません。その場合、次のどちらの方法を使うこともできますが、どちらかといえば1つめのやり方が望ましいでしょう。

- `rdd.pipe(Seq(SparkFiles.get("finddistance.R"), ","))`
- `rdd.pipe(SparkFiles.get("finddistance.R") + " ,")`

最初の方法では、コマンドの呼び出しを、一連のポジション引数として渡しています（コマンドそのものは、オフセット0の引数になります）。2番目の方法で渡しているのは1つのコマンド文字列で、Sparkがそれらをポジション引数に分割することになります。

必要な場合は、pipe()でシェルの環境変数を指定することもできます。単純に環境変数のmapをpipe()の2番目の引数として渡せば、Sparkがそれらを設定してくれます。

以上で、RDDの要素を外部のコマンドを通じて処理するためにpipe()を使う方法と、そういったコマンドスクリプトを、クラスタの各ノードが見つけられるように配布する方法について理解できました。

6.6 数値のRDDの操作

Sparkには、数値データを含むRDDに対する記述統計の操作群があります。これらの操作と、さらに複雑な統計や機械学習のメソッドについては、後ほど**11章**で説明します。

Sparkの数値の操作はストリーミングアルゴリズムを利用して実装されているので、モデルの構築を要素1つずつ行っていくことができます。記述統計は、データに対する1度のパスだけですべて計算され、stats()が呼ばれると、StatsCounterオブジェクトとして返されます。**表6-2**は、StatsCounterオブジェクトで利用できるメソッドのリストです。

表6-2 StatsCounterで利用できる要約統計

メソッド	意味
count()	RDD内の要素数
mean()	要素の平均値
sum()	合計
max()	最大値
min()	最小値
variance()	要素の分散
sampleVariance()	要素のサンプルの分散
stdev()	標準偏差
sampleStdev()	サンプルの標準偏差

これらの統計のいずれかを計算したいだけなら、例えばrdd.mean()あるいはrdd.sum()といったように、対応するメソッドを直接RDDで呼ぶこともできます。

リスト6-22から**リスト6-24**では、要約統計を使って、データからいくつかの例外を除去しています。同じRDDを2回処理することになる（1回は要約統計の計算のため、もう1回は例外を除去するため）ので、RDDはキャッシュした方が良いでしょう。コールログのサンプルに戻ってみれば、あまりに遠すぎるコンタクトの場所をコールログから取り除くことができます。

リスト6-22 Pythonでの例外の除去

```
# 文字列のRDDを数値データに変換して、統計を計算し、
# 例外を取り除けるようにする。
distanceNumerics = distances.map(lambda string: float(string))
stats = distanceNumerics.stats()
stddev = stats.stdev()
mean = stats.mean()
reasonableDistances = distanceNumerics.filter(
  lambda x: math.fabs(x - mean) < 3 * stddev)
print reasonableDistances.collect()
```

リスト6-23 Scalaでの例外の除去

```
// 位置の報告がおかしい場合があるかもしれないので、処理を進めて例外を除去する
// まず、文字列のRDDをdoubleに変換する必要がある。
val distanceDouble = distance.map(string => string.toDouble)
val stats = distanceDoubles.stats()
val stddev = stats.stdev
val mean = stats.mean
val reasonableDistances = distanceDoubles.filter(x => math.abs(x-mean) < 3 * stddev)
println(reasonableDistance.collect().toList)
```

リスト6-24 Javaでの例外の除去

```
// まず、統計関数が使えるように、文字列のRDDを
// DoubleRDDに変換する
JavaDoubleRDD distanceDoubles = distances.mapToDouble(new DoubleFunction<String>() {
    public double call(String value) {
      return Double.parseDouble(value);
    }});
final StatCounter stats = distanceDoubles.stats();
final Double stddev = stats.stdev();
final Double mean = stats.mean();
JavaDoubleRDD reasonableDistances =
  distanceDoubles.filter(new Function<Double, Boolean>() {
    public Boolean call(Double x) {
      return (Math.abs(x-mean) < 3 * stddev);}});
System.out.println(StringUtils.join(reasonableDistance.collect(), ","));
```

この最後の部分で、サンプルのアプリケーションは完成します。このサンプルアプリケーションでは、アキュムレータ、ブロードキャスト変数、パーティションごとの処理、外部プログラムとのインターフェイス、要約統計を使用しました。このソースコード全体は、それぞれsrc/python/ChapterSixExample.py、src/main/scala/com/oreilly/learningsparkexamples/scala/ChapterSixExample.scala、src/main/java/com/oreilly/learningsparkexamples/java/ChapterSixExample.javaにあります。

6.7　まとめ

本章では、Spark の高度なプログラミングの機能をいくつか紹介しました。これらの機能を使えば、プログラムの効率を高め、表現力を増すことができます。これ以降の章では、Spark のアプリケーションのデプロイとチューニング、そして SQL やストリーミング、機械学習のための組み込みライブラリを取り上げていきます。また、これまでに説明した機能の多くを使用する、より複雑で完成度の高いサンプルアプリケーションも見ていきます。これらは、読者のみなさまが独自の Spark の利用法を考えるためのガイドになると共に、想像力を刺激してくれるはずです。

7章 クラスタでの動作

7.1 イントロダクション

ここまでは、Sparkを学ぶ方法として、Sparkシェルと、Sparkのローカルモードで実行するサンプルを使う方法に焦点を当ててきました。Sparkでアプリケーションを書くメリットの1つは、クラスタモードでそのプログラムを動作させれば、マシンを追加することによって処理をスケールさせられるようになることです。ありがたいことに、クラスタ上で並列に実行されるアプリケーションを書く場合でも、使うAPIはこれまで本書で学んできたものと同じです。これまで書いてきたサンプルやアプリケーションは、そのままでクラスタ上でも動作します。これはSparkの高レベルAPIのメリットの1つです。ユーザーは、ローカルで小さなデータセットを使ってアプリケーションのプロトタイプをすばやく構築すれば、そのコードをそのまま修正することなく、きわめて大規模なクラスタ上で実行することさえできるのです。

本章では、まずSparkの分散アプリケーションのランタイムアーキテクチャを説明し、続いて分散クラスタでSparkを動作させる際の選択肢について議論します。Sparkは、オンプレミスでもクラウドでも、数多くのクラスタマネージャ（HadoopのYARN、ApacheのMesos、Spark自身に組み込まれているStandaloneクラスタマネージャ）上で動作させることができます。本章では、それぞれのケースのトレードオフと、動作させるのに必要な設定について議論します。その際には、スケジューリング、デプロイ、Sparkのアプリケーションの設定についても取り上げていきましょう。本章を読めば、Sparkの分散プログラムを実行するために必要なことが、すべて身につきます。アプリケーションのチューニングやデバッグについては、以降の章で見ていきます。

7.2 Sparkのランタイムアーキテクチャ

クラスタ上でSparkを動作させるための細かい話に入っていく前に、分散モードのSparkのアーキテクチャを理解しておくと良いでしょう（**図7-1**参照）。

分散モードでは、Sparkは1つのセントラルコーディネータと、多くの分散ワーカーを持つ、マスター／スレーブアーキテクチャを利用します。セントラルコーディネータは**ドライバ**と呼ばれます。ドライバは、**エクゼキュータ**と呼ばれる、大量の分散ワーカーと通信する可能性があります。ドライバは単体のJavaのプロセスとして動作し、各エクゼキュータも個別のJavaのプロセスとして動作します。ドライバとそのエクゼキュータ群は、まとめてSpark **アプリケーション**と呼ばれます。

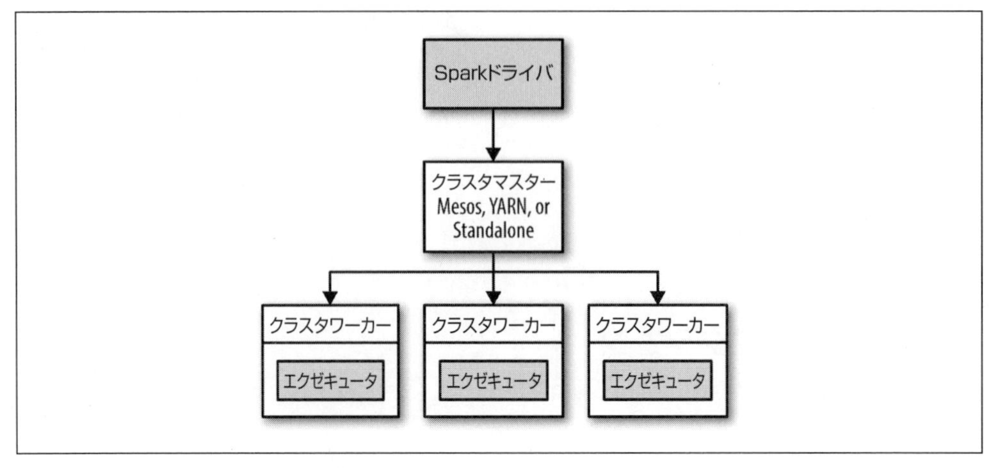

図7-1 分散Sparkアプリケーションの構成要素

Sparkのアプリケーションは、**クラスタマネージャ**と呼ばれる外部のサービスを使い、複数のマシン上で起動されます。すでに触れた通り、SparkのパッケージにはStandaloneクラスタマネージャと呼ばれるクラスタマネージャが組み込まれています。また、SparkはHadoop YARNおよびApache Mesosという、広く利用されている2つのオープンソースクラスタマネージャとも動作できます。

7.2.1 ドライバ

ドライバは、作成するプログラムの`main()`メソッドを実行するプロセスです。このプロセスが実行するユーザーコードが、SparkContextの生成やRDDの生成を行い、変換やアクションを実行することになります。Sparkシェルを起動した場合、それはドライバプログラムを生成したのです（Sparkシェルでは、`sc`という名前でSparkContextがロード済みになっていることを覚えてますか？）。ドライバが終了すれば、アプリケーションも動作を終えたことになります。

ドライバは、実行に際して2つの処理に責任を負います。

ユーザープログラムのタスクへの変換

Sparkのドライバは、ユーザーのプログラムを物理的な実行の単位に変換しなければなりません。この実行の単位は**タスク**と呼ばれます。高いレベルで見れば、すべてのSparkのプログラムは、同じ構造に従っています。すなわち、何らかの入力からRDDを生成し、それらのRDDから変換を使って新しいRDDを導出し、アクションを実行してデータを取り出したり保存したりするのです。Sparkのプログラムは、暗黙のうちに操作で構成される論理的な**有向**

非循環グラフ（Directed Acyclic Graph = DAG）を生成します。ドライバが実行されると、この論理的なグラフは、物理的な実行計画に変換されます。

Sparkは、mapの変換をまとめてマージするためのパイプライン化のようないくつかの最適化を行い、実行グラフを一連の**ステージ**群に変換します。それぞれのステージには、複数の**タスク群**が含まれます。これらのタスク群は、まとめられ、クラスタへの送信準備が整えられます。タスクは、Sparkにおける処理の最も小さな単位です。典型的なユーザープログラムであっても、起動するタスク数は数百あるいは数千に及ぶことがあります。

エクゼキュータ上のタスクのスケジューリング

物理的な実行計画が決まれば、Sparkのドライバはエクゼキュータ群の個々のタスクのスケジュールを調整しなければなりません。エクゼキュータ群は起動時に自分自身をドライバに対して登録するので、ドライバは自分のアプリケーションのエクゼキュータの様子を常に把握しています。各エクゼキュータは、タスクを実行し、RDDのデータを保持することができるプロセスです。

Sparkのドライバは、その時点でのエクゼキュータ群を見て、データの配置に基づいて各タスクを適切な場所にスケジューリングしようとします。タスクが実行されると、キャッシュされたデータの保持という副作用が生じることがあります。ドライバはキャッシュされたデータの場所も追跡し、そのデータにアクセスする将来のタスクのスケジューリングに、この情報を活用します。

ドライバは、Webのインターフェイスを通じて実行中のSparkアプリケーションに関する情報を公開します。デフォルトでは、このWebのインターフェイスには4040ポートが割り当てられます。例えばローカルモードでは、http://localhost:4040でこのUIにアクセスできます。SparkのWeb UIと、そのスケジューリングの仕組みについては、**8章**でさらに詳しく取り上げます。

7.2.2 エクゼキュータ

Sparkのエクゼキュータは、Sparkのジョブの個々のタスクの実行を受け持つワーカープロセスです。エクゼキュータは、Sparkのアプリケーションの起動時に1度起動され、通常はそのアプリケーションが動作している間、動作し続けます。ただし、Sparkのアプリケーションは、エクゼキュータ群に障害があっても、処理を継続できます。エクゼキュータには2つの役割があります。1つはアプリケーションを構成するタスク群を実行し、結果をドライバに返すことです。もう1つは、ユーザープログラムによってキャッシュされるRDDのためのインメモリストレージを、各エクゼキュータ内で動作するブロックマネージャと呼ばれるサービスを通じて提供することです。RDDはエクゼキュータ内に直接キャッシュされるので、タスクはキャッシュされたデータと同居して動作することができます。

本書のサンプルは、ほとんどの場合Sparkのローカルモードで実行されています。このモードでは、Sparkのドライバは同じJavaのプロセス内のエクゼキュータと共に動作しています。これは特殊なケースであり、通常の場合、各エクゼキュータはそれぞれの専用のプロセス内で動作します。

7.2.3 クラスタマネージャ

ここまでは、ドライバやエクゼキュータについて、やや抽象的な表現で議論してきました。しかしドライバやエクゼキュータのプロセスは、まずどのようにして起動されるのでしょうか？ Sparkは、エクゼキュータの起動と、場合によってはドライバの起動も、クラスタマネージャに任せます。Sparkにおけるクラスタマネージャは、プラガブルな構成要素です。そのため、SparkはYARNやMesosといった外部のマネージャ上でも、組み込みのStandaloneクラスタマネージャの上でも動作できます。

Sparkのドキュメンテーションでは、Sparkのアプリケーションを実行するプロセスを説明する上では、一貫して**ドライバ**と**エクゼキュータ**という言葉が使われてます。クラスタマネージャの中央部分と分散している部分を表現する際には、**マスター**と**ワーカー**という言葉が使われています。これらの用語は簡単に混乱してしまうので、十分注意してください。例えば、HadoopのYARNはマスターデーモン（Resource Managerと呼ばれます）を1つと、Node Managerと呼ばれるワーカーデーモンを複数動作させます。Sparkは、ドライバとエクゼキュータをどちらもYARNのワーカーノード上で動作させることができます。

7.2.4 プログラムの起動

使用するクラスタマネージャによらず、Sparkのプログラムは`spark-submit`というスクリプトを使って投入できます。`spark-submit`は、多くのオプションを通じて、さまざまなクラスタマネージャに接続し、アプリケーションが取得するリソースの量を制御することができます。クラスタマネージャによっては、`spark-submit`はドライバをクラスタ内で実行することができますが（例えばYARNのワーカーノードがそうです）、ドライバはローカルのマシン上で実行しなければならないクラスタマネージャもあります。`spark-submit`については、次のセクションで詳しく取り上げます。

7.2.5 まとめ

このセクションで紹介した概念のまとめとして、クラスタ上でSparkのアプリケーションを実行した場合に行われるステップを、正確に追ってみましょう。

1. ユーザーは、`spark-submit`を使ってアプリケーションを投入します。
2. `spark-submit`はドライバプログラムを起動し、ユーザーが指定した`main()`メソッドを呼び出します。
3. ドライバプログラムはクラスタマネージャに接続し、エクゼキュータを起動するためのリソースを要求します。

4. クラスタマネージャは、ドライバプログラムの代理としてエクゼキュータを起動します。
5. ドライバプログラムは、ユーザーアプリケーションを実行します。このプログラム中のRDDのアクションや変換に基づき、ドライバはタスクという形で処理をエクゼキュータに送ります。
6. エクゼキュータのプロセスでタスクが実行され、結果が計算され、保存されます。
7. ドライバの`main()`メソッドが終了するか、`main()`メソッドから`SparkContext.stop()`が呼ばれると、ドライバはエクゼキュータを終了させ、クラスタマネージャから取得したリソースを解放します。

7.3 spark-submitによるアプリケーションのデプロイ

すでに学んだ通り、Sparkではあらゆるクラスタマネージャへのジョブの投入を`spark-submit`というツール1つで行います。**2章**では、`spark-submit`を使ってPythonのプログラムを投入する簡単な例を見ました。**リスト7-1**をご覧ください。

リスト7-1　Pythonアプリケーションの投入

```
bin/spark-submit my_script.py
```

スクリプトもしくはJARの名前だけが渡されて呼ばれた場合、`spark-submit`は渡されたSparkのプログラムを、単にローカルモードで実行します。このプログラムを、SparkのStandaloneクラスタマネージャに投入したいとしましょう。その場合は、Standaloneクラスタのアドレスと、起動したいエクゼキュータのプロセス群のサイズを、フラグを使って渡します。**リスト7-2**をご覧ください。

リスト7-2　追加の引数付きのアプリケーションの投入

```
bin/spark-submit --master spark://host:7077 --executor-memory 10g my_script.py
```

`--master`フラグは、接続する**クラスタのURL**を指定するもので、ここで使われている**spark://**というURLは、SparkのStandaloneモード（**表7-1**を参照）でのクラスタを意味します。他の種類のURLについては、この後議論します。

表7-1 spark-submitの--masterフラグで指定できる値

値	説明
spark://host:port	指定されたポートのSparkのStandaloneクラスタに接続する。デフォルトでは、SparkのStandaloneマスターは7077ポートを使用する。
mesos://host:port	指定されたポートのMesosクラスタマスターに接続する。デフォルトでは、Mesosのマスターは5050ポートで接続を待ち受ける。
yarn-clusterあるいはyarn-client	YARNクラスタに接続する。YARN上で実行する場合は、YARNクラスタの情報を含むHadoopの設定ディレクトリを環境変数のHADOOP_CONF_DIRが指していなければならない。yarn-clusterを指定した場合、ドライバはApplication Masterのコンテナ上で動作する。yarn-clientを指定した場合は、ドライバはアプリケーションを起動したマシン上で動作する。
local	シングルコアのローカルモードで実行する。
local[N]	Nコアのローカルモードで実行する。
local[*]	マシンが持っているコアをすべて使用してローカルモードで動作する。

クラスタのURL以外にも、spark-submitには多くのオプションが提供されており、アプリケーションの実行に関する詳細事項を制御できます。これらのオプションは、大まかには2種類に分類できます。1種類目はスケジューリングに関する情報で、実行するジョブのために要求するリソースの量などです（**リスト7-2**を参照）。2種類目はアプリケーションの実行時の依存対象に関する情報で、すべてのワーカーマシンにデプロイしたいライブラリやファイルなどがそうです。

リスト7-3に、spark-submitの一般的な形式を示します。

リスト7-3 spark-submitの一般的な形式

```
bin/spark-submit [options] <app jar | python file> [app options]
```

[options]は、spark-submitに渡すフラグのリストです。利用可能なフラグは、spark-submit --helpとすればすべて表示されます。**表7-2**は、一般的なフラグのリストです。

<app jar | python file>は、アプリケーションのエントリポイントを含むJARもしくはPythonのスクリプトです。

[app options]は、アプリケーションに渡されるオプション群です。呼び出された際の引数をプログラムのmain()メソッドがパースすれば、渡されてきているのは[app options]のフラグだけであり、spark-submitのためのフラグは渡されません。

表7-2 spark-submitの一般的なフラグ

フラグ	説明
--master	接続するクラスタマネージャを指定する。このフラグの選択肢については**表7-1**を参照。
--deploy-mode	ドライバプログラムをローカルで起動する（client）か、クラスタ内のいずれかのワーカーマシン上で起動する（cluster）かを指定する。clientを指定した場合、spark-submitはドライバをspark-submitが呼ばれたマシン上で実行する。clusterが指定された場合は、ドライバはクラスタ内のいずれかのワーカーノードでの実行のために送信される。デフォルトはclient。YARNの場合、通常このフラグは使用せず、--masterフラグのyarn-clientもしくはyarn-clusterでドライバの場所を指定する。
--class	JavaもしくはScalaのプログラムを実行する場合の、アプリケーションのmainクラス。
--name	人が読み取れるアプリケーション名。この名前は、SparkのWeb UIに表示される。
--jars	JARファイルのリスト。指定されたJARファイル群は、アップロードされてアプリケーションのクラスパス上に置かれる。アプリケーションが少数のサードパーティ製のJARに依存しているなら、それらをここで追加しても良い。
--files	アプリケーションの作業ディレクトリに置かれるファイルのリスト。このフラグは、各ノードへのデータファイルの配布に利用できる。
--py-files	アプリケーションのPYTHONPATHに追加されるファイルのリスト。このフラグで指定できるファイルの種類は、.py、.egg、.zip。
--executor-memory	エクゼキュータが使用するメモリの量。単位はバイト。大きい値は、512m（512MB）や15g（15GB）というように、サフィックスを使って指定できる。
--driver-memory	ドライバが使用するメモリの量。単位はバイト。大きい値は、512m（512MB）や15g（15GB）というように、サフィックスを使って指定できる。

spark-submitでは、--conf prop=valueフラグという形式で指定するか、キー／値ペアを含む--properties-fileでプロパティファイルを渡すことによって、任意のSparkConfの設定オプションを設定できます。Sparkの設定のシステムについては、**8章**で議論します。

リスト7-4は、数多くのオプションを利用する、spark-submitのやや長い形式の呼び出しです。

リスト7-4 spark-submitでのさまざまなオプション指定

```
# Standalone クラスタモードでの Java アプリケーションの投入
$ ./bin/spark-submit \
  --master spark://hostname:7077 \
  --deploy-mode cluster \
  --class com.databricks.examples.SparkExample \
  --name "Example Program" \
  --jars dep1.jar,dep2.jar,dep3.jar \
  --total-executor-cores 300 \
  --executor-memory 10g \
  myApp.jar "options" "to your application" "go here"

# YARN の client モードでの Python アプリケーションの投入
$ export HADOOP_CONF_DIR=/opt/hadoop/conf
$ ./bin/spark-submit \
```

```
--master yarn \
--py-files somelib-1.2.egg,otherlib-4.4.zip,other-file.py \
--deploy-mode client \
--name "Example Program" \
--queue exampleQueue \
--num-executors 40 \
--executor-memory 10g \
my_script.py "options" "to your application" "go here"
```

7.4 コードの依存対象のパッケージング

本書の大部分を通じて、サンプルプログラムはそれ自体で完結しており、Spark以外のライブラリには依存していません。実際には、ユーザープログラムがサードパーティのライブラリに依存していることはもっと多いものです。作成したプログラムがorg.apache.sparkパッケージや、言語そのもののライブラリに含まれていないライブラリをインポートしているなら、Sparkのアプリケーションの実行時にはそれらの依存対象がすべて揃っていなければなりません。

Pythonを使う場合には、サードパーティのライブラリのインストール方法はいくつもあります。PySparkは、ワーカーマシン上にインストール済みのPythonを使うので、依存対象のライブラリ群は、標準的なPythonのパッケージマネージャ（pipやeasy_installなど）を使うか、あるいはPythonがインストールされている場所の下のsite-packages/ディレクトリに手動でインストールして、直接クラスタのマシン群にインストールできます。あるいは、spark-submitの引数の--py-filesを使って個々のライブラリを渡せば、それらはPythonのインタープリタのパス上に追加されます。クラスタにアクセスしてパッケージをインストールすることができないのであれば、ライブラリを手動で追加する方法の方が便利ですが、それらのマシンにすでにインストールされているパッケージとの衝突がありうることは、念頭に置いておいてください。

Sparkそのものの扱いについて

アプリケーションを構築する際には、Sparkそのものを投入する依存対象のリストに含めてはいけません。spark-submitは、プログラムのパス上にSparkがあることを自動的に保証してくれます。

JavaとScalaのユーザーは、spark-submitの--jarsフラグを使って個々のJARファイル群を投入することもできます。この方法は、依存対象のライブラリが1つか2つであり、それらが他のライブラリには依存していない、シンプルな場合にはうまく行きます。しかし、JavaやScalaのプロジェクトでは、複数のライブラリに依存することが普通にあります。アプリケーションをSparkに投入する場合には、そのアプリケーションは完全な推移的依存グラフと共にクラスタへ送信されなければなりません。これには、直接の依存対象のライブラリだけではなく、それらのライブラリの依存対象や、ライブラリの依存対象の依存対象、といったものがすべて含まれていなければなりません。こうしたJARファイル群の追跡と投入を手作業で行うのは、きわめて面倒なことです。実際にはビルドツールを使い、アプリケーションの推移的依存グラフの全体を含む単一の大きなJARファイルを作成するのが一般的です。これはしばしば**uber JAR**あるいは**アセンブリJAR**と呼ばれるもので、JavaやScalaのビルドツールのほとんどが、この種の成果物を生成できます。

JavaとScalaで最も広く使われているビルドツールは、Mavenとsbt（Scala build tool）です。どちらのツールも両方の言語で使うことができますが、MavenはJavaのプロジェクトで使われることが多く、sbtはScalaのプロジェクトでよく使われます。ここでは、両方のツールでのSparkアプリケーションのビルドのサンプルを紹介しましょう。これらのサンプルは、独自のSparkのプロジェクトのテンプレートとして使うことができます。

7.4.1　MavenでビルドするJavaのSparkアプリケーション

複数の依存対象を持ち、uber JARを生成するJavaのプロジェクトのサンプルを見てみましょう。**リスト7-5**は、ビルドの定義を含むMavenの**pom.xml**ファイルです。このサンプルでは、実際のJavaのコードやプロジェクトのディレクトリ構造は示しませんが、Mavenではユーザーのコードはプロジェクトのルートに対する`src/main/java`という相対パスの中にあることが求められます（**pom.xml**ファイルはプロジェクトのルートに置かなければなりません）。

リスト7-5　MavenでビルドするSparkのアプリケーションのためのpom.xmlファイル

```
<project> <modelVersion>4.0.0</modelVersion>
  <!-- プロジェクトに関する情報 -->

  <groupId>com.databricks</groupId>
  <artifactId>example-build</artifactId>
  <name>Simple Project</name>
  <packaging>jar</packaging>
  <version>1.0</version>

  <dependencies>
    <!-- Spark の依存対象 -->
    <dependency>
      <groupId>org.apache.spark</groupId>
      <artifactId>spark-core_2.10</artifactId>
      <version>1.2.0</version>
      <scope>provided</scope>
    </dependency>
    <!-- サードパーティのライブラリ -->
    <dependency>
      <groupId>net.sf.jopt-simple</groupId>
      <artifactId>jopt-simple</artifactId>
      <version>4.3</version>
    </dependency>

    <!-- サードパーティのライブラリ -->
```

```
      <dependency>
        <groupId>joda-time</groupId>
        <artifactId>joda-time</artifactId>
        <version>2.0</version>
      </dependency>
    </dependencies>

    <build>
      <plugins>
        <!-- uber JAR群を生成するMaven shade plug-in -->
        <plugin>
          <groupId>org.apache.maven.plugins</groupId>
          <artifactId>maven-shade-plugin</artifactId>
          <version>2.3</version>
          <executions>
            <execution>
              <phase>package</phase>
              <goals>
                <goal>shade</goal>
              </goals>
            </execution>//}
          </executions>
        </plugin>
      </plugins>
    </build>
  </project>
```

このプロジェクトは、2つの推移的依存対象を宣言しています。1つは`jopt-simple`で、これはオプション指定のパースを行うJavaのライブラリです。もう1つは`joda-time`で、こちらは時刻と日付の変換を行うユーティリティです。`joda-time`はSparkに依存していますが、Sparkは`provided`と指定されており、Sparkそのものはアプリケーションの成果物のパッケージには含まれてないようになっています。すべての依存対象を含むuber JARを生成するため、このビルドには`maven-shade-plugin`が含まれています。これを有効にするために、`package`フェーズが実行される度に、このプラグインの`shade`ゴールが実行されるようにMavenに指定します。このビルド設定を用いれば、`mvn package`を実行すれば、自動的にuber JARが生成されます（**リスト7-6**参照）。

リスト7-6 Mavenでビルドされたsparkアプリケーションのパッケージング

```
$ mvn package
# uber JARとオリジナルのパッケージのJARがターゲットディレクトリに生成される
$ ls target/
example-build-1.0.jar
original-example-build-1.0.jar
```

```
# uber JAR のリストを取れば、依存対象のライブラリのクラスがわかる
$ jar tf target/example-build-1.0.jar
...
joptsimple/HelpFormatter.class
...
org/joda/time/tz/UTCProvider.class
...
# uber JAR は直接 spark-submit に渡すことができる
$ /path/to/spark/bin/spark-submit --master local ... target/example-build-1.0.jar
```

7.4.2 sbtでビルドするScalaのSparkアプリケーション

sbtは、ほとんどの場合Scalaのプロジェクトで使われている、新しいビルドツールです。sbtは、Mavenに似たプロジェクトのレイアウトを前提としています。プロジェクトのルートには、build.sbtというビルドファイルを作成し、ソースコードはsrc/main/scalaに置くことになります。sbtのビルドファイルは設定用の言語で書きます。この言語では、プロジェクトのビルドを定義するために、特定のキーに値を割り当てていきます。例えばプロジェクト名を含むnameというキーがあり、プロジェクトの依存対象のリストを含むlibraryDependenciesというキーがあるとしましょう。**リスト7-7**は、Sparkと、その他いくつかのサードパーティのライブラリに依存する、シンプルなアプリケーションのためのsbtの完全なビルドファイルです。このビルドファイルは、sbt 0.13で使うことができます。sbtは頻繁に進化しているので、ビルドファイルのフォーマット変更については、最新のドキュメントを読むことをお勧めします。

リスト7-7　sbt 0.1.3でビルドしたSparkアプリケーションのためのbuild.sbtファイル

```
import AssemblyKeys._

name := "Simple Project"

version := "1.0"

organization := "com.databricks"

scalaVersion := "2.10.3"

libraryDependencies ++= Seq(
    // Spark への依存関係
    "org.apache.spark" % "spark-core_2.10" % "1.2.0" % "provided",
    // サードパーティのライブラリ
    "net.sf.jopt-simple" % "jopt-simple" % "4.3",
    "joda-time" % "joda-time" % "2.0"
)

// assembly plug-in の機能のインクルード
assemblySettings
```

```
// assembly plug-inと共に使われるJARの設定
jarName in assembly := "my-project-assembly.jar"

// SparkにはScalaがバンドル済みなので、assembly JARからScalaを
// 除外するための設定
assemblyOption in assembly :=
  (assemblyOption in assembly).value.copy(includeScala = false)
```

このビルドファイルの1行目では、プロジェクトのアセンブリJARの作成をサポートするsbtのビルドプラグインから、いくつかの機能をインポートしています。このプラグインを有効にするためには、このプラグインへの依存対象のリストの小さなファイルを、project/ディレクトリからインクルードしておく必要もあります。project/assembly.sbtというファイルを作成して、addSbtPlugin("com.eed3si9n" % "sbt-assembly" % "0.11.2")という内容を追加してください。新しいバージョンのsbtを使っているのであれば、sbt-assemblyの正確なバージョンは異なっているかもしれません。**リスト7-8**は、sbt 0.13で動作します。

リスト7-8 sbtプロジェクトのビルドへのアセンブリプラグインの追加

```
# project/assembly.sbtの内容を表示する
$ cat project/assembly.sbt
addSbtPlugin("com.eed3si9n" % "sbt-assembly" % "0.11.2")
```

以上でビルドの定義がしっかりできたので、完全にまとまったSparkのアプリケーションのJARを作成できます（**リスト7-9**参照）。

リスト7-9 sbtでビルドされたSparkのアプリケーションのパッケージング

```
$ sbt assembly
# アセンブリJARはターゲットディレクトリに生成される
$ ls target/scala-2.10/
my-project-assembly.jar
# アセンブリJARのリストを取れば、依存対象のライブラリのクラスがわかる
$ jar tf target/scala-2.10/my-project-assembly.jar
...
joptsimple/HelpFormatter.class
...
org/joda/time/tz/UTCProvider.class
...
# アセンブリJARは、spark-submitに直接渡すことができる
$ /path/to/spark/bin/spark-submit --master local ...
  target/scala-2.10/my-project-assembly.jar
```

7.4.3 依存性の衝突

時折困った問題になるのは、ユーザーのアプリケーションとSparkそのものがどちらも同じライブラリに依存している場合に生ずる、依存性の衝突への対処です。この問題が生ずるのは比較的珍しいことですが、生じた場合にはユーザーにとってやっかいなことになります。通常の場合、この問題はSparkのジョブの実行の際のクラスのロードに関連して、`NoSuchMethodError`や`ClassNotFoundException`、あるいはその他のJVMの例外が生ずるといった形で表面化します。この問題への対処方法は2つあります。1つ目は、ユーザーがアプリケーションを修正して、依存対象のサードパーティのライブラリのバージョンを、Sparkと合わせることです。2つ目の方法は、しばしば「シェーディング」と呼ばれる手順を使って、アプリケーションのパッケージングを修正することです。ビルドツールのMavenは、**リスト7-5**のようなプラグインの高度な設定によってシェーディングをサポートしています（実際には、このプラグインが`maven-shade-plugin`という名前になっているのは、このシェーディングの機能があるためです）。シェーディングを行うことで、別の名前空間の中に衝突を起こしたパッケージの第2のコピーを置き、アプリケーションのコードを書き換え、名前空間を変更した方のバージョンを使うようにすることができます。これは多少力任せの方法ではありますが、実行時の依存対象の衝突を解決するには有効です。依存対象のシェーディングの具体的なやり方については、ビルドツールのドキュメンテーションを参照してください。

7.5 Sparkアプリケーション内および Sparkアプリケーション間でのスケジューリング

これまで見てきたサンプルは、一人のユーザーがジョブをクラスタに投入するものでした。実際には、多くのクラスタは複数のユーザーによって共有されることになります。共有環境では、スケジューリングが課題になります。例えば、2人のユーザーが、どちらもクラスタ全体に相当するリソースを使用したいSparkのアプリケーションを起動したらどうなるでしょうか？ スケジューリングのポリシーがあれば、リソースを圧迫することなく負荷の優先順位付けを行えるようになります。

Sparkは、マルチテナントのクラスタのスケジューリングをする上で、基本的にはアプリケーション間でのリソース共有の管理をクラスタマネージャに任せます。Sparkのアプリケーションがクラスタマネージャに対してエクゼキュータを要求すると、クラスタの容量や競合状況に応じて、受け取るエクゼキュータは増減するかもしれません。多くのクラスタマネージャは、異なる優先度のキューや容量の上限を定義できるようになっており、Sparkはそういったキューにジョブを投入することができます。詳細については、使用するクラスタマネージャのドキュメンテーションを参照してください。

Sparkアプリケーションの特殊なケースの1つは、**長期間動作型**（**long-lived**）であるケースです。これは、それらのアプリケーションが終了することを意図してはいません。長期間動作型のSparkアプリケーションの例は、Spark SQLにバンドルされているJDBCサーバーです。このJDBCサーバーは、起動されるとエクゼキュータ群をクラスタマネージャから取得し、ユーザーが投入したSQLクエリ用の恒久的なゲートウェイとして振る舞います。このアプリケーションは、複数のユーザーのための処理のスケジューリングを単独で行うので、共有ポリシーを強制するためのきめの細かい仕組みを必要とします。Sparkは、設定可能なアプリケーション内のスケジューリングポリシーによって、そういった仕組みを提供します。Sparkの内部的な**フェアスケジューラ**を使うことで、長期間動作型アプリケーションは優先順位に基づくタスクのスケジューリングのためのキューを定義できます。こういった仕組みの詳細な解説は、本書の範囲を超えています。それについては、フェアスケジューラについての公式ドキュメンテーション(http://spark.apache.org/docs/latest/job-scheduling.html)が良い参考資料になります。

7.6 クラスタマネージャ

Sparkは、多くの**クラスタマネージャ**上で動作して、クラスタ内のマシン群にアクセスすることができます。Sparkだけを一群のマシンで動作させたいのであれば、組み込みのStandaloneモードがもっともデプロイしやすいでしょう。しかし、他の分散アプリケーションとクラスタを共有したい場合(例えばSparkのジョブとHadoopのMapReduceのジョブ)は、広く利用されている2つのクラスタマネージャ、すなわちHadoop YARNやApache Mesos上でSparkを動作させることもできます。最後に、Amazon EC2にデプロイしたい場合のために、SparkにはStandaloneクラスタとサポートサービスを起動するための組み込みスクリプトが付属しています。本セクションでは、Sparkをこれらの環境で動作させる方法を取り上げます。

7.6.1 Standaloneクラスタマネージャ

SparkのStandaloneマネージャは、クラスタ上でアプリケーションを実行するためのシンプルな方法を提供します。Standaloneクラスタマネージャは、1つの**マスター**と複数の**ワーカー**で構成され、それぞれに対してメモリの量とCPUコアが設定されます。アプリケーションを投入する際には、エクゼキュータが使用するメモリの量と、全エクゼキュータが使用するコアの総数を選択できます。

Standaloneクラスタマネージャの起動

Standaloneクラスタマネージャを起動するには、マスターとワーカー群を手動で起動することも、Sparkの`sbin`ディレクトリにある起動スクリプト群を使うこともできます。最もシンプルな選択肢は起動スクリプト群を使うことですが、この場合はマシン間でSSHでのアクセスができなければならず、現時点(Spark 1.4)でこの方法が使えるのはMac OS XとLinuxのみです[†]。ここではまず起動スクリプト群を取り上げ、その後に他のプラットフォームでクラスタを手動立ち上げする方法を紹介していきましょう。

クラスタの起動スクリプト群を使用するには、次のステップを踏みます。

---

† 訳注:https://spark.apache.org/docs/latest/spark-standalone.htmlに記載されている通り、Windowsでクラスタを立ち上げたい場合には、マスターおよびワーカー群を手動で起動しなければなりません。

1. すべてのマシンに対して、コンパイル済みのバージョンのSparkを、例えば/home/yourname/sparkというような場所にコピーします。

2. マスターのマシンから他のマシンへ、パスワードなしのSSHアクセスができるようにセットアップします。それにはすべてのマシンに同じユーザーアカウントがあることと、マスター上でssh-keygenを使ってSSHの秘密鍵を生成し、その鍵をすべてのワーカーの.ssh/authorized_keysファイルに追加することが必要です。このセットアップがまだできていないなら、次のコマンドが利用できます。

```
# マスターでの作業：デフォルトのオプションでssh-keygenを実行
$ ssh-keygen -t dsa
Enter file in which to save the key (/home/you/.ssh/id_dsa): [ENTER] Enter passphrase (empty
for no passphrase): [EMPTY]
Enter same passphrase again: [EMPTY]

# ワーカーでの作業 :
# マスターからワーカーへ~/.ssh/id_dsa.pubをコピーした後、次の処理を行う。
$ cat ~/.ssh/id_dsa.pub >> ~/.ssh/authorized_keys
$ chmod 644 ~/.ssh/authorized_keys
```

3. マスター上のconf/slavesファイルを編集し、ワーカー群のホスト名を記入します

4. sbin/start-all.shをマスター上で実行し、クラスタを起動します（ワーカー上ではなく、マスター上で実行することが重要です）。すべてが起動したなら、パスワードを求められることもなく、http://masternode:8080でクラスタマネージャのWeb UIにアクセスでき、すべてのワーカーが表示されているはずです。

5. クラスタを停止させるには、マスターノードでsbin/stop-all.shを実行します。

使用しているのがUNIX系のシステムではない場合、あるいはクラスタを手動で起動したい場合には、Sparkのbin/ディレクトリにあるspark-classスクリプトを使って、マスターとワーカー群を手動で立ち上げることもできます。マスターでは、次のように入力してください。

```
bin/spark-class org.apache.spark.deploy.master.Master
```

続いてワーカー群では、次のように入力してください。

```
bin/spark-class org.apache.spark.deploy.worker.Worker spark://masternode:7077
```

（masternodeのところにはマスターのホスト名を入力してください）Windowsでは、/の代わりに¥または\（バックスラッシュ）を使ってください。

デフォルトでは、クラスタマネージャは各ノードに対して自動的にCPUとメモリを割り当て、Sparkを利用するための適切なデフォルトを選択します。Standaloneクラスタマネージャの設

定の詳細は、Sparkの公式ドキュメンテーション（http://spark.apache.org/docs/latest/spark-standalone.html）を参照してください。

アプリケーションの投入

Standaloneクラスタマネージャにアプリケーションを投入するには、spark-submitのマスターを指定する引数としてspark://masternode:7077を渡します。例をご覧ください。

```
spark-submit --master spark://masternode:7077 yourapp
```

このクラスタのURLは、http://masternode:8080でアクセスできるStandaloneクラスタマネージャのWeb UIにも表示されます。**投入の際に指定するホスト名とポートは、このUIに表示されるURLと完全に一致していなければなりません**。これは例えば、ホスト名の代わりにIPアドレスを使おうとするユーザーにとって、落とし穴になることがあります。仮にそのIPアドレスが同じホストのものであっても、名前が完全に一致していなければ投入は失敗します。管理者によっては、Sparkの使うポートをデフォルトの7077以外に設定していることもあります。ホストとポートの構成が正しくなっていることを保証するための安全策の1つは、マスターノードのUIから直接URLをそのままコピーして使うことです。

同様に、--masterパラメータを渡すことで、spark-shellやpysparkをクラスタに対して起動することもできます。

```
spark-shell --master spark://masternode:7077
pyspark --master spark://masternode:7077
```

アプリケーションやシェルが動作していることを確認するには、http://masternode:8080にあるクラスタマネージャのWeb UIを見て、(1) アプリケーションが接続してきていること（例えば、そのアプリケーションがRunning Applicationsの下に表示されている）と、(2) リスト中のそのアプリケーションにコアやメモリが割り当てられていることを確認してください。

アプリケーションが動作しない場合のよくある落とし穴としては、クラスタで利用できる以上のメモリをエクゼキュータ用に要求している（spark-submitの--executor-memoryフラグ）ことがあります。この場合、Standaloneクラスタマネージャはそのアプリケーションにエクゼキュータを割り当てません。アプリケーションが要求する値は、必ずクラスタが満たせる値にしてください。

最後に、Standaloneクラスタマネージャは、アプリケーションのドライバプログラムに対して、2つの**デプロイモード**をサポートしています。クライアントモード（デフォルト）では、ドライバはspark-submitを実行したマシン上で、spark-submitのコマンドの一部として動作します。これはすなわち、ドライバプログラムの出力を直接見たり、ドライバプログラムに直接入力を送ったりできる（例えばインタラクティブシェルで）からですが、この場合は、アプリケーションを動作させている間、アプリケーションを投入したマシンからワーカーへの高速な接続が利用できる状態になっている必要があります。これに対してクラスタモードでは、ドライバはStandaloneクラスタ内で、いずれかのワーカーノード上のプロセスとして起動され、リクエストのエクゼキュータに対して接続します。このモードでは、spark-submitは**fire-and-forget**で動作するので、アプリケーションが動作している間、自分のノートPCを閉じてしまっていてもかまいません。それでも、クラスタマネージャのWeb UIを使えばアプリケーションのログにアクセスすることもできます。クラスタモードへ切り替えるには、spark-submitに--deploy-mode clusterを渡します。

使用リソースの設定

Sparkのクラスタで複数のアプリケーションを共有する場合、エクゼキュータ間でのリソースの割り当て方を決める必要があります。Standaloneクラスタマネージャには基本的なスケジューリングポリシーが用意されており、それぞれのアプリケーションが利用するリソースの上限を設定して、複数のアプリケーションを並行して実行させることができます。Apache Mesosはアプリケーションの動作中のもっと動的な共有をサポートしており、一方でYARNにはキューの概念があり、多くのアプリケーション群のリソースの利用上限を設定できます。

Standaloneクラスタマネージャでは、リソースの割り当ては2つの設定で制御されます。

エクゼキュータのメモリ

これは、spark-submitの--executor-memoryで設定できます。それぞれのアプリケーションが各ワーカー上で持つエクゼキュータは1つまでなので、この設定によってそのワーカーにアプリケーションが要求するメモリの量が制御されます。デフォルトでは、この設定は1GBです。多くのサーバーでは、この値を増やした方が良いでしょう。

合計のコア数の最大値

これは、アプリケーションが全エクゼキュータで使用する合計のコア数です。デフォルトでは、制限はありません。すなわち、アプリケーションはクラスタ内の利用可能なすべてのノードでエクゼキュータを起動します。複数ユーザーが処理を行う場合には、ユーザーに対して使用するコア数の上限を設定してもらうべきです。この場合は、spark-submitの引数の--total-executor-coresか、あるいはSparkの設定ファイル中のspark.cores.maxで設定できます。

設定を確認したい場合は、StandaloneクラスタマネージャのWeb UIにhttp://masternode:8080でアクセスすれば、いつでもその時点のリソースの割り当てを見ることができます。

最後に、Standaloneクラスタマネージャは、デフォルトで最大数のエクゼキュータに対して各アプリケーションを配布します。例えば、4コアのマシンで構成された20ノードのクラスタがあり、アプリケーションをexeutor-memory 1Gおよび--total-executor-cores 8という設定で投入したとしましょう。Sparkは、8つのエクゼキュータをそれぞれに1GBのRAMを割り当てて、別々のマシン上で起動します。Sparkがデフォルトでこうした動作をするのは、同じマシン群で動作する分散ファイルシステム（例えばHDFS）のデータローカリティをアプリケーションが活かせるようにするためです。これは通常、こうしたシステムではデータをすべてのノードにまたがって分散させているためです。もしそうしたければ、conf/spark-defaults.conf の spark.deploy.spreadOut を false に設定すれば、Spark に対してエクゼキュータをできる限り集約させることもできます。この場合、先ほどのアプリケーションが取得するエクゼキュータは2つだけになり、それぞれに1GBのRAMと4つのコアが割り当てられます。この設定は、**Standalone クラスタ上のすべてのアプリケーションに影響する**ものであり、Standalone クラスタマネージャを起動する前に設定しておかなければなりません。

高可用性

Standalone クラスタを実運用の設定で動作させている場合、仮にクラスタ内のノードのどれかが落ちてしまったとしても、アプリケーションを受け入れられるようにしておきたいものです。Standalone モードは、ワーカーノードの障害を問題にならないようサポートします。クラスタのマスターの可用性も高めたい場合には、Apache ZooKeeper（分散協調システム）を使って複数のスタンバイマスターを用意しておけば、Spark は障害があった場合の新しいマスターへの切り替えをサポートします。ZooKeeper を使った Standalone クラスタの設定は本書の範囲を超えていますが、Spark の公式ドキュメンテーションに記載されています（https://spark.apache.org/docs/latest/spark-standalone.html#high-availability）。

7.6.2 Hadoop YARN

YARN は、Hadoop 2.0 で導入されたクラスタマネージャであり、共有リソースプール上でさまざまなデータ処理のフレームワークを動作させることができます。通常、YARN は Hadoop のファイルシステム（HDFS）と同じノード群にインストールされます。こうした環境下では、YARN 上で Spark を動作させることによって、データが保存されているノード上で、Spark が高速に HDFS のデータにアクセスできるという利点があります。

YARN で Spark を使うのは簡単です。Hadoop の設定ディレクトリを指す環境変数を設定し、spark-submit で特別なマスターの URL にジョブを投入するだけです。

最初のステップは、Hadoop の設定ディレクトリの場所を確認し、その場所を環境変数の HADOOP_CONF_DIR に設定することです。このディレクトリは、yarn-site.xml やその他の設定ファイルがある場所です。通常このディレクトリは、Hadoop をインストールした場所を HADOOP_HOME とすれば、HADOOP_HOME/conf になるか、もしくは /etc/hadoop/conf のようなシステムパスになります。この設定ができたら、アプリケーションを次のように投入します。

```
export HADOOP_CONF_DIR="..."
spark-submit --master yarn yourapp
```

Standalone クラスタマネージャと同様に、クラスタにアプリケーションを接続するモードとして、クライアントモードとクラスタモードがあります。クライアントモードでは、アプリケーションのドライバプログラムはアプリケーションを投入したマシン（例えばユーザーのノート PC）上で動作し、クラスタモードでは、ドライバもYARNのコンテナ内で動作することになります。モードの設定は、spark-submitの引数の--deploy-modeで行います。

Sparkのインタラクティブシェルとpysparkは、どちらもYARN上で動作させることもできます。HADOOP_CONF_DIRを設定し、--master yarnをこれらのアプリケーションに渡すだけです。これらはユーザーからの入力を受け付けなければならないので、クライアントモードでのみ動作することに注意してください。

使用リソースの設定

YARN上で動作させる場合、Sparkのアプリケーションは決められた数のエクゼキュータを使います。この数は、spark-submitやspark-shellなどの--num-executorsフラグで設定できます。デフォルトの値は2にすぎないので、増やしておきましょう。各エクゼキュータが使用するメモリは--executor-memoryで、YARNに要求するコア数は--executor-coresで設定することができます。ハードウェアリソースが同じであれば、通常Sparkは、少数の大きなエクゼキュータ（複数のコアと大量のメモリが割り当てられたエクゼキュータ）の下の方がうまく動作します。これは、Sparkが各エクゼキュータ間の通信を最適化できることによります。ただし注意が必要なのは、クラスタ側の設定によってはエクゼキュータの最大サイズに制約があり（デフォルトでは8GBです）、大きなエクゼキュータを起動できないかもしれないことです。

YARNのクラスタは、リソースの管理のために、アプリケーションを複数のキューに入れてスケジューリングするように設定されていることがあります。キュー名を選択するには、--queueオプションを使ってください。

最後に、YARNに関する設定オプションの詳しい情報は、Sparkの公式ドキュメンテーション（http://spark.apache.org/docs/latest/submitting-applications.html）を参照してください†。

7.6.3 Apache Mesos

Apache Mesosは、汎用のクラスタマネージャであり、分析的なワークロードも、長期間に渡って動作するサービス（例えばWebアプリケーションやキー／値ストア）もクラスタ上で走らせることができます。SparkをMesos上で使うには、spark-submitにmesos://というURIを渡します。

```
spark-submit --master mesos://masternode:5050 yourapp
```

Mesosのクラスタは、マルチマスターモードで動作させる際に、ZooKeeperを使ってマスターを選択させるように設定することもできます。この場合は、ZooKeeperのノード群のリストを指す、mesos://zk://というURIを使います。例えば3つのZooKeeperのノード（node1、node2、node3）があり、その上でZooKeeperがポート2181を使って動作しているなら、次のURIを使う

† 訳注：YARN上でSparkを使う場合、動的リソースアロケーションという機能が利用でき、負荷に応じてエクゼキュータ数を変更させることができます。詳しくはhttp://www.slideshare.net/ozax86/spark-on-yarn-with-dynamic-resource-allocationを参照してください。

ことになります。

```
mesos://zk://node1:2181/mesos,node2:2181/mesos,node3:2181/mesos
```

Mesosのスケジューリングのモード

他のクラスタマネージャとは異なり、同一クラスタ上でのエクゼキュータ間のリソース共有に関して、Mesosは2つのモードを提供しています。デフォルトの**fine-graned**モードでは、エクゼキュータはタスクを実行しながらMesosに要求するCPU数を増減させるので、複数のエクゼキュータを実行しているマシンは、エクゼキュータ間のCPUリソースを動的に共有できます。**coarse-grained**モードでは、Sparkは各エクゼキュータが使用するCPU数をあらかじめ決めておき、仮にエクゼキュータがタスクを実行していなくても、アプリケーションが終了するまでCPUを決して解放しません。coarse-grainedモードを有効にするには、`spark-submit`に`--conf spark.mesos.coarse=true`を渡します。

Mesosのfine-grainedモードは、複数のユーザーがクラスタを共有し、シェルのようなインタラクティブなワークロードを実行する場合に魅力があります。これは、処理を行っていない場合はアプリケーションがコア数を減らすので、他のユーザーのプログラムがクラスタを利用できるようになるのです。ただし欠点として、fine-grainedモードでタスクをスケジューリングする場合、レイテンシが大きくなり（そのため、Spark Streamingのようにきわめてレイテンシの小さいアプリケーションに悪影響が出るかもしれません）、ユーザーが新しいコマンドを入力したときに、CPUのコアが空き、再度立ち上がってくるまでに多少の待ち時間がアプリケーションに必要になるかもしれません。ただし、1つのMesosのクラスタ中で、スケジューリングモードを併用できることは覚えておいてください（例えば、Sparkアプリケーションのいくつかで`spark.mesos.coarse`を`true`に設定し、他では設定しないといったことができます）。

クライアントモードとクラスタモード

バージョン1.2から、Mesos上のSparkがサポートするアプリケーションの動作モードは**クライアントデプロイモード**だけになりました。すなわち、ドライバはアプリケーションを投入したマシン上で動作します。ドライバもMesosのクラスタ上で動作させたいなら、Aurora（http://aurora.apache.org）やChronos（https://github.com/mesos/chronos）といったフレームワークを使えば、投入する任意のスクリプトをMesos上で動作させ、モニタリングすることができます。こうしたフレームワークは、アプリケーションのドライバを起動する際に利用できます。

使用リソースの設定

Mesosでの使用リソースの制御は、`spark-submit`の2つのパラメータで行えます。`--executor-memory`は各エクゼキュータが使用するメモリを、`--total-executor-cores`は、アプリケーションが要求するCPUコアの最大数（すべてのエクゼキュータの合計）を設定します。デフォルトでは、Sparkは各エクゼキュータに対してできるだけ多くのコアを割り当て、要求された数のコアを割り当てられる範囲でできるだけエクゼキュータの数を少なくし、アプリケーションを集約します。--total-executor-coresを設定しなかった場合、Sparkはクラスタ内で利用できるコアをすべて使おうとします。

7.6.4　Amazon EC2

Sparkには、Amazon EC2でクラスタを起動するためのスクリプトが組み込まれています。このスクリプトは、ノード群を起動し、Standaloneクラスタマネージャをそれらにインストールするので、クラスタが立ち上がれば、先ほどのセクションのStandaloneモードでの説明に従って利用できます。加えて、このEC2のスクリプトはHDFSやTachyon、クラスタをモニタリングするGangliaといったサポート用のサービスもセットアップしてくれます。

Spark EC2スクリプトはspark-EC2という名前で、Sparkをインストールした場所のec2フォルダにあります。このスクリプトを利用するには、バージョン2.6以降のPythonが必要です。Sparkを事前にコンパイルする必要はなく、Sparkをダウンロードすれば EC2スクリプトを実行できます。

EC2スクリプトは、**名前を付けた複数のクラスタ**を管理できます。それらのクラスタは、EC2のセキュリティグループによって識別できます。EC2スクリプトは、それぞれのクラスタに対し、マスターノード用のclustername-masterというセキュリティグループと、ワーカー用のclustername-slavesというセキュリティグループを生成します。

クラスタの起動

クラスタを起動するには、まずAmazon Web Services（AWS）のアカウントを作成し、アクセスキーIDとシークレットアクセスキーを取得しなければなりません。そして、これらを環境変数としてエクスポートしてください。

```
export AWS_ACCESS_KEY_ID="..."
export AWS_SECRET_ACCESS_KEY="..."
```

さらに、クラスタのマシン群にSSHでアクセスできるようにするため、EC2のSSH鍵ペアを生成し、秘密鍵のファイルをダウンロードします（通常はkeypair.pemという名前になります）。

次に、鍵ペアの名前、秘密鍵のファイル、クラスタ名を渡してspark-ec2スクリプトを起動します。デフォルトでは、これでマスターとスレーブを1台ずつ持つクラスタが、EC2のm1.xlargeインスタンスを使って起動されます。

```
cd /path/to/spark/ec2
./spark-ec2 -k mykeypair -i mykeypair.pem launch mycluster
```

spark-ec2のオプション指定で、インスタンスの種類、スレーブ数、EC2のリージョン、あるいはその他の要素を指定することもできます。次の例をご覧ください。

```
# m3.xlargeで5台のスレーブを持つクラスタの起動
./spark-ec2 -k mykeypair -i mykeypair.pem -s 5 -t m3.xlarge launch mycluster
```

spark-ec2 --helpを実行すれば、全オプションのリストを見ることができます。特に頻繁に使われるオプションを、**表7-3**に示します。

表7-3 spark-ec2の一般的なオプション

オプション	意味
-k KEYPAIR	使用する鍵ペアの名前
-i IDENTITY_FILE	秘密鍵のファイル名（.pemで終わる）
-s NUM_SLAVES	スレーブノード数
-t INSTANCE_TYPE	使用するインスタンスの種類
-r REGION	使用するAWSのリージョン（例えばus-west-1）
-z ZONE	アベイラビリティゾーン（例えばus-west-1b）
--spot-price=PRICE	指定したスポット価格でスポットインスタンスを使用する（単位はドル）

スクリプトを実行すると、マシン群を起動し、それらのマシンにログインし、Sparkをセットアップするのに、通常は5分ほどかかります。

クラスタへのログイン

鍵ペアの.pemファイルを使ってマスターノードにSSHで接続すれば、クラスタにログインできます。spark-ec2にはloginコマンドが用意されており、この手順を簡単に実行できます。

```
./spark-ec2 -k mykeypair -i mykeypair.pem login mycluster
```

あるいは、次のコマンドを実行すれば、マスターのホスト名がわかります。

```
./spark-ec2 get-master mycluster
```

ssh -i keypair.pem root@masternodeとすれば、SSHを使って自分で接続できます。

うまくログインできれば、/root/sparkにインストールされたSparkを使ってプログラムを実行できます。これはStandaloneクラスタとして構成されており、マスターのURLはspark://masternode:7077になっています。spark-submitでアプリケーションを起動すれば、そのアプリケーションは自動的にこのクラスタに投入されるように正しく設定されているはずです。クラスタのWeb UIは、http://masternode:8080で見ることができます。

注意しなければならないのは、spark-submitでジョブを投入できるのは、クラスタ内で起動されたプログラムだけである点です。これはファイアウォールのルールのためで、セキュリティ上の理由から、外部のホストからのジョブの投入はできないようになっています。パッケージ化されたアプリケーションをクラスタ上で実行するには、まずそのプログラムをSCPを使ってコピーします。

```
scp -i mykeypair.pem app.jar root@masternode:~
```

クラスタの廃棄

spark-ec2で起動したクラスタを廃棄するには、次のコマンドを実行します。

```
./spark-ec2 destroy mycluster
```

これで、クラスタに関わるすべてのインスタンス（すなわち、mycluster-masterおよびmycluster-slavesという2つのセキュリティグループ内のすべてのインスタンス）が廃棄されます。

クラスタの一時停止と再開

クラスタを完全に廃棄することに加えて、spark-ec2ではクラスタを動作させているAmazonのインスタンス群を停止させ、後ほど再び動作させることもできます。インスタンスを停止すると、それらのインスタンスはシャットダウンさせられ、エフェメラルディスク上のデータはすべて失われます。spark-ec2のHDFSは、エフェメラルディスクに置かれるように設定されます（「次頁 クラスタ上のストレージ」参照）。とはいえ、インスタンスを停止させた場合でも、ルートディレクトリ（ユーザーがアップロードしたファイルはすべてここに置かれます）はそのまま残っているので、作業はすぐに再開できます。

クラスタを停止させるには、次のコマンドを使います。

```
./spark-ec2 stop mycluster
```

そしてその後、動作を再開させるには次のコマンドを使います。

```
./spark-ec2 -k mykeypair -i mykeypair.pem start mycluster
```

Spark EC2スクリプトはクラスタのサイズ変更のコマンドを提供していませんが、セキュリティグループのmycluster-slavesのマシンを増減させれば、クラスタのサイズを変更できます。マシンを追加する場合は、まずクラスタを停止させ、AWSの管理コンソールでスレーブノードの1つを右クリックし、Launch more like thisを選択します。これで、新しいインスタンスが生成され、同じセキュリティグループ内に追加されます。そして、spark-ec2 startを使ってクラスタを起動してください。マシンの除外は、AWSのコンソールからそのマシンを終了させるだけです（ただし、これはそのマシンにインストールされたHDFS上のデータを破棄することになるので、注意してください）。

クラスタ上のストレージ

Spark EC2 クラスタは、一時領域として利用できる Hadoop のファイルシステムが 2 種類使えるように設定されます。これは、Amazon S3 よりも高速にアクセスできるメディアにデータを保存するのに便利なことがあります。2 種類のファイルシステムはエフェメラル HDFS と、永続化 HDFS です。

- エフェメラル HDFS は、ノード群のエフェメラルドライブを使用します。AWS のインスタンスタイプの多くには、かなりの大きさの領域がエフェメラルドライブ上にアタッチされています。この領域は、インスタンスを停止させると失われてしまいます。エフェメラル HDFS はこの領域を使うので、かなりの量の一時領域を提供してくれますが、エフェメラル HDFS のデータは EC2 クラスタを停止して再起動させると失われてしまいます。エフェメラル HDFS は、各ノードの `/root/ephemeral-hdfs` にインストールされ、その中のファイルへアクセスしたり、ファイルのリストを取るには、`bin/hdfs` コマンドが利用できます。エフェメラル HDFS の Web UI や HDFS URL は、http://masternode:50070 で見ることができます。

- 永続化 HDFS は、各ノードのルートボリュームにインストールされます。永続化 HDFS は、クラスタが再起動されてもデータを永続化したまま保持していますが、概してエフェメラル HDFS に比べると、容量が少なく、アクセス速度が低くなります。これは、複数回ダウンロードしたくはない、中規模のデータセットに適しています。永続化 HDFS は `/root/persistent-hdfs` にインストールされ、Web UI と HDFS URL は http://masternode:60070 で見ることができます。

これらとは別に、Amazon S3 のデータにアクセスすることが多くなるかもしれません。Spark では、`s3n://` という URI スキーマを使って S3 にアクセスできます。詳細については、「5.3.2 Amazon S3」を参照してください。

7.7 使用するクラスタマネージャの選択

Spark がサポートしているクラスタマネージャ群は、アプリケーションのデプロイに関してさまざまなオプションを提供しています。新しくデプロイを始めるときにクラスタマネージャを選択するのであれば、次のガイドラインをお勧めします。

- 新しくデプロイを行うのであれば、まずは Standalone クラスタから始めましょう。Standalone モードは、セットアップが最も容易であり、Spark だけを実行するのであれば、他のクラスタマネージャ群とほぼ同じ機能を提供しています。

- Spark を他のアプリケーションと共に動作させたい場合や、より機能豊富なリソーススケジューリング機能（例えばキュー）を使うなら、YARN と Mesos はどちらもそういった機能を提供しています。もちろん、YARNは多くのHadoopディストリビューションでプレインストールされているはずです。

- Mesosが YARN や Standalone モードよりも優れている点の1つは、fine-grained共有オプションがあることです。このオプションを使うと、Sparkシェルのようなインタラクティブなアプリケーションは、コマンドの実行の間に、CPUの割り当てをスケールダウンさせることができます。そのため、複数のユーザーがインタラクティブシェルを実行するような環境では、Mesosは魅力的でしょう。
- どういった場合であっても、SparkはHDFSと同じノード群の上で動作させ、ストレージへのアクセスを高速にするのがベストです。MesosあるいはStandaloneクラスタマネージャは、HDFSと同じノード群に手作業でインストールすることもできます。あるいは、ほとんどのHadoopのディストリビューションは、すでにYARNとHDFSを併せてインストールするようになっています。

最後に、クラスタの管理は動きが速い領域であることを念頭に置いておいてください。本書が出版されるときには、現在のクラスタマネージャ群の下で、Sparkがさらなる機能を使えるようになっているかもしれず、あるいは新しいクラスタマネージャが登場しているかもしれないのです。本章で説明したアプリケーションの投入方法が変わることはありませんが、最新のオプションを確認したい場合は、使用するSparkのリリースの公式ドキュメンテーション（http://spark.apache.org/docs/latest/）を調べてみてください。

7.8 まとめ

本章では、Sparkのアプリケーションのランタイムアーキテクチャを説明しました。Sparkのアプリケーションのランタイムアーキテクチャは、ドライバのプロセスと、分散配置されたエクゼキュータ群のプロセスからなります。そして、Sparkのアプリケーションのビルド、パッケージ、投入の方法を学びました。最後に、Sparkの一般的なデプロイ環境の概要を取り上げました。これには、Sparkに組み込まれているクラスタマネージャ、YARNあるいはMesosでのSparkの実行、Amazon EC2でのSparkの実行が含まれます。次の章では、Sparkの実運用のアプリケーションのチューニングとデバッグに焦点を当てながら、より高度な運用上の問題を掘り下げていきます。

8章
Sparkのチューニングとデバッグ

本章では、Sparkのアプリケーションの設定と、実運用のSparkのワークロードのチューニングとデバッグの概要を説明します。Sparkは、多くの場合デフォルト設定のままでうまく動作するように設計されています。とはいえ、設定を変更したくなる場合もあります。本章では、Sparkの設定の仕組みの概要を説明し、調整することがありそうないくつかのオプションに焦点を当てます。設定は、アプリケーションのパフォーマンスチューニングにとっても重要です。本章の2つ目のパートでは、Sparkのアプリケーションのパフォーマンスを理解するために必要な基礎と共に、関連する設定と、高パフォーマンスのアプリケーションを書くためのデザインパターンも取り上げます。また、Sparkのユーザーインターフェイス、インスツルメンテーション、ロギングの仕組みといった情報も取り上げます。これらはすべて、パフォーマンスチューニングや問題に対するトラブルシューティングの際に役立ちます。

8.1 SparkConfによるSparkの設定

Sparkを設定するとは、多くの場合、単にSparkのアプリケーションのランタイムの設定を変更するだけの作業です。Sparkにおける主要な設定の仕組みは、`SparkConf`というクラスです。`SparkConf`のインスタンスは、新しいSparkContextを生成するときに必要になります。**リスト8-1**から**リスト8-3**をご覧ください。

リスト8-1　SparkConfを使ったPythonでのアプリケーションの生成

```
# confの構築
conf = SparkConf()
conf.setAppName("My Spark App")
conf.set("spark.master", "local[4]")
conf.set("spark.ui.port", "36000") # デフォルトのポートをオーバーライド

# この設定を使ってSparkContextを生成
sc = SparkContext(conf=conf)
```

リスト8-2 SparkConfを使ったScalaでのアプリケーションの生成

```
// confの構築
val conf = new SparkConf()
conf.set("spark.app.name", "My Spark App")
conf.set("spark.master", "local[4]")
conf.set("spark.ui.port", "36000") // デフォルトのポートをオーバーライド

// この設定を使ってSparkContextを生成
val sc = new SparkContext(conf)
```

リスト8-3 SparkConfを使ったJavaでのアプリケーションの生成

```
// confの構築
SparkConf conf = new SparkConf();
conf.set("spark.app.name", "My Spark App");
conf.set("spark.master", "local[4]");
conf.set("spark.ui.port", "36000"); // デフォルトのポートをオーバーライド

// この設定を使ってSparkContextを生成
JavaSparkContext sc = new JavaSparkContext(conf);
```

SparkConfクラスは、とてもシンプルです。SparkConfのインスタンスには、ユーザーがオーバーライドしたい設定オプションが、キー／値ペアとして含まれています。Sparkの各設定オプションは、文字列のキーと値に基づきます。SparkConfオブジェクトを使うには、インスタンスを生成し、set()を呼んで設定値を追加し、そしてこのインスタンスをSparkContextのコンストラクタに渡します。SparkConfクラスには、少数ながらset()以外にも一般的なパラメータを設定するためのユーティリティメソッドが用意されています。先ほどの3つの例では、spark.app.nameおよびspark.masterは、それぞれsetAppName()とsetMaster()を呼んでも設定できます。

これらの例では、アプリケーションのコードからプログラムによってSparkConfの値が設定されています。多くの場合、指定したアプリケーションに対して動的に設定を渡すことができると便利です。Sparkでは、spark-submitを通じて動的に設定を行うことができます。アプリケーションがspark-submitで起動されると、spark-submitは設定値をその環境に注入します。注入された設定時は、自動的に検出され、新しいSparkConfの構築時に設定されます。従って、spark-submitを使っているなら、ユーザーのアプリケーションは、単に空のSparkConfを構築して、それを直接SparkContextのコンストラクタに渡すだけで良いのです。

spark-submitには、特に広く使われるSparkの設定パラメータのためのフラグ群と、任意のSparkの設定値を受けつける汎用の--confフラグがあります。**リスト8-4**では、これらのフラグを紹介しています。

リスト8-4　フラグを使った実行時の設定値の指定

```
$ bin/spark-submit \
 --class com.example.MyApp \
 --master local[4] \
 --name "My Spark App" \
 --conf spark.ui.port=36000 \
 myApp.jar
```

spark-submitは、ファイルからの設定値のロードもサポートしています。この方法は、例えばデフォルトの--masterの指定のような、複数のユーザーが共有するかもしれないような環境設定を行うのに役立ちます。デフォルトでは、spark-submitはconf/spark-defaults.confというファイルをSparkのディレクトリの中で探し、空白で区切られたキー／値ペアをこのファイルから読み取ろうとします。このファイルの場所は、spark-submitの--properties-fileフラグでカスタマイズすることもできます。**リスト8-5**をご覧ください。

リスト8-5　デフォルトのファイルを使った実行時の設定値の指定

```
$ bin/spark-submit \
  --class com.example.MyApp \
  --properties-file my-config.conf \
  myApp.jar

## my-config.confの内容 ##
spark.master     local[4]
spark.app.name   "My Spark App"
spark.ui.port    36000
```

アプリケーションに関連づけられたSparkConfは、いったんSparkContextのコンストラクタに渡された後は、変更できません。すなわち、設定に関するすべての決定は、SparkContextのインスタンスが生成される前に行わなければなりません。

場合によっては、同じ設定プロパティが複数の場所で設定されることもあります。例えば、ユーザーがSparkConfオブジェクトで直接setAppName()を呼ぶとともに、spark-submitに--nameフラグも渡しているような場合がそうです。こういった場合、Sparkは特定の優先順位に従います。最も優先順位が高いのは、ユーザーのコード中でSparkConfオブジェクトのset()関数を呼んで明示的に宣言された設定です。それに次ぐのがspark-submitに渡されたフラグで、その次がプロパティファイル内の値、そして最後がデフォルト値です。アプリケーションに対して、どこでどの設定がなされているかを知りたい場合には、本章で後ほど議論するアプリケーションのWeb UIを使えば、有効になっている設定のリストを見ることができます。

表8-1は、一般的な設定のリストです。ここで示す追加の設定オプションも、見ておきましょう。設定オプションの完全なリストは、Sparkのドキュメンテーション（http://spark.apache.

org/docs/latest/configuration.html）を参照してください。

表8-1　Sparkの一般的な設定値

オプション	デフォルト値	説明
spark.executor.memory (--executor-memory)	512m	1つのエクゼキュータのプロセスが使用するメモリ。指定の形式は、JVMのメモリ指定の文字列と同じ（例えば512m、2gといった形式）。このオプションの詳細については、「8.4.4 ハードウェアのプロビジョニング」を参照。
spark.executor.cores (--executor-cores) spark.cores.max (--total-executor-cores)	1 （なし）	アプリケーションが使用するコア数を指定する設定値。YARNモードでは、spark.executor.coresで指定した数のコアが、各エクゼキュータに割り当てられる。StandaloneモードとMesosモードでは、spark.cores.maxによって全エクゼキュータに対するコアの総数の上限を指定できる。詳細については、「8.4.4 ハードウェアのプロビジョニング」を参照。
spark.speculation	false	この設定をtrueにすると、タスクの投機的実行が有効になる。すなわち、実行速度が低いタスクについては、他のノード上で第2のコピーが起動される。この設定を有効にすることで、大規模なクラスタで異常に時間がかかっているタスクを切り捨てやすくなる。
spark.storage.blockManager TimeoutIntervalMs	45000	エクゼキュータが生きているかどうかを追跡するために使用される、内部的なタイムアウト。長時間にわたるガベージコレクションによる中断が生ずるジョブの場合、この値を100秒（設定値は100000）以上にすることで、スラッシングを回避できることがある。Sparkの将来のバージョンでは、この設定は全般的なタイムアウトの設定で置き換えられるかもしれないので、最新のドキュメンテーションを確認すること。
spark.executor.extraJavaOptions spark.executor.extraClassPath spark.executor.extraLibraryPath	（なし）	これら3つのオプションを使うことで、エクゼキュータのJVMの起動時の振る舞いをカスタマイズできる。これら3つのフラグは、追加のJavaのオプション、クラスパスのエントリ、あるいはJVMのライブラリパスのエントリを追加する。これらのパラメータは、文字列として指定する（例えばspark.executor.extraJavaOptions="-XX:+PrintGCDetails-XX:+PrintGCTimeStamps"）。これらのオプションを使うことで、エクゼキュータのクラスパスをユーザーが追加できるが、依存対象を追加する方法としては、spark-submitの--jarsフラグの使用が推奨されていることに注意（このオプションは推奨されていない）。

表8-1 Sparkの一般的な設定値（続き）

オプション	デフォルト値	説明
spark.serializer	org.apache.spark.serializer.JavaSerializer	ネットワーク越しに送信されたり、シリアライズされた後にキャッシュされる必要があるオブジェクトのシリアライズ処理に使われるクラス。デフォルトのJava Serializationはシリアライズ可能な任意のJavaのクラスに対して使えるものの、非常に低速なため、org.apache.spark.serializer.KryoSerializerの使用が望ましい。速度が求められる場合には、Kryoによるシリアライゼーションを設定する。org.apache.spark.serializerの任意のサブクラスが使用できる。
spark.[X].port	（ランダム）	Sparkのアプリケーションの実行に使用されるポート番号を整数で設定する。これは、ネットワークアクセスがセキュアになっているクラスタで役立つ。Xの部分に使える値は、driver、fileserver、broadcast、replClassServer、blockManager、executor、uiのいずれか。
spark.eventLog.enabled	false	この値をtrueに設定するとイベントのロギングが有効になり、完了したSparkのジョブをヒストリサーバーを使って見ることができるようになる。Sparkのヒストリサーバーの詳しい情報については、公式ドキュメンテーションを参照。
spark.eventLog.dir	file:///tmp/spark-events	イベントのロギングに使用されるストレージの場所。イベントのロギングが有効になっている場合、この場所はHDFSのように、グローバルに見える場所でなければならない。

Sparkの設定は、ほぼすべてがSparkConfの構築を通じて行われますが、重要なオプションに1つ例外があります。Sparkがデータのシャッフルの際に使用するローカルストレージのディレクトリを設定する（StandaloneモードとMesosモードで必要になります）には、SPARK_LOCAL_DIRSという環境変数を、カンマ区切りのストレージの場所のリストとしてconf/spark-env.sh中でエクスポートしなければなりません。SPARK_LOCAL_DIRSについては、「8.4.4 ハードウェアのプロビジョニング」で詳しく説明します。この設定が他のSparkの設定とは異なる方法で指定されるようになっているのは、その値が物理ホストによって異なる値になるかもしれないためです。

8.2 実行の構成要素：ジョブ、タスク、ステージ

Sparkのチューニングとデバッグの最初のステップは、Sparkというシステムの内部の設計を深く理解することです。これまでの章では、RDDとそのパーティションの論理的な表現を見てきました。Sparkは、この論理的な表現を実行する際に、複数の操作をタスクへとマージすることによって物理的な実行計画に変換します。Sparkの実行のすべての側面を理解することは本書の範疇を超えますが、必要となるステップ群を、関連する用語と併せて認識しておけば、ジョブのチューニングやデバッグの役に立ちます。

Sparkの実行のフェーズを示すために、サンプルのアプリケーションを一通り見ていき、ユーザーのコードが低レベルの実行プランに落ちていく様子を見ていきましょう。ここで取り上げるアプリケーションは、Sparkシェルでのシンプルなログの解析処理の一部です。入力データとしては、重要度の異なるログメッセージが含まれるテキストファイルを使います。このファイルには、所々に空白行があります（**リスト8-6**）。

リスト8-6 サンプルのソースファイルであるinput.txt

```
## input.txt ##
INFO This is a message with content
INFO This is some other content
(empty line)
INFO Here are more messages
WARN This is a warning
(empty line)
ERROR Something bad happened
WARN More details on the bad thing
INFO back to normal messages
```

このファイルをSparkシェルで開き、重要度のレベルごとのログメッセージ数を計算しましょう。まず、この問いへの回答を支援するRDDをいくつか生成します。**リスト8-7**をご覧ください。

リスト8-7 ScalaのSparkシェルでのテキストデータの処理

```
// 入力ファイルの読み取り
scala> val input = sc.textFile("input.txt")
// 単語への切り分けと空行の除去
scala> val tokenized = input.
     | filter(line => line.size > 0).
     | map(line => line.split(" "))
// 各行の最初の単語（ログのレベル）を取り出してカウント処理
scala> val counts = tokenized.
     | map(words => (words(0), 1)).
     | reduceByKey{ (a, b) => a + b }
```

このコマンドのシーケンスで`counts`というRDDが生成されます。このRDDには、重要度の各レベルごとのログのエントリ数が含まれることになります。これらの行をシェルで実行した時点では、プログラムはアクションを実行していません。行われているのは、RDDオブジェクトで構成される有行非循環グラフ（DAG）を暗黙のうちに定義することだけです。このDAGは、後ほどアクションが行われたときに使われることになります。各RDDは、1つ以上の親へのポインタと共に、その親との関係性に関するメタデータを管理します。例えば、aというRDD上で`val b = a.map()`とした場合、RDD bは、親であるaへの参照を保持します。これらのポインタがあるので、RDDからすべての親へたどっていくことができるのです。

RDDの系統グラフを表示させる方法として、Sparkには`toDebugString()`メソッドが用意されています。**リスト 8-8** では、先ほどの例で生成した RDD の一部を見ています。

リスト8-8　ScalaでtoDebugString()を使ってRDDを可視化する

```
scala> input.toDebugString
res4: String =
(2) MapPartitionsRDD[1] at textFile at :21 []
 |  input.txt HadoopRDD[0] at textFile at :21 []

scala> counts.toDebugString
res5: String =
(2) ShuffledRDD[5] at reduceByKey at :27 []
 +-(2) MapPartitionsRDD[4] at map at :26 []
    | MapPartitionsRDD[3] at filter at :25 []
    | MapPartitionsRDD[2] at map at :24 []
    | MapPartitionsRDD[1] at textFile at :21 []
    | input.txt HadoopRDD[0] at textFile at :21 []
```

最初に表示されている RDD は、input です。この RDD は、sc.textFile() を呼んで生成しました。この系統からは、sc.textFile() の動作を知る手がかりが得られます。すなわちここからは、textFile() 関数が生成したのがどの RDD なのかがわかるのです。textFile() は HadoopRDD を生成しており、それに対して map を実行することで、返される RDD を生成しています。counts の系統グラフはさらに入り組んでいます。この RDD には複数の祖先がいますが、これは input RDD に対し、map やフィルタリング、reduce といった処理が行われていることによります。ここで表示されている counts の系統グラフは、**図 8-1** の左側にも図示されています。

アクションを実行するまでは、これらの RDD に保存されているのは、後の計算に役立つメタデータのみです。演算を開始させるために、counts RDD で collect() アクションを呼び、結果をドライバに返させてみましょう。**リスト 8-9** をご覧ください。

リスト8-9　RDDでのcollectの実行

```
scala> counts.collect()
res86: Array[(String, Int)] = Array((ERROR,1), (INFO,4), (WARN,2), (##,1), ((empty,2))
```

Spark のスケジューラは、指定したアクションを実行するのに必要な RDD の計算を行うための、物理的な実行計画を生成します。ここでは、RDD に対して collect() を呼んだときに、この RDD のすべてのパーティションを実体化し、ドライバのプログラムに転送しなければなりません。Spark のスケジューラは、計算すべき最後の RDD（ここでは counts）を起点として、計算しなければならないものをさかのぼって見つけていきます。counts の親の RDD、そして親の親へと再帰的に進んで行き、すべての祖先の RDD を計算するのに必要な物理計画を構成していきます。最もシンプルなケースでは、スケジューラはグラフ中の各 RDD に対して 1 つずつ演算**ステージ**を出力し、それらのステージ中には、その RDD の各パーティションのための**タスク群**が含まれることになります。それらのステージ群は逆順に実行されていき、最終的には要求されているRDDが計算されることになります。

もっと複雑なケースでは、物理的なステージ群は、RDDのグラフと厳密に1:1にはなりません。1:1にならないのは、スケジューラが**パイプライン化**、すなわち複数のRDDを1つのステージに固めてしまう場合です。パイプライン化は、RDDの計算が親からデータを移動させることなく行える場合に生じます。**リスト8-8**の系統グラフの出力では、インデントのレベルによって、RDDが物理的なステージでパイプライン化されることが示されています。親と同じレベルでインデントされているRDDは、物理的な実行の際にパイプライン化されます。例えば`counts`の計算の例では、親のRDDはたくさんあるにも関わらず、表示されているインデントのレベルは2つだけです。これが示しているのは、物理的な実行に必要なのはわずか2つのステージだけだということです。この場合にパイプラン化が行われたのは、いくつかのフィルタリングとmapの操作が連続して行われるためです。**図8-1**の右半分は、`counts` RDDを計算するのに必要な2つのステージを示しています。

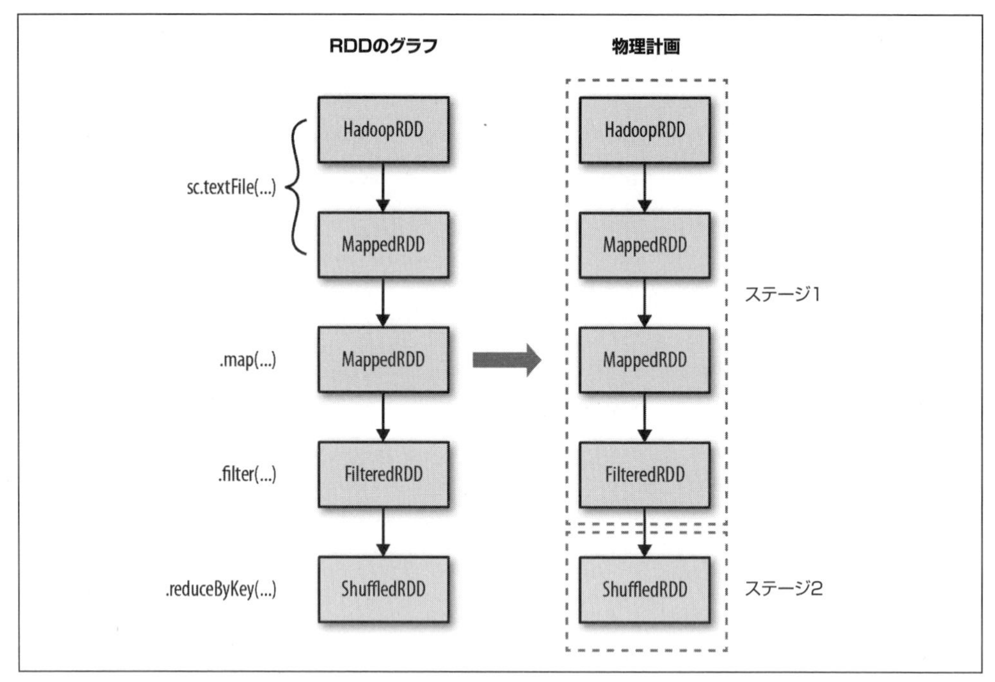

図8-1　物理的なステージ群にパイプライン化されたRDDの変換

アプリケーションのWeb UIにアクセスしてみれば、`collect()`アクションを実行するために、2つのステージが生じていることがわかります。このサンプルを自分のマシン上で動作させているなら、SparkのUIはhttp://localhost:4040でアクセスできます。このUIについては、本章で後ほど詳しく議論しますが、ここではこのUIを使って、このプログラムの実行中に、どういったステージが実行されるのかをすばやく見てみることができます。

パイプライン化に加えて、RDDの系統グラフ中の既存のRDDがすでにクラスタのメモリやディスク上に永続化されているなら、Saprkの内部スケジューラはRDDの系統グラフを切り詰めることがあります。この場合、Sparkは近道を通り、永続化されたRDDを起点として演算を開始します。この切り詰めが行われる第2のケースは、RDDが明示的に永続化されていなくても、すでにそれ以前のシャッフルの副作用として実体化されている場合です。これは、Saprkのシャッフルの出力がディスクに書き込まれることと、RDDグラフの一部が何度も再計算されることを活かした、舞台裏で行われる最適化です。

物理的な実行におけるキャッシングの効果を見るために、`counts` RDDをキャッシュして、それ以降のアクションでの実行グラフが切り詰められる様子を見てみましょう（**リスト8-10**）。UIにアクセスし直してみれば、キャッシングによって、それ以降の演算に必要なステージ数が減っていることがわかるはずです。`collect()`をさらに何回か呼んでみれば、このアクションを行うために実行されるステージが1つだけになっていることがわかります。

リスト8-10　キャッシュ済みのRDDの演算

```
// RDDをキャッシュする
scala> counts.cache()
// 直後の実行では、やはり2つのステージが必要
scala> counts.collect()
res87: Array[(String, Int)] = Array((ERROR,1), (INFO,4), (WARN,2), (##,1), ((empty,2))
// この実行で必要なステージは1つだけになっている
scala> counts.collect()
res88: Array[(String, Int)] = Array((ERROR,1), (INFO,4), (WARN,2), (##,1), ((empty,2))
```

あるアクションのために生成された一連のステージは、**ジョブ**と呼ばれます。`count()`のようなアクションを呼ぶたびに、1つ以上のステージからなるジョブが生成されることになります。

ステージのグラフが定義されれば、タスクが生成され、Spark内部のスケジューラに対してディスパッチされます。このスケジューラは、使用されているデプロイのモードによって異なります。物理計画中のステージ群は、RDDの系統グラフに基づいて依存関係を持つことがあるので、特定の順序に従って実行されていくことになります。例えば、シャッフルされたデータを出力するステージは、そのデータが存在することを前提とするステージよりも先に実行されます。

物理的なステージは、同じことをそれぞれデータの特定のパーティションに対して行うタスク群を起動します。それぞれのタスクは、内部的には同じステップを踏みます。

1. データストレージ（RDDが入力RDDだった場合）や既存のRDD（そのステージがキャッシュ済みのデータに基づく場合）、あるいはシャッフルの出力から入力をフェッチします。

2. そのステージが表現するRDD（群）を計算するために必要な操作を行います。例えば、

filter()あるいはmap()関数を入力データに対して行ったり、グループ化やreduceを行ったりします。

3. シャッフルや外部ストレージへ、出力データを書き出します。あるいはRDDがcount()のようなアクションの最終のRDDだった場合は、ドライバへ出力データを戻します。

Spark内のロギングとインスツルメンテーションのほとんどは、ステージ、タスク、シャッフルで表現されます。ユーザーのコードが物理的な実行の断片にどう落ちていくのかを理解するのは難しいことですが、アプリケーションのチューニングやデバッグには大いに役立ちます。

まとめれば、Sparkの実行においては、次のフェーズが生じます。

ユーザーのコードによるRDDからなるDAG(有行非循環グラフ)の定義
: RDDに対する操作は、そのRDDを参照する新たなRDDを生成するので、グラフが生成されることになります。

アクションによる、DAGから実行計画への変換の強制
: RDDに対してアクションを呼ぶと、そのRDDを計算しなければならなくなります。そのためには、そのRDDの親のRDDも計算しなければなりません。Sparkのスケジューラは、必要なすべてのRDDを計算するための**ジョブ**を投入します。このジョブは1つ以上の**ステージ**を持ちます。ステージは、**タスク**からなる並列な演算処理の波です。それぞれのステージは、DAG中の1つ以上のRDDに対応します。1つのステージは、**パイプライン化**によって複数のRDDに対応することがあります。

タスクのスケジューリングと、クラスタ上での実行
: ステージ群は順序に従って処理されていきます。その過程で、個々のタスクがRDDのセグメントを計算するために起動されます。ジョブの最後のステージが終了すれば、アクションは完了したことになります。

Sparkのアプリケーションによっては、こうしたステップ群からなるシーケンス全体は、新しいRDDが生成される度に、連続的に何度も実行されることがあります。

8.3 情報の探し方

Sparkは、アプリケーションを実行している間、処理の進行状況とパフォーマンスのメトリクスを詳細に記録します。ユーザーは、これらの情報を2つの場所で見ることができます。1つはSparkのWeb UIで、もう1つはドライバやエクゼキュータが生成するログファイルです。

8.3.1 Spark Web UI

Sparkのアプリケーションの振る舞いとパフォーマンスについて学ぶための最初の場所は、

Sparkの組み込みWeb UIです。デフォルトでは、ドライバを実行したマシンのポート4040でこのUIにアクセスできます。1つの落とし穴としては、YARNクラスタモードでアプリケーションのドライバがクラスタ内で動作している場合、このUIにはYARNのリソースマネージャを経由してアクセスしなければなりません。YARNのリソースマネージャは、プロキシとしてリクエストを直接ドライバに送ってくれます。

このSparkのUIにはいくつかのページがあり、そのフォーマットの細部は、Sparkのバージョンによって異なっているかもしれません。Spark1.4では、このUIは5つのセクションから構成されています。これらのセクションについては、この後見ていきましょう。

Jobs：ステージやタスクなどの進行状況とメトリクス

図8-2のJobsページには、アクティブなSparkのジョブと、直近に完了したSparkのジョブに関する詳細な実行情報が含まれています。このページにある情報の中で、とても役立つものの1つは、実行中のジョブ、ステージ、タスクの進行状況です。このページでは、それぞれのステージに関するいくつかのメトリクスが提供されており、それを見れば物理的な実行の様子を理解しやすくなります。

Jobsページは Spark 1.2 で追加されたものなので、それ以前のバージョンのSparkを使っている場合、このページは表示されません。

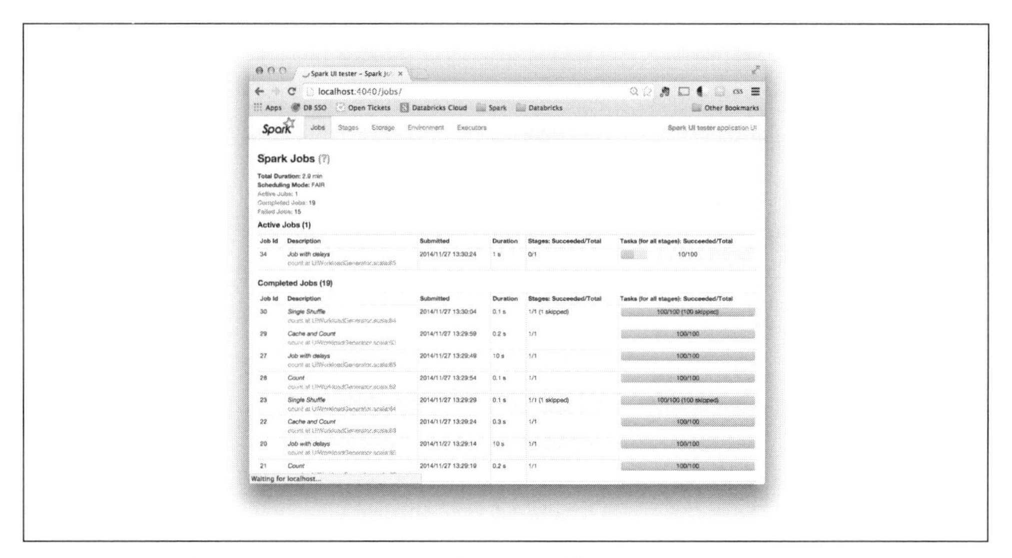

図8-2 SparkのアプリケーションのUIのJobsインデックスページ†

† 訳注：Spark 1.4からは、Jobsタブ中でイベントタイムラインがグラフィカルに表示できるようになりました。詳しくは**付録A**を参照してください。

このページの一般的な利用方法に、ジョブのパフォーマンスの調査があります。最初のステップとしては、ジョブを構成するステージ群を見ていき、その中に特に遅いものや、同じジョブの複数回の実行の中で、レスポンスタイムが大きく変動しているものがないかを見ておきましょう。特に重たいステージがあるなら、それをクリックしていけば、そのステージに関連しているのがユーザーのどのコードなのかを確認できます。

図8-3のように調べたいステージが絞り込めれば、パフォーマンスの問題を切り分けやすくなります。Sparkのようなデータ並列システムでは、**スキュー**がパフォーマンス問題の原因になっていることがよくあります。スキューが生じるのは、少数のタスクが他のタスクに比べてきわめて多くの時間を消費してしまっている場合です。Stageページで全タスクに対するメトリクスの分散の様子を見てみれば、スキューを特定しやすくなります。最初は、タスクの実行時間を見てみましょう。いくつかのタスクに、他のタスクよりもはるかに時間がかかっていることはありませんか？ もしそうなら、さらに詳しく調べて、なぜそのタスクが遅くなっているのかを調べます。少数のタスクが、他のタスクに比べて大量のデータを読み書きしていませんか？ 特定のノード上で動作しているタスクが非常に遅かったりはしませんでしょうか？ これらの情報は、ジョブのデバッグに役立つ最初のステップです。

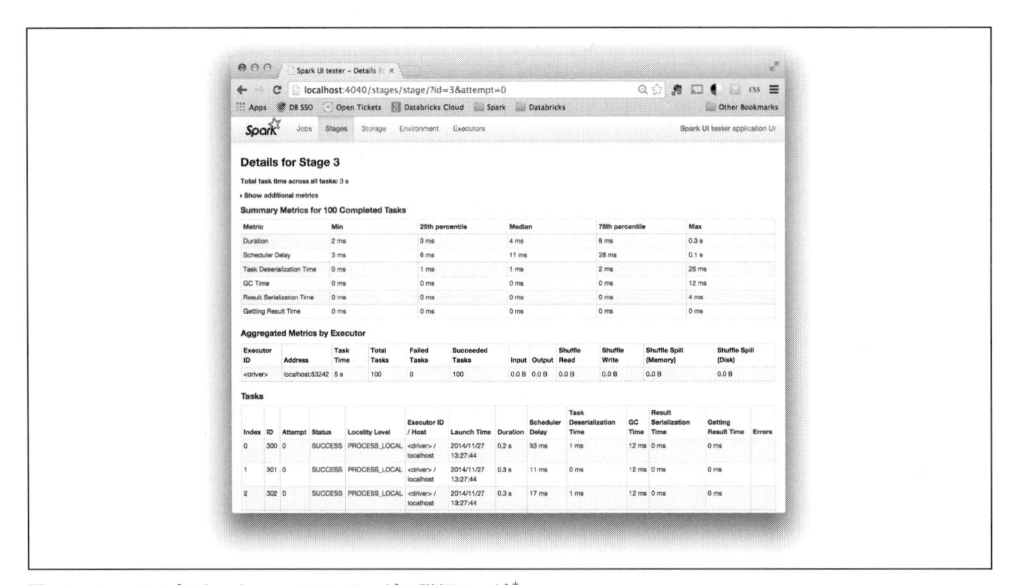

図8-3 SparkアプリケーションのUIステージの詳細ページ†

タスクのスキューを調べることに加えて、タスクがライフサイクル中のそれぞれのフェーズ、すなわちreading、computing、writingの各フェーズで消費している時間を確認すると役に立ちます。仮に、タスクがデータの読み書きに使っている時間がきわめてわずかであるにも関わらず、全

† 訳注：Spark 1.4からは、Stagesタブ中でDAGがグラフィカルに表示できるようになりました。詳しくは**付録A**を参照してください。

体としては長い時間実行されているなら、ユーザーのコードそのものが重いからかもしれません(ユーザーのコードの最適化については、「6.4 パーティション単位での処理」参照)。タスクによっては、ほぼすべての時間を外部のストレージシステムからのデータの読み取りに消費するものもあります。その場合は、ボトルネックが入力の読み取りにある以上、Sparkをことさらに最適化してもメリットはそれほどありません。

Storage：永続化されたRDDの情報

Storageのページには、永続化されたRDDに関する情報が含まれます。RDDが永続化されるのは、persist()**が呼ばれた後に、何らかのジョブでそのRDDが計算された場合**です。場合によっては、多くのRDDがキャッシュされた場合、古いRDDは新しいRDDに領域を開けるために、メモリから待避させられることがあります。このページを見れば、各RDDのどの部分がキャッシュされており、数多くのストレージメディア（ディスクやメモリなど）にどれだけのデータがキャッシュされているかが正確にわかります。このページを眺めて、重要なデータセットがメモリに収まっているかどうかを知っておくと、後あと役に立ちます。

Executors：アプリケーション中のエクゼキュータのリスト

このページには、アプリケーションのアクティブなエクゼキュータのリストが、それぞれの処理やストレージに関するメトリクスとともに表示されます。このページの有効な利用方法の1つは、アプリケーションが期待通りの量のリソースを持っていることの確認です。問題のデバッグの最初の一歩としては、このページを眺めてみるのが良いでしょう。というのも、設定ミスのために期待したほどのエクゼキュータが得られなかった場合、明らかにパフォーマンスに影響するからです。また、このページは、例えばタスクの失敗の比率が非常に大きくなっているといったように、異常な振る舞いをしているエクゼキュータを探すのにも役立ちます。エクゼキュータの失敗率が高いということは、設定にミスがあるか、問題の物理的なホストに障害があることを示しているかもしれません。単純にそのホストをクラスタから取り除くことで、パフォーマンスが改善されるかもしれません。

Executorsページのもう1つの機能に、Thread Dumpボタンを使ってエクゼキュータ群からスタックトレースを収集できるというものがあります（この機能は、Spark1.2から導入されました)。エクゼキュータのスレッドのコールスタックを可視化することによって、ある時点で実行されていたコードを完全に特定できます。この機能を使い、エクゼキュータから短期間に数回サンプルを取れば、ユーザーのコードのホットスポット、すなわち負荷のかかっているセクションを特定できます。この種の簡略なプロファイリングによって、ユーザーのコード中の非効率な部分を検出できることはしばしばあります。

Environment：Sparkの設定のデバッグ

このページには、Sparkのアプリケーションの環境の有効なプロパティ群のリストがあります。ここで表示される設定は、アプリケーションの設定の絶対的な真実を示しています。どの設定フラグが有効化されているかをデバッグしている場合、とりわけ複数の設定の仕組みを使用している場合には、このページが役に立ちます。このページには、アプリケーションに追加したJARやファイルのリストもあります。これらは、依存対象の欠如といった問題を追跡するのに役立ちます。

8.3.2 ドライバおよびエクゼキュータのログ

ドライバプログラムやエクゼキュータが直接生成したログを調べることで、Sparkからより多くの情報が得られる場合があります。ログには、内部的な警告や、ユーザーのコードで生じた例外の詳細など、生じた異常の詳しい証跡が含まれます。このデータは、エラーや予想外の動作のトラブルシューティングに役立つかもしれません。

Sparkのログがどこに置かれるかは、デプロイのモードによります。

- SparkのStandaloneモードでは、アプリケーションのログは直接スタンドアローンマスターのWeb UIに表示されます。このログは、デフォルトでは各ワーカーのSparkが置かれているディレクトリの`work/`ディレクトリに保存されます。
- Mesosでは、ログはMesosのスレーブの`work/`ディレクトリに置かれ、Mesosマスターのuiからアクセスできます。
- YARNモードでは、ログを最も簡単に収集する方法は、YARNのログ収集ツールを使って、アプリケーションのログを含むレポートを生成することです（`yarn logs -applicationId <app ID>`を実行します）。まずYARNがこれらのログをまとめて集約しなければならないので、この方法が使えるのはアプリケーションが完全に終了した後です。YARNで実行中のアプリケーションのログを見るには、NodesページのResourceManagerのUIをクリックしていき、ノード内のコンテナへブラウズしていきます。そうすれば、YARNはそのコンテナ内でSparkが生成した出力に関連するログを表示してくれます。この手順は、Sparkの将来のバージョンでは関連するログへの直接のリンクが提供され、もっと短縮されるはずです。

デフォルトでは、Sparkは大量のログ情報を出力します。ロギングの動作をカスタマイズし、ログレベルを変更したり、ログの出力先を標準の場所以外に切り替えたりすることもできます。Sparkのロギングのサブシステムは、広く使われているJavaのロギングライブラリのlog4jをベースにしており、log4jの設定のフォーマットを使っています。Sparkには、log4jの設定ファイルのサンプルが付属しており、`conf/log4j.properties.template`に置かれています。Sparkのロギングの動作をカスタマイズするには、まずこのサンプルを`log4j.properties`という名前のファイルとしてコピーします。そうすれば、ルートのロギングレベル（ログが出力される境界のレベル）などの動作の変更ができます。デフォルトではこのレベルは`INFO`になっていますが、このレベルを`WARN`あるいは`ERROR`とすれば、ログの出力を減らすことができます。ログのレベルやフォーマットを希望通りに調整できたら、`spark-submit`の`--files`フラグを使って、`log4j.properties`を追加できます。この方法でうまくログのレベルが調整できなかったなら、アプリケーションのJARの中に、別の`log4j.properties`が含まれているものがないかを確認してください。log4jは、クラスパスを走査して最初に見つかったプロパティファイルを使用するので、カスタマイズした内容は、それ以外のプロパティファイルが先に見つかれば、無視されてしまいます。

8.4 パフォーマンスに関する重要な考慮点

ここまでで、Sparkの内部的な動作や、実行中のSparkアプリケーションの処理の進行状況の追跡方法や、メトリクスやログの情報の場所については、かなり知ることができました。このセクションでは一歩進んで、Sparkのアプリケーションで生ずることがある一般的なパフォーマンスの問題を、アプリケーションが可能な限りのパフォーマンスを発揮できるようにするためのチューニング方法に関する知識と併せて議論していきましょう。最初の3つのセクションでは、パフォーマンスを改善するためのコードレベルでの変更を取り上げ、最後のセクションではSparkを実行させるクラスタや環境のチューニングについて議論します。

8.4.1 並列度

論理的に表現すれば、RDDはオブジェクトの1つのコレクションです。物理的な実行という面から見れば、すでに本書で何回も議論してきた通り、RDDはパーティション群に分割され、それぞれのパーティションには全体のデータの一部が格納されています。タスクをスケジューリングして実行する際に、Sparkはデータを保存しているパーティションごとに1つずつタスクを生成しますが、これらのタスクを実行するために、デフォルトではクラスタ内の1つのCPUコアが必要になります。設定を変更していなければ、Sparkはこのレベルの並列度がRDDの処理に適していると推定します。そしてこれは、多くのユースケースでは十分適切な推定です。入力RDDは、通常は下位層のストレージシステムに基づいて並列度を選択します。例えば、HDFSの入力RDDは、下位層のHDFSファイルのブロックごとに1つのパーティションを持ちます。他のRDDをシャッフルして導出されるRDDは、親のRDDのサイズに基づく並列度を持つことになります。

並列度は、2つの面でパフォーマンスに影響します。1つは、並列度が低すぎれば、リソースを遊ばせたままになってしまうかもしれない点です。例えば、アプリケーションに1,000個のコアが割り当てられていたとして、タスクが30しかないステージを実行していたなら、並列度を上げることでもっと多くのコアを活用できることになります。逆に並列度が高くなりすぎれば、各パーティションで生ずるわずかなオーバーヘッドが積み重なり、無視できないほどになるかもしれません。数ミリ秒といったような、ほとんど瞬時に完了してしまうタスクや、データの読み書きを行わないようなタスクがあれば、それはこの問題の兆候です。

Sparkで操作の並列度をチューニングする方法は2つあります。1つめの方法は、データのシャッフル操作の際に、パラメータとして生成されるRDDの並列度を指定する方法です。2つめの方法は、任意の既存のRDDを再分配して、パーティション数を増減させる方法です。

`repartition()`の操作を行うと、RDDをランダムにシャッフルし、指定した数のパーティションに分けることができます。RDDを縮小することが確実なら、`coalesce()`を使うことができます。

こちらはシャッフル操作を避けるので、repartition()よりも効率的です。並列度が高すぎたり低すぎたりしていると考えられる場合、こうした操作によってデータを配分し直すことができます。

例えば、大量のデータをS3から読み取り、その直後にfilter()操作を行って、データセットの内容をほとんどフィルタリングしてしまい、わずかな部分だけを取り出すとしましょう。デフォルトでは、filter()が返すRDDは親と同じサイズを持つので、空のパーティションや、小さなパーティションが大量にできてしまうかもしれません。この場合、もっとパーティション数が少ないRDDになるようにパーティションを合併し直せば、アプリケーションのパフォーマンスを改善できるかもしれません。**リスト8-11**をご覧ください。

リスト8-11 PySparkシェルでの大きなRDDの合併

```
# 数1,000ファイルにマッチするかもしれないワイルドカードの入力
>>> input = sc.textFile("s3n://log-files/2014/*.log")
>>> input.getNumPartitions()
35154
# ほとんどすべてのデータを除外するフィルタ
>>> lines = input.filter(lambda line: line.startswith("2014-10-17"))
>>> lines.getNumPartitions()
35154
# キャッシングの前にlines RDDを合併させる
>>> lines = lines.coalesce(5).cache()
>>> lines.getNumPartitions()
5
# これ以降の分析は、合併済みのRDDに対して行える...
>>> lines.count()
```

8.4.2 シリアライゼーションのフォーマット

データをネットワーク上で転送したり、ディスクに対してデータを書き出す場合、Sparkはオブジェクトをバイナリ形式にシリアライズしなければなりません。大量のデータが転送される可能性があるシャッフルの操作は、このシリアライズの処理に影響されます。デフォルトでは、SparkはJavaに組み込まれているシリアライザを使用します。Sparkでは、サードパーティのシリアライゼーションライブラリであるKryo（https://github.com/EsotericSoftware/kryo）もサポートされています。Kryoは、高速なシリアライズとよりコンパクトなバイナリ表現を提供しており、Javaのシリアライゼーションを改善することができますが、そのままではすべての型のオブジェクトをシリアライズできるわけではありません。とはいえ、多くのアプリケーションでは、シリアライゼーションをKryoに切り替えることでメリットが得られます。

シリアライゼーションにKryoを使うには、spark.serializerをorg.apache.spark.serializer.KryoSerializerに設定します。パフォーマンスを最高にするには、**リスト8-12**のように、シリアライズすることになるクラスをKryoに登録します。クラスを登録することで、Kryoは完全なクラス名を個々のオブジェクトと共に書き出さずに済むようになるので、シリアライズするレコード数が数千あるいは数百万になれば、大きな領域を節約できることになります。この種の登録を強制

したい場合は、spark.Kryo.registrationRequiredをtrueに設定すれば、未登録のクラスを扱う際にKryoが例外を投げるようになります。

リスト8-12 シリアライザとしてKryoを利用し、クラスを登録する

```
val conf = new SparkConf()
conf.set("spark.serializer", "org.apache.spark.serializer.KryoSerializer")
// クラスの登録を必須とする
conf.set("spark.kryo.registrationRequired", "true")
conf.registerKryoClasses(Array(classOf[MyClass], classOf[MyOtherClass]))
```

KryoとJavaのシリアライザのいずれを使っている場合でも、JavaのSerializableインターフェイスが実装されていないクラスがコードから参照されると、NotSerializableExceptionが生ずるかもしれません。その場合、ユーザーのコードから多くのクラスが参照されていて、原因になったクラスを追跡するのが難しいことがあります。多くのJVMでは、こうした状況でのデバッグを支援するためのオプションとして、"-Dsun.io.serialization.extendedDebugInfo=true"がサポートされています。このオプションは、spark-submitに--driver-java-optionsおよび--executor-java-optionsを渡すことで、有効にすることができます。問題のクラスを見つけることができたなら、そのクラスを修正してSerializableを実装するのが、最も簡単な解決方法です。問題のクラスを修正することができないのであれば、そのクラスのサブクラスを作成し、そちらにJavaのExternalizableインターフェイス（https://docs.oracle.com/javase/7/docs/api/java/io/Externalizable.html）を実装したり、Kryoのシリアライズの動作をカスタマイズするといった、さらに高度な回避策を取る必要があります。

8.4.3 メモリ管理

Sparkはさまざまな方法でメモリを使用するので、その方法を理解し、チューニングすることによって、アプリケーションを最適化することができます。各エクゼキュータの中では、メモリは複数の目的で使われています。

RDDのストレージ

RDDでpersist()あるいはcache()が呼ばれると、そのRDDのパーティション群はメモリバッファに保存されます。Sparkは、キャッシュに使用するメモリの量を、JVMのヒープ全体の一定割合に制限します。この割合は、spark.storage.memoryFractionで設定されます。このリミットを超えると、古いパーティション群はメモリから除外されます。

シャッフルと集計のバッファ

シャッフルの処理を行う際に、Sparkはシャッフルの出力データを保存するための中間バッファを生成します。このバッファは、集計の中間結果を保存することに加え、シャッフルの一部として直接出力されることになるデータのバッファリングにも使われます。Sparkは、

シャッフルに関係するバッファで使われるメモリの総量を、spark.shuffle.memoryFraction に従って制限しようとします。

ユーザーコード

Sparkは任意のユーザーコードを実行するため、ユーザーが実装する機能そのものがかなりのメモリを必要とすることもあり得ます。例えば、ユーザーのアプリケーションが大きな配列やその他のオブジェクトを割り当てようとすると、それらは全体のメモリ利用状況の中で競合することになります。ユーザーコードは、RDDのストレージとシャッフルのためのストレージ領域が割り当てられた後のJVMヒープの残りのすべての部分にアクセスできます。

デフォルトでは、Sparkは60%の領域をRDDのストレージに、20%をシャッフルのメモリに、残りの20%をユーザープログラムに割り当てます。場合によっては、ユーザーはこれらのオプションをチューニングして、パフォーマンスを向上さることができます。ユーザーのコードが非常に大きなオブジェクト群を割り当てるのであれば、ストレージやシャッフルの領域を減らして、メモリが不足しないようにするのは理にかなっています。

メモリの領域の調整に加えて、Sparkのデフォルトのキャッシュの動作を特定のワークロードに併せて改善することができます。Sparkのデフォルトのcache()操作は、MEMORY_ONLYのストレージレベルでメモリへの永続化を行います。これはすなわち、新しいRDDのパーティションをキャッシュするための領域が不足した場合、古いパーティション群は単純に削除され、それらが再び必要になった場合には計算し直されることを意味します。場合によっては、MEMORY_AND_DISKストレージレベルでpersist()を呼ぶ方が良い場合もあります。そうすれば、RDDのパーティションはディスクに待避させられるだけで、再び必要になった場合はローカルのストレージからメモリに読み直すだけですむことになります。これは、ブロック群を再計算するよりもはるかに軽く済む処理であり、パフォーマンスが予測しやすくなります。特にこれは、RDDのパーティション群の再計算が非常に重い処理である場合に有効です（例えばデータをデータベースから読み込んでいる場合など）。利用可能なストレージレベルの完全なリストは、**表3-6**を参照してください。

デフォルトのキャッシングポリシーに対する2つめの改善は、Javaのオブジェクトをそのままキャッシュするのではなく、シリアライズされたオブジェクトをキャッシュするようにすることです。それには、ストレージレベルとしてMEMORY_ONLY_SERもしくはMEMORY_AND_DISK_SERを使用します。シリアライズされたオブジェクトをキャッシュすると、オブジェクトをシリアライズする分だけキャッシュの操作が低速になりますが、こうすることで大量のレコードを1つのシリアライズされたバッファに保存することができるので、JVMのガベージコレクションに使われる時間を大きく減らすことができます。これは、ガベージコレクションのコストは、ヒープ内のオブジェクトのバイト数ではなく、そのオブジェクト数に合わせて増大するためで、このキャッシングの方法を取ることで、多くのオブジェクトを1つの大きなバッファにシリアライズできるのです。大量のデータ（例えば数GB）をキャッシュする場合や、ガベージコレクションによる処理の中断が見られるようなら、このオプションを検討してみてください。そういった中断は、アプリケーションのUIの中で、各タスクのGC Timeの列に現れます。

8.4.4 ハードウェアのプロビジョニング

Sparkに与えるハードウェアリソースは、アプリケーションの完了までの時間に大きく影響します。クラスタのサイジングに影響する主なパラメータは、各エクゼキュータに渡すメモリの量、各エクゼキュータのコア数、エクゼキュータの総数、そしてスクラッチデータのためのローカルディスク数です。

デプロイのモードに関わらず、エクゼキュータのメモリはspark.executor.memoryもしくはspark-submitに渡す--executor-memoryフラグで設定します。エクゼキュータのコア数やエクゼキュータ数のオプションは、デプロイのモードによって異なります。YARNでは、spark.executor.coresもしくは--executor-coresフラグを使用し、--num-executorsフラグで総数を決定します。MesosおよびStandaloneモードでは、Sparkはスケジューラが提供する限りのコアやエクゼキュータを使用します。とはいえ、MesosでもStandaloneモードでも、spark.cores.maxを設定して、アプリケーションが使用する全エクゼキュータに対するコアの総数を制限することはできます。ローカルディスク群は、シャッフル操作の際のスクラッチストレージとして使用されます。

大まかにいって、SparkのアプリケーションはメモリやCPUコアが多いほど有利になります。Sparkは、そのアーキテクチャにより、リニアにスケールします。すなわち、リソースを2倍にすれば、しばしばアプリケーションは2倍の速度で動作します。Sparkのアプリケーションのサイジングの際に考慮すべきこととしては、ワークロードの一部として、中間的なデータセットをキャッシュすることが計画されているかどうかを評価する必要もあります。もしキャッシングの予定があるなら、キャッシュされるデータがメモリに収まれば収まるほど、パフォーマンスも向上します。SparkのUIのStorageページを見れば、キャッシュされたデータのうち、どれだけがメモリ内にあるのか、詳細にわかります。1つのアプローチとしては、小さなクラスタでデータの一部をキャッシュすることから始めて、より大量のデータをメモリに納めるのに必要なメモリの総量を外挿するという方法があります。

Sparkは、メモリとコアに加えて、シャッフルの操作の際に必要になる中間データの保存や、ディスクにスピルしたRDDのパーティションのためにローカルディスクボリュームを使います。数多くのローカルディスクを使えば、Sparkのアプリケーションのパフォーマンスを向上させる役に立ちます。YARNモードでは、ローカルディスクの設定は直接YARNから読み込まれます†。YARNは、スクラッチストレージのディレクトリを指定するための独自の仕組みを持っています。Standaloneモードでは、Standaloneクラスタをデプロイする際に環境変数のSPARK_LOCAL_DIRSをspark-env.shで設定すれば、Sparkのアプリケーションは起動時にこの設定を引き継ぎます。Mesosモードを使用している場合、あるいはその他のモードでクラスタのデフォルトのストレージの場所をオーバーライドしたい場合には、spark.local.dirオプションを設定できます。いずれ

† 訳注：LOCAL_DIRS環境変数で、マシンごとに設定することもできます。

の場合も、ローカルディレクトリはカンマ区切りの1つのリストを渡して指定します。一般的には、Sparkが利用できるディスクボリュームごとに1つのローカルディレクトリを指定します。書き込みは、指定されたローカルディレクトリ群の間で公平にストライプされるので、ディスクの数が多ければ、全体のスループットは向上します。

多ければ多いほど良いというガイドラインの落とし穴の1つは、エクゼキュータのためのメモリ指定にあります。ヒープサイズを極端に大きくすれば、ガベージコレクションによってSparkのジョブのスループットが損なわれることがあります。場合によっては、小さなエクゼキュータ（例えば64GB以下）を要求して、この問題を緩和する方が有利なこともあります。MesosやYARNは、同一の物理ホスト上への複数の小さなエクゼキュータの配置を最初からサポートしているので、小さなエクゼキュータを要求したとしても、必ずしもアプリケーションが使用するリソースの全体量が下がることにはなりません。SparkのStandaloneモードでは、1つのアプリケーションが1つのホスト上で複数のエクゼキュータを動作させるためには、複数のワーカーを起動しておかなければなりません（SPARK_WORKER_INSTANCESで指定します）。この制限は、今後のバージョンのSparkでは撤廃されると思われます。小さなエクゼキュータを使うことに加えて、シリアライズされた形式でデータを保存することも（「8.4.3 メモリ管理」参照）、ガベージコレクションの軽減に役立ちます。

8.5 まとめ

本章を読み終えれば、Sparkの実用的なユースケースに取り組む準備が十分に整ったはずです。本章では、Sparkの設定管理、SparkのUIのインスツルメンテーションとメトリクス、実際のワークロードにおける一般的なチューニングのテクニックを取り上げました。Sparkのチューニングをさらに深く追求するには、公式ドキュメンテーションのチューニングガイド（http://spark.apache.org/docs/latest/tuning.html）にアクセスしてみてください。

9章
Spark SQL

本章では、構造化データや半構造化データを扱うためのSparkのインターフェイスである、Spark SQLを紹介します。構造化データとは、**スキーマ**を持っているデータのことです。スキーマとは、各レコードのための既知のフィールドの集合です。この種のデータを持っているなら、Spark SQLを使うことで、ロードもクエリも容易かつ効率的になります。具体的には、Spark SQLが提供する主要な機能は次の3つです。

1. さまざまな構造化ソースからのデータのロード（JSON、Hive、Parquetなど）。
2. SQLを使ったデータのクエリ。クエリは、Sparkのプログラム内からでも、Tableauなどのビジネスインテリジェンスツールなど、外部のツールから標準的なデータベース接続（JDBC/ODBC）を通じてSpark SQLに接続しても実行できる。
3. Sparkのプログラム内から使われる場合、Spark SQLはSQLと標準的なPython/Java/Scalaのコードとの多彩な結合方法を提供する。その中には、RDDとSQLのテーブルとの結合、SQLでのカスタム関数の利用などが含まれる。この組み合わせを利用することで、多くのジョブが書きやすくなる。

これらの機能を実装するために、Spark SQLはSchemaRDDと呼ばれる特別な種類のRDDを提供します[†]。SchemaRDDは`Row`オブジェクトからなるRDDで、それぞれの`Row`オブジェクトがレコードを表現します。SchemaRDDは、その中の表のスキーマ（すなわちデータフィールド群）も知っています。SchemaRDDは通常のRDDのように見えますが、内部的にはスキーマの利点を活かした効率的なやり方でデータを保存しています。加えて、SchemaRDDは通常のRDDにはない操作として、SQLクエリの実行といった操作を提供しています。SchemaRDDは、外部のデータソース、クエリの結果、あるいは通常のRDDから生成できます。

† 訳注：SchemaRDDは、Spark 1.4でDataFrameという名前に変更され、APIも拡張されています。詳しくは、「B.2 DataFrame」を参照してください。

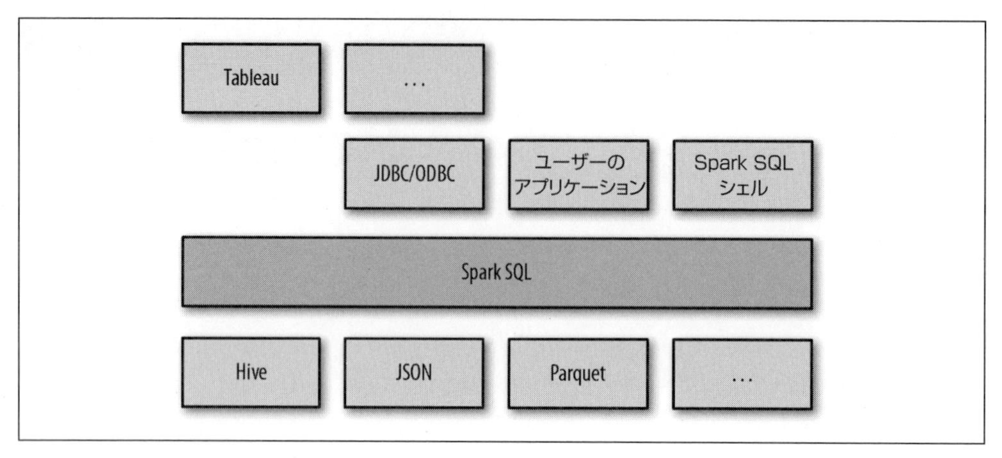

図9-1 Spark SQLの利用

本章では、まずSchemaRDDを通常のSparkのプログラム内から使い、構造化データのロードとクエリを行う方法を紹介します。続いてSpark SQLのJDBCサーバーを紹介します。Spark SQL JDBCサーバーを使うことによって、Spark SQLを共有サーバー上で実行し、SQLシェルやTableauのようなビジュアライゼーションツールから接続できるようになります。最後に、いくつかの高度な機能を取り上げます。Spark SQLはSparkの中でも新しいコンポーネントであり、Spark 1.3や将来のバージョンでは、さらに大きく進化するでしょう。そのため、Spark SQLやSchemaRDDの最新の情報は、最も新しいドキュメンテーションを参照するようにしてください。

本章を進めて行くに当たっては、ツイートを含むJSONファイルを調べるためにSpark SQLを使います。手元にツイートがない場合は、Databricksのリファレンスアプリケーション（http://databricks.gitbooks.io/databricks-spark-reference-applications/content/twitter_classifier/index.html）を使い、多少のツイートをダウンロードしておくか、本書のGitリポジトリのfiles/testweet.jsonを使ってください。

9.1 Spark SQLとのリンク

Sparkの他のライブラリと同様に、Spark SQLをアプリケーションに取り込む場合には、いくつかの依存対象を追加する必要があります。こうなっていることで、Spark Coreは大量の追加パッケージに依存せずにすんでいます。

Spark SQLは、HadoopのSQLエンジンであるApache Hiveと共にビルドすることもできますが、Hiveなしでビルドすることもできます。Spark SQLでHiveをサポートすれば、HiveのテーブルやUDF（ユーザー定義関数）、SerDe（シリアライゼーションおよびデシリアライゼーションフォーマット）、Hiveのクエリ言語（HiveQL）を使うことができます。Hiveのライブラリをインクルードする場合でも、既存のHiveの動作環境が必要になるわけではないので、注意してください。概して、Spark SQLをビルドする際には、Hiveサポートを取り込み、これらの機能を使えるようにしておくと良いでしょう。Spark をビルド済みバイナリでダウンロードしたなら、Hive のサポート機能は組み込まれています。Spark をソースからビルドするなら、sbt/sbt -Phive assembly としなければなりません。

Hive との依存対象の競合があり、除外やシェーディングでも解決できないのであれば、Spark SQL のビルドとリンクを Hive 抜きで行うこともできます。その場合は、個別の Maven の成果物に対してリンクを行うことになります。

Java と Scala では、Hive をサポートする Spark SQL とのリンクは Maven が**リスト 9-1** のように調整してくれます。

リスト9-1 Mavenによる、HiveをサポートするSpark SQLの扱い

```
groupId = org.apache.spark
artifactId = spark-hive_2.10
version = 1.4.0
```

Hive の依存対象を含めない場合は、artifactId を spark-hive_2.10 ではなく spark-sql_2.10 としてください。

他の Spark のライブラリと同様に、Python の場合はビルドに手を加える必要はありません。

Spark SQL でプログラミングを行う場合、Hive のサポートが必要かどうかによって、2 つのエントリポイントを使い分けることになります。一般的には HiveContext をエントリポイントとして使い、HiveQL や、Hive に依存するその他の機能を使えるようにすると良いでしょう。より基本的なエントリポイントの SQLContext は、Spark SQL の中で Hive に依存しない部分だけを提供します。この 2 つが別々に用意されているのは、ユーザーによっては Hive の依存対象をすべてインクルードすると衝突を起こしてしまうかもしれないためです。HiveContext を利用する場合でも、Hive の動作環境は必要ありません。

Spark SQL を使う場合のクエリ言語としては、HiveQL を使うことをお勧めします。HiveQL については、『プログラミング Hive』（オライリー・ジャパン）やオンラインの Hive Language Manual（https://cwiki.apache.org/confluence/display/Hive/LanguageManual）を含め、多くのリソースが書かれています。Spark 1.0 および 1.1 の Spark SQL は Hive 0.12 に基づいていますが、Spark 1.4 は Hive 0.12.0 および 0.13.1 をベースとしています。すでに標準的な SQL を知っているなら、HiveQL はよく似ていると感じることでしょう。

Spark SQL は、Spark のコンポーネントの中でも比較的新しく、速く変化しています。互換性のある Hive のバージョンは将来的に変わるかもしれないので、詳細については最新のドキュメンテーションを参照してください。

最後に、Spark SQL を既存の Hive の動作環境に接続するには、hive-site.xml ファイルを Spark の設定ディレクトリ（$SPARK_HOME/conf）にコピーします。Spark SQL 自体は、Hive の動作環境がなくても動作します。

注意しなければならないのは、既存のHiveの動作環境がない場合、Spark SQLはHiveのメタストア（メタデータのデータベース）をプログラムの作業ディレクトリに、metastore_dbという名前で独自に作成することです。加えて、HiveQLのCREATE TABLE文を使ってテーブルを作成しようとした場合（CREATE EXTERNAL TABLEを使った場合は別です）、作成されるテーブルはデフォルトのファイルシステム（これはローカルのファイルシステムの場合もあれば、クラスパス上にhdfs-site.xmlがあればHDFSの場合もあります）の/user/hive/warehouseディレクトリに作成されます。

9.2 アプリケーション内でのSpark SQLの利用

Spark SQLを使う最も強力な方法は、Sparkのアプリケーション内で使う方法です。そうすることで、データのロードやクエリをSQLで容易に行いながら、同時にそういった機能をPythonやJava、Scalaで書かれた通常のプログラムコードと組み合わせることができます。

Spark SQLをこの方法で使うには、SparkContextを元にして、HiveContext（あるいは縮小版を使いたい場合はSQLContext）を構築します。このHiveContextは、Spark SQLのデータに対するクエリや操作のための追加の関数を提供します。HiveContextを使うことで、構造化データを表現するSchemaRDDを構築したり、それらをSQLや、map()のような通常のRDDの操作で扱うことができます。

9.2.1 Spark SQLの初期化

Spark SQLを使い始めるには、**リスト9-2**の通り、追加でインポートしなければならないものがあります。

リスト9-2 ScalaでのSQLのインポート

```
// Spark SQLのインポート
import org.apache.spark.sql.hive.HiveContext
// あるいはHiveに依存できない場合はこちら
import org.apache.spark.sql.SQLContext
```

Scalaを使っているなら、SparkContextの場合とは違い、implicitsへアクセスするためにHiveContext._をインポートしていないことに注意してください。これらのimplicitsは、必要な型情報を持つRDDをSpark SQLに特化したRDDに変換して、クエリの対象にできるようにするために使われます。この場合は、いったんHiveContextのインスタンスを構築してしまえば、**リスト9-3**のようなコードを追加すれば、必要なimplicitsをインポートできます。JavaとPythonでのインポートの方法は、それぞれ**リスト9-4**と**リスト9-5**を参照してください。

リスト9-3 ScalaでのSQLのimplicits

```
// Spark SQL の HiveContext の生成
val hiveCtx = ...
// Implicit による変換をインポート
import hiveCtx._
```

リスト9-4 JavaでのSQLのインポート

```
// Spark SQL のインポート
import org.apache.spark.sql.hive.HiveContext;
// あるいは hive に依存できない場合
import org.apache.spark.sql.SQLContext;
// JavaSchemaRDD のインポート
import org.apache.spark.sql.SchemaRDD;
import org.apache.spark.sql.Row;
```

リスト9-5 PythonでのSQLのインポート

```
# Spark SQL のインポート
from pyspark.sql import HiveContext, Row
# hive に必要なモジュールを取り込むことができない場合
from pyspark.sql import SQLContext, Row
```

インポートができたなら、HiveContextを生成する必要があります。Hiveの依存対象を取り込むことができない場合は、SQLContextを生成します（**リスト9-6**から**リスト9-8**を参照）。これらのクラスは、どちらも実行に際してSparkContextを引数に取ります。

リスト9-6 ScalaでのSQLContextの構築

```
val sc = new SparkContext(...)
val hiveCtx = new HiveContext(sc)
```

リスト9-7 JavaでのSQLContextの構築

```
JavaSparkContext ctx = new JavaSparkContext(...);
SQLContext sqlCtx = new HiveContext(ctx);
```

リスト9-8 PythonでのSQLContextの構築

```
sc = SparkContext(...)
hiveCtx = HiveContext(sc)
```

これで、HiveContextもしくはSQLContextができたので、データをロードしてクエリを実行する準備が整ったことになります。

9.2.2 基本的なクエリの例

テーブルに対してクエリを実行するには、HiveContext もしくは SQLContext で sql() メソッドを呼びます。最初にしなければならないことは、Spark SQL に対してクエリの対象となるデータを指示してやることです。ここでは、JSON 形式の Twitter のデータをロードし、そのデータを一時テーブルとして登録することで名前を与え、SQL でのクエリの対象にできるようにします（ロードの詳細については、「5章 データのロードとセーブ」で詳しく取り上げます）。そうすれば、retweetCount で上位のツイートを選択できるようになります。**リスト 9-9** から**リスト 9-11** をご覧ください。

リスト9-9 Scalaでのツイートのロードとクエリ

```
val input = hiveCtx.jsonFile(inputFile)
// 入力のスキーマ RDD の登録
input.registerTempTable("tweets")
// retweetCount を元にツイートを選択する
val topTweets = hiveCtx.sql("SELECT text, retweetCount FROM
  tweets ORDER BY retweetCount LIMIT 10")
```

リスト9-10 Javaでのツイートのロードとクエリ

```
SchemaRDD input = hiveCtx.jsonFile(inputFile);
// 入力のスキーマ RDD の登録
input.registerTempTable("tweets");
// retweetCount を元にツイートを選択する
SchemaRDD topTweets = hiveCtx.sql("SELECT text, retweetCount FROM
  tweets ORDER BY retweetCount LIMIT 10");
```

リスト9-11 Pythonでのツイートのロードとクエリ

```
input = hiveCtx.jsonFile(inputFile)
# 入力のスキーマ RDD の登録
input.registerTempTable("tweets")
# retweetCount を元にツイートを選択する
topTweets = hiveCtx.sql("""SELECT text, retweetCount FROM
  tweets ORDER BY retweetCount LIMIT 10""")
```

既存の Hive の動作環境があり、hive-site.xml ファイルを $SPARK_HOME/conf にコピーしてあるなら、hiveCtx.sql を実行するだけで、既存の Hive のテーブルに対してクエリを実行することもできます。

9.2.3 SchemaRDD

データのロードとクエリの実行は、どちらも SchemaRDD を返します。SchemaRDD は、通常のデータベースにおけるテーブルに似たものです。舞台裏をのぞいてみれば、SchemaRDD は、Row オブジェクトからなる RDD であり、それぞれの列にはデータ型のスキーマ情報が追加されています。Rowオブジェクトは、基本の型（例えば整数や文字列）の配列のラッパーにすぎません。Rowオブジェクトについては、次のセクションで詳しく取り上げます。

重要な注意点が1つあります。Sparkの将来のバージョンでは、SchemaRDDという名前はDataFrameに変更されるかもしれません。この変更に関しては、本書が出版されるまぎわの時点でも議論が続けられています[†]。

SchemaRDDは通常のRDDでもあるので、`map()`や`filter()`といった既存のRDDの変換で操作することができます。ただし、SchemaRDDにはいくつかの機能が追加されています。最も重要なのは、任意のSchemaRDDを一時テーブルとして登録し、`HiveContext`あるいは`SQLContext`を通じてクエリの対象にできることです。それには、**リスト9-9**から**リスト9-11**のように、SchemaRDDの`registerTempTable()`メソッドを使います。

一時テーブルは、使用しているHiveContextもしくはSQLContextに対してローカルであり、アプリケーションが終了した時点で失われます。

SchemaRDDには、いくつかの基本的な型に加えて、構造体や、他の型の配列を格納できます。これらの型の定義には、HiveQLの構文（https://cwiki.apache.org/confluence/display/Hive/LanguageManual+DDL）が使われます。**表9-1**に、サポートされている型を示します。

表9-1 SchemaRDDに保存できる型

Spark SQL/HiveQLの型	Scalaの型	Javaの型	Python
TINYINT	Byte	Byte/byte	int/long(-128から127の間)
SMALLINT	Short	Short/short	int/long(-32768から32767の間)
INT	Int	Int/int	intもしくはlong
BIGINT	Long	Long/long	long
FLOAT	Float	Float/float	float
DOUBLE	Double	Double/double	float
DECIMAL	Scala.math.BigDecimal	Java.math.BigDecimal	decimal.Decimal
STRING	String	String	string
BINARY	Array[Byte]	byte[]	bytearray
BOOLEAN	Boolean	Boolean/boolean	bool
TIMESTAMP	java.sql.Timestamp	java.sql.Timestamp	datetime.datetime
ARRAY<DATA_TYPE>	Seq	List	list, tuple, arrayのいずれか
MAP<KEY_TYPE,VAL_TYPE>	Map	Map	dict
STRUCT<COL1: COL1_TYPE, ...>	Row	Row	Row

† 訳注：Spark 1.4で、SchemaRDDはDataFrameに変更されました。詳しくは**付録B**を参照してください。本章の記述はSchemaRDDのままになっていますが、記載内容は1.4のDataFrameにもそのまま当てはまります。

最後に登場している構造体は、Spark SQLでは単にRowとして表現されます。この型は、他の型とネストすることができます。例えば、構造体の配列や、構造体を含むマップを作ることができます。

Rowオブジェクトの処理

Rowオブジェクトは SchemaRDD内のレコードを表現するもので、固定長のフィールドの配列にすぎません。Scala/Javaでは、Rowオブジェクトにはいくつものgetter関数があり、渡したインデックスに対応するフィールドの値を取得できます。標準的なgetterであるget（Scalaの場合はapply）は、列の番号を引数として取り、Object型（ScalaではAny）の値を返します。この値を適切な型にキャストするのは、プログラマーの役目です。Boolean、Byte、Double、Float、Int、Long、Short、Stringといった型に対しては、getType()メソッドが用意されており、その型の値が返されます。例えば、getString(0)は、0番目のフィールドの値を文字列として返します。**リスト9-12**および**リスト9-13**をご覧ください。

リスト9-12　SchemaRDDであるtopTweetsのtext列（これは先頭の列です）へのScalaでのアクセス

```
val topTweetText = topTweets.map(row => row.getString(0))
```

リスト9-13　SchemaRDDであるtopTweetsのtext列（これは先頭の列です）へのJavaでのアクセス

```
JavaRDD<String> topTweetText = topTweets.toJavaRDD().map(new Function<Row, String>() {
    public String call(Row row) {
      return row.getString(0);
    }});
```

Pythonには明示的な型付けがないために、Rowオブジェクトには少し違いがあります。i番目の要素には、row[i]でアクセスできます。加えてリスト9-14に示す通り、PythonのRowでは、row.column_nameという形式を使い、フィールドに名前でアクセスすることができます。列の名前がわかっていない場合には、「5.2.2 JSON」で紹介する方法で、スキーマを出力してみてください。

リスト9-14　SchemaRDDであるtopTweetsのテキストの列へのPythonでのアクセス

```
topTweetText = topTweets.map(lambda row: row.text)
```

9.2.4 キャッシング

Spark SQLでは、キャッシュの動作がやや異なったものになります。それぞれの列の型がわかっていることから、Sparkはデータを効率よく保存できるのです。完全なオブジェクトではなく、メモリ効率の高い表現形式でキャッシュされるようにするには、hiveCtx.cacheTable("tableName")という特別なメソッドを使います。テーブルをキャッシュする場合、Spark SQLはデータをインメモリの列指向フォーマットで表現します。このキャッシュされたテーブルがメモリ中で保持されるのは、ドライバプログラムが動作している間だけなので、ドライバプログラムが終了した場合には、データはキャッシュし直さなければなりません。RDDの場合と同じく、テーブルをキャッシュするのはそのデータに対して複数のタスクやクエリを実行する場合です。

Spark 1.2では、SchemaRDDに対する通常の`cache()`も`cacheTable()`として動作します。

テーブルをキャッシュするには、HiveQL/SQL文を使うこともできます。`CACHE TABLE` *`tableName`* もしくは`UNCACHE TABLE` *`tableName`* とするだけで、テーブルをキャッシュしたり、キャッシュを解除したりすることができます†。この方法が最もよく使われるのは、JDBCサーバーに対してコマンドラインクライアントで接続している場合です。

SparkのアプリケーションUIでは、キャッシュされたSchemaRDDも他のRDDとほとんど同じように表示されます。**図9-2**をご覧ください。

Spark SQLのキャッシングのパフォーマンスについては、「9.6 Spark SQLのパフォーマンス」で詳しく議論します。

図9-2　Spark SQLでのSchemaRDDのUI

9.3　データのロードとセーブ

Spark SQLは、特に手を加えなくても多くの種類の構造化データソースをサポートしているので、複雑なロードの手順を経ることなく、それらのデータソースから`Row`オブジェクトを生成す

† 訳注：Spark 1.2からは、CACHE TABLEはデフォルトで即座にキャッシュの処理を行います。遅延でキャッシュをさせたい場合には、`CACHE LAZY TABLE [AS SELECT] ...`のように、明示的な指定が必要です。

ることができます。そういったソースの中には、Hiveのテーブルや、JSONやParquetのファイルなどが含まれます。加えて、これらのソースに対してSQLでクエリを実行し、一部のフィールドだけを選択した場合、Spark SQLはソースのフィールドのデータ中の一部だけをうまくスキャンしてくれます。それとは異なり、`SparkContext.hadoopFile`のように単純なソースでは、全てのデータがスキャンされてしまいます。

これらのデータソース以外にも、スキーマを割り当てて通常のRDDをSchemaRDDに変換することもできます。こうすれば、元々のデータがPythonやJavaのオブジェクトであったとしても、簡単にSQLが書けるようになります。いくつもの値を1度に計算したい場合には、SQLのクエリの方が簡潔になることは良くあることです（例えば、年齢の平均値と最大値、そしてユーザーIDのユニーク数を1度の処理で計算したい場合など）。加えて、これらのRDDは、他のSparkのSQLデータソースから生成したSchemaRDDと結合することも容易です。このセクションでは、外部のソースと共に、こういった方法でRDDを使うやり方も見ていきます。

9.3.1 Apache Hive

データをHiveからロードする場合、Spark SQLはHiveがサポートするすべてのストレージフォーマット（SerDe）をサポートします。これには、テキストファイル、RCFile、ORC、Parquet、Avro、Protocol Buffersなどが含まれます。

Spark SQLを既存のHiveの動作環境に接続するには、Hiveの設定を渡してやらなければなりません。それには、Sparkの`./conf/`ディレクトリに、`hive-site.xml`ファイルをコピーしてやります。試しに使ってみたいだけなら、`hive-site.xml`がなくてもローカルのHiveのメタストアが使われることになります。後からデータをHiveのテーブルにロードして、クエリを実行することも簡単です。

リスト9-15から**リスト9-17**では、Hiveのテーブルに対するクエリを実行しています。この例でのHiveのテーブルには、`key`（整数）と`value`（文字列）という2つの列があります。こうしたテーブルの作成方法は、本章で後ほど紹介します。

リスト9-15　PythonでのHiveのデータのロード

```
from pyspark.sql import HiveContext

hiveCtx = HiveContext(sc)
rows = hiveCtx.sql("SELECT key, value FROM mytable")
keys = rows.map(lambda row: row[0])
```

リスト9-16　ScalaでのHiveのデータのロード

```
import org.apache.spark.sql.hive.HiveContext

val hiveCtx = new HiveContext(sc)
val rows = hiveCtx.sql("SELECT key, value FROM mytable")
val keys = rows.map(row => row.getInt(0))
```

リスト9-17 JavaでのHiveのデータのロード

```
import org.apache.spark.sql.hive.HiveContext;
import org.apache.spark.sql.Row;
import org.apache.spark.sql.SchemaRDD;

HiveContext hiveCtx = new HiveContext(sc);
SchemaRDD rows = hiveCtx.sql("SELECT key, value FROM mytable");
JavaRDD<Integer> keys = rdd.toJavaRDD().map(new Function<Row, Integer>() {
  public Integer call(Row row) { return row.getInt(0); }
});
```

9.3.2 Parquet

Parquet（http://parquet.apache.org/）は、広く使われている列指向のストレージフォーマットであり、ネストしたフィールドを持つレコードを効率的に保存できます。ParquetはHadoopエコシステムのツール群で使われることが多く、Spark SQLの全てのデータ型をサポートしています。Spark SQLには、Parquetのファイルを直接読み書きできるメソッド群があります。

まず、データのロードはHiveContext.parquetFileあるいはSQLContext.parquetFileで行えます。**リスト9-18**をご覧ください。

リスト9-18 PythonでのParquetのデータのロード

```
# nameとfavouriteAnimalというフィールドを持つParquetのファイルからデータをロード
rows = hiveCtx.parquetFile(parquetFile)
names = rows.map(lambda row: row.name)
print "Everyone"
print names.collect()
```

ParquetのファイルをSpark SQLの一時テーブルとして登録し、それに対してクエリを実行することもできます。データのロードを行った**リスト9-18**の後に続くのが**リスト9-19**です。

リスト9-19 PythonでのParquetのデータに対するクエリ

```
# パンダが好きな人を探す
tbl = rows.registerTempTable("people")
pandaFriends = hiveCtx.sql("SELECT name FROM people WHERE favouriteAnimal = \"panda\"")
print "Panda friends"
print pandaFriends.map(lambda row: row.name).collect()
```

最後に、saveAsParquetFile()を使って、SchemaRDDの内容をParquetに保存することができます。**リスト9-20**をご覧ください。

リスト9-20 PythonでのParquetファイルへの保存

```
pandaFriends.saveAsParquetFile("hdfs://...")
```

9.3.3 JSON

同じスキーマに適合するレコード群を含むJSONファイルがある場合、Spark SQLはそのファイルを走査してスキーマを推測し、フィールドを名前でアクセスできるようにしてくれます（**リスト9-21**）。JSONのレコードを大量に含むディレクトリを扱ったことがあるなら、Spark SQLのスキーマ推測によって、特別なロード用のコードを書くことなく、効率的にデータの処理を始めることができます。

リスト9-22から**リスト9-24**に示す通り、JSONのデータはhiveCtxのjsonFile()関数を呼ぶだけでロードできます。データから推定されたスキーマを知りたい場合は、生成されたSchemaRDDのprintSchemaを呼びます（**リスト9-25**）。

リスト9-21 入力レコード

```
{"name": "Holden"}
{"name":"Sparky The Bear", "lovesPandas":true, "knows":{"friends": ["holden"]}}
```

リスト9-22 Spark SQLを使ったPythonでのJSONのロード

```
input = hiveCtx.jsonFile(inputFile)
```

リスト9-23 Spark SQLを使ったScalaでのJSONのロード

```
val input = hiveCtx.jsonFile(inputFile)
```

リスト9-24 Spark SQLを使ったJavaでのJSONのロード

```
SchemaRDD input = hiveCtx.jsonFile(jsonFile);
```

リスト9-25 生成されたスキーマのprintSchema()による出力

```
root
 |-- knows: struct (nullable = true)
 |    |-- friends: array (nullable = true)
 |    |    |-- element: string (containsNull = true)
 |-- lovesPandas: boolean (nullable = true)
 |-- name: string (nullable = true)
```

リスト9-26も、いくつかのツイートから生成されたスキーマです。

リスト9-26　ツイートのスキーマの一部

```
root
 |-- contributorsIDs: array (nullable = true)
 |    |-- element: string (containsNull = false)
 |-- createdAt: string (nullable = true)
 |-- currentUserRetweetId: integer (nullable = true)
 |-- hashtagEntities: array (nullable = true)
 |    |-- element: struct (containsNull = false)
 |    |    |-- end: integer (nullable = true)
 |    |    |-- start: integer (nullable = true)
 |    |    |-- text: string (nullable = true)
 |-- id: long (nullable = true)
 |-- inReplyToScreenName: string (nullable = true)
 |-- inReplyToStatusId: long (nullable = true)
 |-- inReplyToUserId: long (nullable = true)
 |-- isFavorited: boolean (nullable = true)
 |-- isPossiblySensitive: boolean (nullable = true)
 |-- isTruncated: boolean (nullable = true)
 |-- mediaEntities: array (nullable = true)
 |    |-- element: struct (containsNull = false)
 |    |    |-- displayURL: string (nullable = true)
 |    |    |-- end: integer (nullable = true)
 |    |    |-- expandedURL: string (nullable = true)
 |    |    |-- id: long (nullable = true)
 |    |    |-- mediaURL: string (nullable = true)
 |    |    |-- mediaURLHttps: string (nullable = true)
 |    |    |-- sizes: struct (nullable = true)
 |    |    |    |-- 0: struct (nullable = true)
 |    |    |    |    |-- height: integer (nullable = true)
 |    |    |    |    |-- resize: integer (nullable = true)
 |    |    |    |    |-- width: integer (nullable = true)
 |    |    |    |-- 1: struct (nullable = true)
 |    |    |    |    |-- height: integer (nullable = true)
 |    |    |    |    |-- resize: integer (nullable = true)
 |    |    |    |    |-- width: integer (nullable = true)
 |    |    |    |-- 2: struct (nullable = true)
 |    |    |    |    |-- height: integer (nullable = true)
 |    |    |    |    |-- resize: integer (nullable = true)
 |    |    |    |    |-- width: integer (nullable = true)
 |    |    |    |-- 3: struct (nullable = true)
 |    |    |    |    |-- height: integer (nullable = true)
 |    |    |    |    |-- resize: integer (nullable = true)
 |    |    |    |    |-- width: integer (nullable = true)
 |    |    |-- start: integer (nullable = true)
 |    |    |-- type: string (nullable = true)
 |    |    |-- url: string (nullable = true)
 |-- retweetCount: integer (nullable = true)
...
```

これらのスキーマを見れば、どうやってネストしたフィールドや配列のフィールドへアクセスするのかが疑問として浮かんできます。ネストした要素には、ネストのレベルごとに . を使ってアクセスできます（例えば toplevel.nextlevel）。SQLで配列の要素にアクセスするには、**リスト9-27** に示す通り、[element] としてインデックスを指定します。

リスト9-27　ネストした要素や配列要素に対するSQLクエリ

```
select hashtagEntities[0].text from tweets LIMIT 1;
```

9.3.4 RDD

SchemaRDDを生成する方法としては、データをロードする方法だけでなく、RDDから生成する方法もあります。Scalaでは、ケースクラス群を持つRDDは、暗黙のうちにSchemaRDDに変換されます。

Pythonでは、**リスト9-28** に示す通り、Row オブジェクトからなるRDDを生成してから inferSchema() を呼びます。

リスト9-28　PythonでのRowと名前付きのタプルからのSchemaRDDの生成

```
happyPeopleRDD = sc.parallelize([Row(name="holden", favouriteBeverage="coffee")])
happyPeopleSchemaRDD = hiveCtx.inferSchema(happyPeopleRDD)
happyPeopleSchemaRDD.registerTempTable("happy_people")
```

Scalaでは、おなじみの暗黙の変換がスキーマの推測を受け持ってくれます（**リスト9-29**）。

リスト9-29　Scalaでのケースクラスからの SchemaRDDの生成

```
case class HappyPerson(handle: String, favouriteBeverage: String)
...
// person を生成し、SchemaRDD に変換する
val happyPeopleRDD = sc.parallelize(List(HappyPerson("holden", "coffee")))
// 暗黙の変換が行われていることに注意
// これは sqlCtx.createSchemaRDD(happyPeopleRDD) と等価
happyPeopleRDD.registerTempTable("happy_people")
```

Javaでは、applySchema() を呼ぶことによって、公開の getter 群および setter 群を持つシリアライズ可能なクラスからなるRDDをSchemaRDDに変換できます。**リスト9-30** をご覧ください。

リスト9-30　JavaでのJavaBeanからのSchemaRDDの生成

```
class HappyPerson implements Serializable {
  private String name;
  private String favouriteBeverage;
  public HappyPerson() {}
```

```
  public HappyPerson(String n, String b) {
    name = n; favouriteBeverage = b;
  }
  public String getName() { return name; }
  public void setName(String n) { name = n; }
  public String getFavouriteBeverage() { return favouriteBeverage; }
  public void setFavouriteBeverage(String b) { favouriteBeverage = b; }
};
...
ArrayList<HappyPerson> peopleList = new ArrayList<HappyPerson>();
peopleList.add(new HappyPerson("holden", "coffee"));
JavaRDD<HappyPerson> happyPeopleRDD = sc.parallelize(peopleList);
SchemaRDD happyPeopleSchemaRDD = hiveCtx.applySchema(happyPeopleRDD,
  HappyPerson.class);
happyPeopleSchemaRDD.registerTempTable("happy_people");
```

9.4　JDBC/ODBCサーバー

Spark SQL は JDBC での接続も扱えます。これは、ビジネスインテリジェンス（BI）ツールを Spark クラスタに接続したり、クラスタを複数のユーザー間で共有したりする場合に役立ちます。JDBC サーバーは、スタンドアローンの Spark のドライバプログラムとして動作するもので、複数のクライアントから共有できます。任意のクライアントから、メモリへのテーブルのキャッシュや、テーブルへのクエリなどを行うことができ、クラスタのリソースやキャッシュされたデータは、クライアント間で共有されます。

Spark SQL の JDBC サーバーは、Hive における HiveServer2 に相当するものです。このサーバーは、通信プロトコルとして Thrift を使うことから Thrift Server と呼ばれることもあります。この JDBC サーバーを使うためには、Spark が Hive サポート付きでビルドされていなければならないので、注意してください。

このサーバーは、Spark のディレクトリから `sbin/start-thriftserver.sh` を使って起動します（**リスト 9-31**）。このスクリプトは、**表 7-2** の `spark-submit` のオプションの多くと同じオプションを取ります。このサーバーは、デフォルトでは `localhost:10000` で待ち受けますが、これは環境変数（`HIVE_SERVER2_THRIFT_PORT` および `HIVE_SERVER2_THRIFT_BIND_HOST`）もしくは Hive の設定プロパティ（`hive.server2.thrift.port` および `hive.server2.thrift.bind.host`）で変更できます。Hive のプロパティは、コマンドラインから `--hiveconf property=value` で指定することもできます。

リスト9-31　JDBCサーバーの起動

```
./sbin/start-thriftserver.sh --master sparkMaster
```

Spark には、Beeline（https://cwiki.apache.org/confluence/display/Hive/HiveServer2+Clients）というクライアントプログラムが含まれており、**リスト 9-32** および**図 9-3** に示す通り、JDBC

サーバーへの接続に利用できます。Beelineは単純なSQLシェルで、サーバー上でコマンドを実行させることができます。

リスト9-32 Beelineを使ったJDBCサーバーへの接続

```
holden@hmbp2:~/repos/spark$ ./bin/beeline -u jdbc:hive2://localhost:10000
Spark assembly has been built with Hive, including Datanucleus jars on classpath
scan complete in 1ms
Connecting to jdbc:hive2://localhost:10000
Connected to: Spark SQL (version 1.2.0-SNAPSHOT)
Driver: spark-assembly (version 1.2.0-SNAPSHOT)
Transaction isolation: TRANSACTION_REPEATABLE_READ
Beeline version 1.2.0-SNAPSHOT by Apache Hive
0: jdbc:hive2://localhost:10000> show tables;
+---------+
| result  |
+---------+
| pokes   |
+---------+
1 row selected (1.182 seconds)
0: jdbc:hive2://localhost:10000>
```

```
holden@hmbp2: ~/repos/spark
holden@hmbp2: ~/repos/1230000000573        holden@hmbp2: ~/repos/spark
derby.log        LICENSE                 README.md        yarn
dev              logs                    repl
docker           make-distribution.sh    sbin
docs             metastore_db            sbt
holden@hmbp2:~/repos/spark$ ./sbin/start-thriftserver.sh --master local[*]
starting org.apache.spark.sql.hive.thriftserver.HiveThriftServer2, logging to /h
ome/holden/repos/spark/sbin/../logs/spark-holden-org.apache.spark.sql.hive.thrif
tserver.HiveThriftServer2-1-hmbp2.out
holden@hmbp2:~/repos/spark$ ./bin/beeline -u jdbc:hive2://localhost:10000
Spark assembly has been built with Hive, including Datanucleus jars on classpath
scan complete in 1ms
Connecting to jdbc:hive2://localhost:10000
Connected to: Spark SQL (version 1.2.0-SNAPSHOT)
Driver: spark-assembly (version 1.2.0-SNAPSHOT)
Transaction isolation: TRANSACTION_REPEATABLE_READ
Beeline version 1.2.0-SNAPSHOT by Apache Hive
0: jdbc:hive2://localhost:10000> show tables;
+---------+
| result  |
+---------+
| pokes   |
+---------+
1 row selected (1.473 seconds)
0: jdbc:hive2://localhost:10000>
```

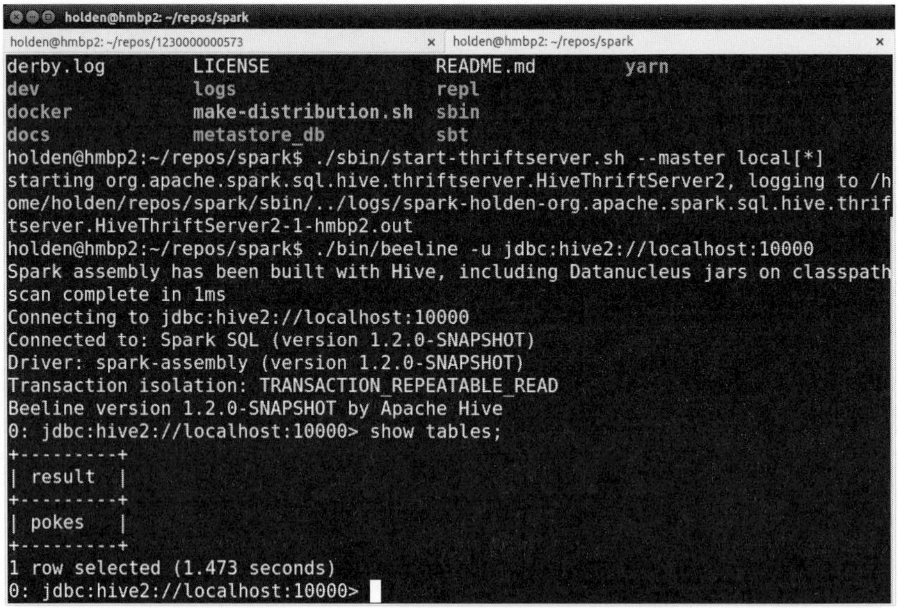

図9-3 JDBCサーバーの起動とBeelineクライアントの接続

JDBCサーバーを起動すると、このサーバーはバックグラウンドで動作し、全ての出力をログファイルに送ります。JDBCサーバーに対してクエリを実行したときに問題があれば、ログを見て、さらに完全なエラーメッセージを調べることができます。

Spark SQLには、ODBCドライバ経由で多くの外部ツールを接続することもできます。Spark SQL ODBCドライバはSimba（http://www.simba.com）によって開発されており、数多くのSparkのベンダー（例えばDatabricks Cloud、Datastax、MapRなど）からダウンロードできます。一般に、このドライバはMicrostrategyやTableauといったビジネスインテリジェンス（BI）ツール群で使われます。自分が使っているツールのSpark SQLへの接続方法は調べてみてください。加えて、Hiveへのコネクタを持つBIツールの多くのは、それらのHiveのコネクタでSpark SQLへも接続できます。これは、Spark SQLが同じクエリ言語とサーバーを使っているためです。

9.4.1 Beelineの利用

Beelineクライアントの中では、標準的なHiveQLのコマンドを使って、テーブルの作成やリストの取得、あるいはテーブルに対するクエリの実行ができます。HiveQLの完全な詳細はHive Language Manual（https://cwiki.apache.org/confluence/display/Hive/LanguageManual） にありますが、ここでは一般的な操作をいくつか紹介しましょう。

まず、ローカルのデータからテーブルを作成するには`CREATE TABLE`コマンドの後に`LOAD DATA`を続けます。**リスト9-33**に示す通り、HiveはCSVのような区切り文字を指定したテキストファイルや、その他のファイルを簡単にロードできるようになっています。

リスト9-33　テーブルのロード

```
> CREATE TABLE IF NOT EXISTS mytable (key INT, value STRING)
  ROW FORMAT DELIMITED FIELDS TERMINATED BY ',';
> LOAD DATA LOCAL INPATH 'learning-spark-examples/files/int_string.csv'
  INTO TABLE mytable;
```

テーブルのリストを取るには、`SHOW TABLES`文を使います（**リスト9-34**）。それぞれのテーブルのスキーマは、`DESCRIBE tableName`とすれば表示されます。

リスト9-34　テーブルの表示

```
> SHOW TABLES;
mytable
Time taken: 0.052 seconds
```

テーブルをキャッシュしたい場合は、`CACHE TABLE` *`tableName`*を使います。後ほど`UNCACHE Table` *`tableName`*とすれば、テーブルのキャッシュを解除できます。すでに説明した通り、キャッシュされたテーブルはJDBCサーバーの全てのクライアントで共有されることに注意してください。

最後に、Beelineを使えば、クエリの実行計画も簡単に見ることができます。**リスト9-35**に示す通り、EXPLAINを任意のクエリに対して実行すれば、その実行計画がどうなるかを見ることができます。

リスト9-35 Spark SQLシェルでのEXPLAIN

```
spark-sql> EXPLAIN SELECT * FROM mytable where key = 1;
== Physical Plan ==
Filter (key#16 = 1)
 HiveTableScan [key#16,value#17], (MetastoreRelation default, mytable, None), None
Time taken: 0.551 seconds
```

このクエリの実行計画では、Spark SQLはHiveTableScanの結果にフィルタを適用しようとしています。Beelineからは、データに対するクエリを行うためのSQLを書くこともできます。Beelineシェルは、キャッシュされ、複数のユーザーによって共有されたテーブル内のデータをすばやく探索するのに最適です。

9.4.2 長期間存在するテーブルとクエリ

Spark SQLのJDBCサーバーを使うメリットの1つは、キャッシュされたテーブルを複数のプログラム間で共有できることです。これは、JDBC Thriftサーバーが1つのドライバプログラムになっていることによります。前セクションで見た通り、テーブルを共有するのに必要なのは、テーブルを登録し、そのテーブルに対してCACHEコマンドを実行することだけです。

スタンドアローンのSpark SQLシェル

JDBCサーバーとは別に、Spark SQLは単一のプロセスとして動作するシンプルなシェルもサポートしています。このシェルは、./bin/spark-sqlで起動できます。このシェルは、conf/hive-site.xmlがあれば、そこで設定されているHiveのメタストアに接続し、もしなければローカルのメタストアを作成します。このシェルが最も役立つのは、ローカルで開発を行う際です。共有クラスタでは、このシェルではなくJDBCサーバーを使い、ユーザーにはbeelineで接続してもらうべきです。

9.5 ユーザー定義関数

ユーザー定義関数、すなわちUDFを使えば、Python、Java、Scalaなどで書いたカスタム関数を登録し、SQLの中から呼ぶことができます。UDFは、高度な機能を組織内のSQLのユーザーに対して公開する方法として広く利用されており、ユーザーはそういった機能のコードを自分で書かずに呼び出せるようになります。Spark SQLでは、UDFを書くことが特に簡単にできるようになっています。Spark SQLは、独自のUDFインターフェイスと、既存のApache HiveのUDFインターフェイスを共にサポートしています。

9.5.1 Spark SQLのUDF

Spark SQLには、サポートされている言語で書かれた関数を渡し、簡単にUDFを登録できる組み込みメソッドが用意されています。ScalaおよびPythonでは、言語の持つネイティブの関数とラムダ式を使います。Javaの場合は、適切なUDFのクラスを拡張するだけです。UDFは多種類の型を扱うことができ、呼び出された際のデータとは異なる型のデータを返すことができます。

PythonおよびJavaでは、**表9-1**中のSchemaRDDのいずれかの型を使い、返値の型を指定しなければなりません。これらの型は、Javaでは`org.apache.spark.sql.api.java.DataType`にあります。Pythonの場合は、`DataType`をインポートします。

リスト9-36と**リスト9-37**では、きわめてシンプルなUDFを使って文字列の長さを計算しています。このUDFは、使用しているツイートの長さを求めるために使うことができます。

リスト9-36 Pythonでの文字列長UDF

```
# 返す型である IntegerType をインポート
from pyspark.sql.types import IntegerType
# テキストの長さを返す UDF の作成
hiveCtx.registerFunction("strLenPython", lambda x: len(x), IntegerType())
lengthSchemaRDD = hiveCtx.sql("SELECT strLenPython(text) FROM tweets LIMIT 10")
```

リスト9-37 Scalaでの文字列長UDF

```
hiveCtx.udf.register("strLenScala", (_: String).length)
val tweetLength = hiveCtx.sql("SELECT strLenScala(text) FROM tweets LIMIT 10")
```

Javaでは、UDFを定義するために追加のインポートが必要になります。RDDで関数を定義する場合と同じく、特別なクラスを拡張します。**リスト9-38**および**リスト9-39**に示す通り、パラメータ数に応じて`UDF[N]`を拡張します。

リスト9-38 UDFのためのJavaでのインポート

```
// UDF 関数のクラスとデータ型のインポート
// 注意：これらのインポートのパスは、将来変更されるかもしれない
import org.apache.spark.sql.api.java.UDF1;
import org.apache.spark.sql.types.DataTypes;
```

リスト9-39 Javaでの文字列長UDF

```
hiveCtx.udf().register("stringLengthJava", new UDF1() {
    @Override
    public Integer call(String str) throws Exception {
      return str.length();
    }
}, DataTypes.IntegerType);
DataFrame tweetLength = hiveCtx.sql("SELECT stringLengthJava('text') FROM tweets LIMIT 10");
```

9.5.2 HiveのUDF

Spark SQLでは、Hiveの既存のUDFを使うこともできます。標準的なHiveのUDFは、最初から自動的にインクルードされます。カスタムのUDFがある場合は、そのUDFのJAR群がアプリケーションに含まれているようにすることが重要です。JDBCサーバーを使う場合に注意しなければならないのは、JARを コマンドラインフラグの`--jars`で追加しなければならないことです。HiveのUDFの開発方法は本書の範疇を超えているので、ここでは既存のHive UDFの使い方だけを紹介します。

HiveのUDFを使うには、通常のSQLContextではなく、HiveContextを使う必要があります。HiveのUDFは、`hiveCtx.sql("CREATE TEMPORARY FUNCTION name AS` *`class.function`*`")`とするだけで使えるようになります。

9.6 Spark SQLのパフォーマンス

始めに触れた通り、Spark SQLは、高レベルのクエリ言語と型情報の追加によって、効率的に動作できます。

Spark SQLは、SQLに慣れているユーザーのためだけのものではありません。Spark SQLを使えば、複数の列の合計値の計算（**リスト9-40**のような条件付きの集計操作を、**6章**で議論したような特別なオブジェクトを構築することなく簡単に行えるようになります。

リスト9-40　Spark SQLでの複数列の合計値の計算

```
SELECT SUM(user.favouritesCount), SUM(retweetCount), user.id FROM tweets
  GROUP BY user.id
```

Spark SQLは、データ型についての知識を使ってデータを効率よく表現することができます。データをキャッシュする際に、Spark SQLはインメモリの列指向ストレージを使います。これは、キャッシュが利用する領域を減らせるだけではなく、それ以降のクエリがデータの一部だけを見るのであれば、Spark SQLは読み取るデータを最小限に抑えます。

述語プッシュダウンを使うことで、Spark SQLはクエリの一部を、クエリを実行しているエンジンへ落とし込みます。Sparkの一部のレコードだけを読みたい場合の標準的な方法は、データセット全体を読み取り、その結果に対してフィルタをかけることです。しかしSpark SQLでは、下位層のデータストアがキーの範囲や、あるいは別の制約内だけのデータの取り出しをサポートしているなら、クエリ中のその制約をデータストア側にプッシュダウンし、読み取るデータ量を大きく減らせることがあります。

9.6.1 パフォーマンスチューニングのオプション

Spark SQLには、**表9-2**に示す通り、いくつものパフォーマンスチューニングのオプションがあります。

表9-2 Spark SQLのパフォーマンスオプション

オプション	デフォルト	使用方法
spark.sql.codegen	false	このオプションをtrueに設定すると、Spark SQLは動的にそれぞれのクエリをJavaのバイトコードにコンパイルする。こうすることで、大きなクエリのパフォーマンスを改善することができるが、非常に短いクエリはcodegenの処理のために遅くなってしまうことがある。
spark.sql.inMemoryColumnarStorage.compressed	false	インメモリの列ストレージを自動的に圧縮する。
spark.sql.inMemoryColumnarStorage.batchSize	1000	列のキャッシングのバッチサイズ。この値を大きくすると、out-of-memoryの原因になることがある。
spark.sql.parquet.compression.codec	gzip	使用する圧縮コーデック。uncompressed、snappy、gzip、lzoのいずれかを指定できる。

リスト9-41に示す通り、JDBCコネクタとBeelineシェルを使えば、これらのパフォーマンス関連のオプションやその他のオプションを、setコマンドで設定できます。

リスト9-41 コード生成を有効にするBeelineのコマンド

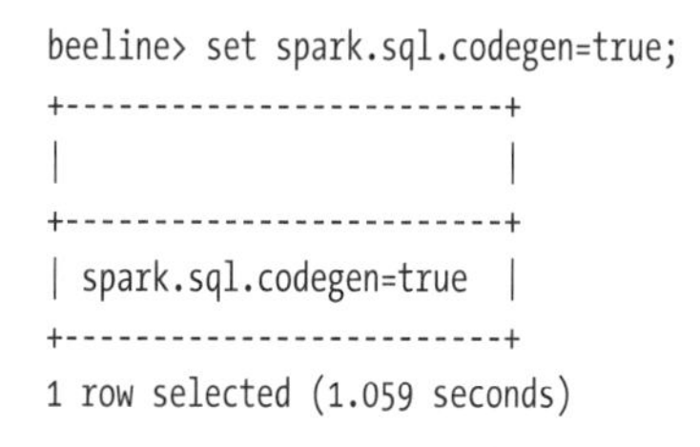

```
beeline> set spark.sql.codegen=true;
+-------------------------+
|                         |
+-------------------------+
| spark.sql.codegen=true  |
+-------------------------+
1 row selected (1.059 seconds)
```

通常のSpark SQLのアプリケーションでは、これらのSparkのプロパティはSparkの設定オブジェクトから指定できます。**リスト9-42**をご覧ください。

リスト9-42 コード生成を有効にするScalaのコード

```
conf.set("spark.sql.codegen", "true")
```

いくつかのオプションには、特に注意が必要です。1つめはspark.sql.codegenで、このオプションは、クエリの実行に先立ってSpark SQLにそのクエリをJavaのバイトコードにコンパイルさせます。このコード生成によって、クエリを実行するための専用コードが生成されるので、長いクエリや何度も実行されるクエリを大きく高速化できます。ただし、非常に短い（1～2秒程度の）アドホックなクエリを実行する際に指定してしまうと、クエリの実行の度にコンパイラが動作することになるので、オーバーヘッドが生じてしまうことがあります†。現時点ではコード生成はまだexperimentalですが、大きなクエリを使用する処理や、同じクエリを何度も繰り返し実行するような処理を行う場合は、使ってみることをお勧めします。

チューニングに使うべきかもしれない2つめのオプションは、spark.sql.inMemoryColumnarStorage.batchSizeです。SchemaRDDをキャッシュする場合、Spark SQLはそのRDD内のレコード群を、このオプション（デフォルトは1000）で指定されたサイズをバッチとしてグループ化し、そのバッチ単位で圧縮を行います。このサイズを非常に小さくすれば圧縮率が下がってしまいますが、一方で非常に大きく指定しても、メモリ内でそれぞれのバッチの構築ができなくなってしまうかもしれないので、問題になります。テーブル内の行が大きいなら（すなわちフィールド数が数百に及んだり、Webページのように非常に長くなりうる文字列フィールドが含まれている場合）、out-of-memoryエラーが生じないようにバッチサイズを小さくする必要があるかもしれません。行がそれほど大きくないなら、おそらくはデフォルトのバッチサイズは妥当です。これは、1,000レコードを超えると、それ以上は圧縮の効果が向上しなくなっていくためです。

9.7 まとめ

Spark SQLを使い、Sparkで構造化および半構造化データを扱う方法を見てきました。Spark SQLのSchemaRDDに対しては、本章で見てきたクエリに加えて、**3章**から**6章**までに見てきたツールも使えることを忘れないようにしてください。多くのパイプラインでは、SQL（簡潔です）と他のプログラミング言語で書かれたコード（より複雑なロジックを表現できます）とを組み合わせると便利です。そういった方法で処理を書くのにSpark SQLを使えば、Spark SQLのエンジンがスキーマを活用してくれることから、多少の最適化にもつながります。

† コード生成の最初の何度かの実行は特に低速になるので、注意してください。これはコンパイラの初期化を行う必要があるためで、オーバーヘッドの測定をする場合は、事前に4つないし5つのクエリを実行しておくべきです。

10章
Spark Streaming

データがやってきたらすぐに動作することがメリットになるアプリケーションはたくさんあります。例えば、リアルタイムでページビューの統計を追跡し、機械学習のモデルのトレーニングを行い、異常を自動的に検出するようなアプリケーションがあるかもしれません。Spark Streamingは、そういったアプリケーションのためのSparkのモジュールです。Spark Streamingを使えば、ユーザーはストリーミングアプリケーションを書くのに、バッチのジョブとよく似たAPIを使うことができるので、バッチのジョブを構築するためのスキルの多くや、さらにはコードそのものさえも再利用できます。

SparkがRDDという概念の上に構築されているように、Spark StreamingはDStream、あるいは離散化ストリーム（discretized stream）と呼ばれる抽象概念を提供しています。DStreamは、時間と共にやってくるデータの並びです。内部的には、それぞれのDStreamは時間のステップごと（離散化という名前になっているのはそのためです）にやってくるRDDの並びとして表現されます。DStreamは、Flume、Kafka、あるいはHDFSといった、多くのデータソースから生成できます。構築された後は、DStreamでは2種類の操作ができます。**変換（transformation）**は、新しいDStreamを出力する操作であり、**出力操作**は、データを外部のシステムに書き出す操作です。DStreamはRDDで利用可能な操作の多くを提供していることに加え、スライディングウィンドウのような時間に関係する新たな操作も提供しています。

バッチプログラムと異なり、Spark Streamingのアプリケーションは常時稼働させるために追加のセットアップが必要になります。そのためにSpark Streamingが提供する中心的な仕組みであるチェックポイント処理については、後ほど議論します。チェックポイント処理は、HDFSのような信頼性のあるファイルシステムにデータを保存する仕組みです。また、障害があったときのアプリケーションの再起動の方法や、アプリケーションが再起動するように設定する方法についても議論していきます。

最後に、Spark 1.1でSpark Streamingが利用できるのは、JavaとScalaのみです。experimentalなPythonのサポートがSpark 1.2で追加されましたが、サポートされているのはテキストデータのみです[†]。本章はJavaとScalaに焦点を当て、すべてのAPIを紹介しますが、同様の概念はPythonにも当てはまります。

10.1 シンプルな例

Spark Streamingの詳細に入っていく前に、シンプルな例を考えてみましょう。ポート7777で動作しているサーバーから、改行区切りのテキストのストリームを受信するものとします。このストリームにフィルタをかけて、errorという単語を含む行だけを出力します。

Spark Streamingのプログラムをもっともうまく動作させられる形式は、Mavenもしくはsbtでビルドされたスタンドアローンアプリケーションです。Spark StreamingはSparkの一部ではありますが、個別のMavenの成果物としてリリースされており、プロジェクトにはいくつかのモジュールを追加でインポートしたほうが良いでしょう。これについては、**リスト10-1**から**リスト10-3**を参照してください。

リスト10-1 Spark Streaming用のMavenの構成

```
groupId = org.apache.spark
artifactId = spark-streaming_2.10
version = 1.4.0
```

リスト10-2 Scalaでのstreamingのインポート

```
import org.apache.spark.streaming.StreamingContext
import org.apache.spark.streaming.StreamingContext._
import org.apache.spark.streaming.dstream.DStream
import org.apache.spark.streaming.Duration
import org.apache.spark.streaming.Seconds
```

リスト10-3 Javaでのstreamingのインポート

```
import org.apache.spark.streaming.api.java.JavaStreamingContext;
import org.apache.spark.streaming.api.java.JavaDStream;
import org.apache.spark.streaming.api.java.JavaPairDStream;
import org.apache.spark.streaming.Duration;
import org.apache.spark.streaming.Durations;
```

最初にストリーミングの機能の主なエントリポイントになるStreamingContextを生成します。StreamingContextは、データを処理するのに使われる下位層のSparkContextのセットアップも行います。StreamingContextは、入力として**バッチインターバル**を取ります。これは、新しいデータを処理する頻度を指定するもので、ここでは1秒に設定します。次に、`socketTextStream()`を使い、ローカルマシンのポート7777で受信するテキストデータに基づくDStreamを生成しま

† Spark 1.4で、KafkaをサポートするPython APIが追加されました。https://issues.apache.org/jira/browse/SPARK-5946を参照してください。

す。そして、このDStreamにfilter()をかけて、errorだけを含む行だけを取り出します。最後に、出力操作のprint()を使い、フィルタリングされた後の行の一部を出力します（**リスト10-4**および**リスト10-5**参照）。

リスト10-4 errorを含む行だけを出力するScalaでのストリーミングフィルタ

```
// バッチサイズを1秒に設定し、SparkConfからStreamingContextを生成する
val ssc = new StreamingContext(conf, Seconds(1))
// ローカルマシンのポート7777に接続し、受信したデータを使ってDStreamを生成する
val lines = ssc.socketTextStream("localhost", 7777)
// DStreamに、errorを含む行だけを取り出すフィルタをかける
val errorLines = lines.filter(_.contains("error"))
// errorを含む行を出力する
errorLines.print()
```

リスト10-5 errorを含む行だけを出力するJavaでのストリーミングフィルタ

```
// バッチサイズを1秒似設定し、SparkConfからStreamingContextを生成する
JavaStreamingContext jssc = new JavaStreamingContext(conf, Durations.seconds(1));
// ポート7777へのすべての入力からDStreamを生成する
JavaDStream<String> lines = jssc.socketTextStream("localhost", 7777);
// DStreamに、errorを含む行だけを取り出すフィルタをかける
JavaDStream<String> errorLines = lines.filter(new Function<String, Boolean>() {
  @override
  public Boolean call(String line) {
    return line.contains("error");
  }});
// errorを含む行を出力する
errorLines.print();
```

これでセットアップされるのは、システムがデータを受信したときに行われる計算だけです。データの受信を始めるには、StreamingContextで明示的にstart()を呼んでやらなければなりません。そうすると、Spark Streamingは下位層のSparkContextのSparkジョブのスケジューリングを開始します。これは独立したスレッドの中で行われるので、アプリケーションが終了しないようawaitTerminationを呼び、ストリーミング演算が終了するのを待たせます（**リスト10-6**および**リスト10-7**参照）。

リスト10-6 errorを含む行だけを出力するScalaでのストリーミングフィルタ

```
// streaming contextを起動し、起動の完了を待つ
ssc.start()
// ジョブの終了を待つ
ssc.awaitTermination()
```

リスト10-7 errorを含む行だけを出力するJavaでのストリーミングフィルタ

```
// streaming context を起動し、起動の完了を待つ
jssc.start();
// ジョブの終了を待つ
jssc.awaitTermination();
```

注意が必要なのは、StreamingContextが起動できるのは1度だけであり、必要なすべてのDStreamと出力操作のセットアップを行った後に起動しなければならいことです。

これでシンプルなストリーミングアプリケーションができたので、いよいよ起動してみましょう。**リスト10-8**をご覧ください。

リスト10-8 Linuy/Mac上でストリーミングアプリケーションを実行し、データを渡す

```
$ spark-submit --class com.oreilly.learningsparkexamples.scala.StreamingLogInput \
$ASSEMBLY_JAR local[4]

$ nc localhost 7777 # 入力した行がサーバーに送られる
<何か入力する>
```

Windowsのユーザーは、ncコマンドの代わりにncatコマンド（http://nmap.org/ncat/）を使うことができます。ncatは、nmap（http://nmap.org）の一部として配布されています。

本章ではこの後、このサンプルの上でApacheのログファイルを処理する仕組みを構築します。ダミーのログを生成したいなら、本書のGitリポジトリにあるスクリプトの./bin/fakelogs.shもしくは./bin/fakelogs.cmdを実行すれば、ログがポート7777に送信されます。

10.2 アーキテクチャと抽象化

Spark Streamingは、マイクロバッチアーキテクチャを採用しています。これは、ストリーミング演算を、小さなデータのバッチに対する連続的なバッチ演算として扱うものです。Spark Streamingはデータをさまざまな入力ストリームから受信し、それを小さなバッチとしてグループ化します。新しいバッチは、一定時間ごとに生成されます。各インターバルの開始時刻に新しいバッチが生成され、そのインターバルの間に受信されたデータは、すべてそのバッチに追加されます。インターバルが終われば、そのバッチがそれ以上大きくなることはありません。インターバルの長さは、**バッチインターバル**というパラメータで決まります。バッチインターバルは、通常500ミリ秒から数秒の間で、アプリケーションの開発者によって設定されます。各入力バッチはRDDになり、Sparkのジョブによって処理され、他のRDDが生成されます。そしてこの処理の結果は、バッチ単位で外部のシステムに送出されます。**図10-1**は、この高レベルのアーキテクチャを図にしたものです。

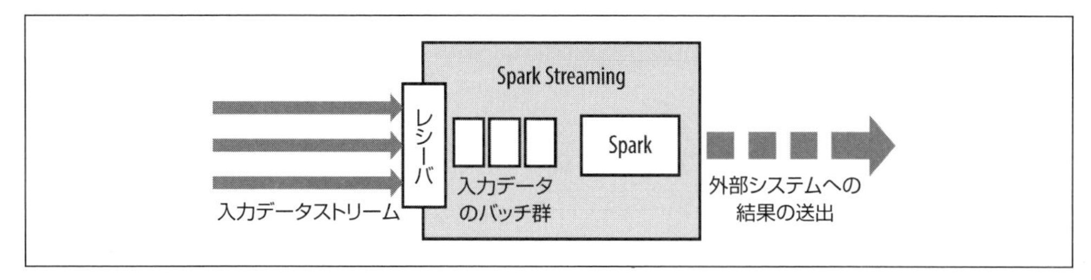

図10-1 Spark Streamingの高レベルのアーキテクチャ

すでに学んだ通り、Spark Streaming におけるプログラミングの抽象概念は、離散化ストリーム、すなわち DStream です（**図 10-2**）。DStream は RDD の並びであり、それぞれの RDD にはストリーム中の 1 つの期間内のデータが含まれます。

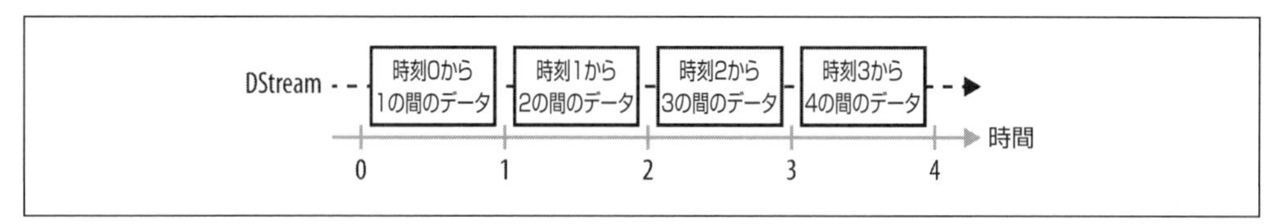

図10-2 DStreamは一連のRDDで構成される

DStream は、外部の入力ソースから生成したり、あるいは他の DStream に**変換**をかけたりすることによって生成できます。DStream は、**3 章**で見た RDD の変換の多くをサポートしています。加えて DStream には、期間をまたいでデータを集計できるステートフルな変換が新たに用意されています。それらについては、次のセクションで議論します。

ここでのシンプルな例では、DStream をソケットを通じて受信したデータから生成し、それに `filter()` 変換を適用しました。この処理は、内部的に**図 10-3** に示す RDD を生成します。

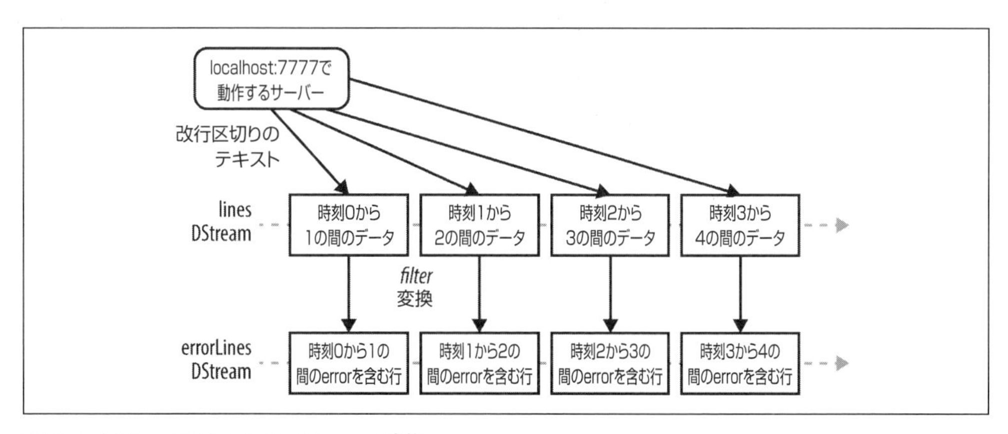

図10-3 例10-4から例10-8でのDStreamと変換

リスト10-8を実行すれば、**リスト10-9**の出力に似た内容が出力されることでしょう。

リスト10-9　リスト10-8の実行で出力されるログ

```
-------------------------------------------
Time: 1413833674000 ms
-------------------------------------------
71.19.157.174 - - [24/Sep/2014:22:26:12 +0000] "GET /error78978 HTTP/1.1" 404 505
...

-------------------------------------------
Time: 1413833675000 ms
-------------------------------------------
71.19.164.174 - - [24/Sep/2014:22:27:10 +0000] "GET /error78978 HTTP/1.1" 404 505
...
```

この出力は、Spark Streamingのマイクロバッチアーキテクチャをうまく表現しています。ここからは、毎秒ごとにフィルタリングされたログが出力されているのを見て取ることができます。これは、StreamingContextを生成する際に、バッチインターバルを1秒に設定したためです。**図10-4**に示す通り、Spark Streamingが小さなジョブを大量に実行していることはSpark UIからもわかります。

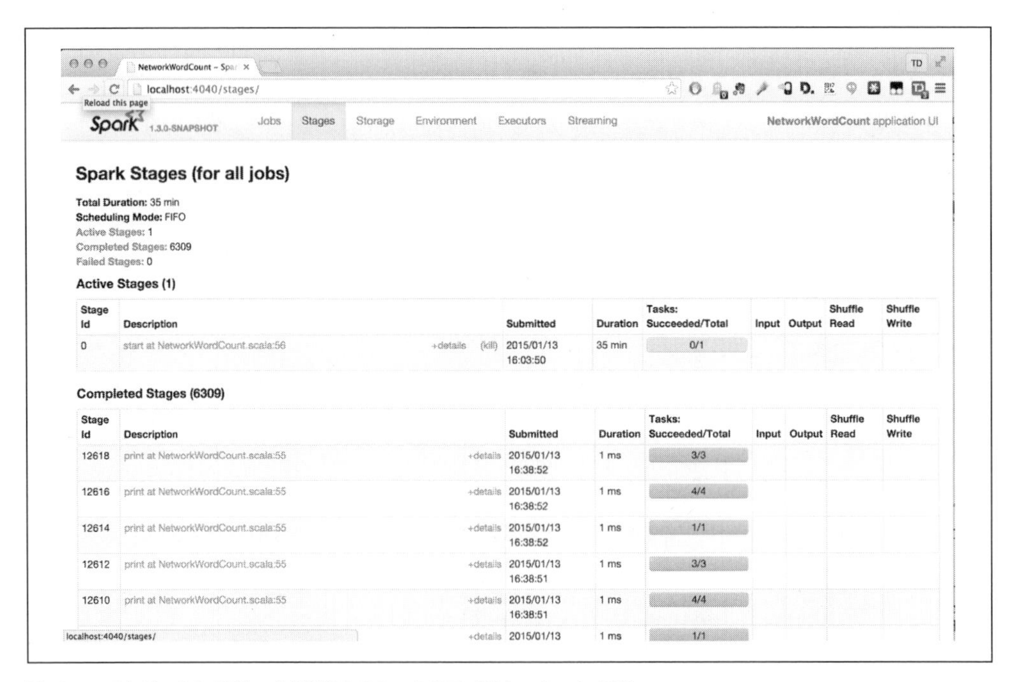

図10-4　ストリーミングジョブを実行中のSparkのアプリケーションのUI

変換の他に、DStreamは**出力操作**をサポートしています。この例で使われているprint()も出力操作の1つです。出力操作は、外部のシステムへデータを書き出しているという点でRDDのアクションに似ていますが、Spark Streamingの出力操作は各期間ごとに定期的に実行され、バッチ単位で出力を生成します。

図10-5は、Sparkのドライバとワーカー内でのSpark Streamingの実行の様子です（Sparkのコンポーネントについては既出の**図2-3**を参照してください）。Spark Streamingは、入力ソースごとに**レシーバ**を起動します。レシーバは、アプリケーションのエクゼキュータ内で動作するタスクであり、入力ソースからデータを収集し、そのデータをRDDとして保存します。フォールトトレランスのために、レシーバは受信した入力データを他のエクゼキュータに複製します（デフォルトの動作）。このデータは、RDDのキャッシュの場合と同様に、エクゼキュータ内のメモリに保存されます†。そして、ドライバプログラム内のStreamingContextは、このデータを処理し、過去のステップで生成されたRDDと結合するSparkのジョブを定期的に実行します。

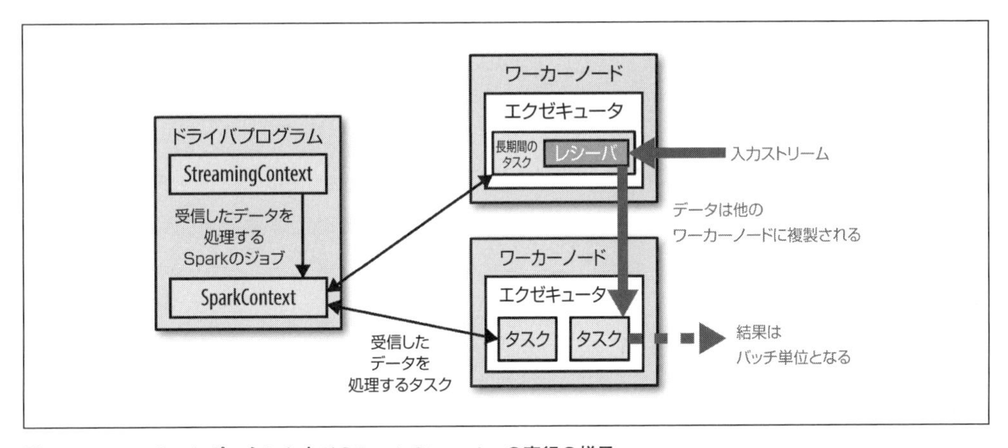

図10-5　Sparkのコンポーネント内でのSpark Streamingの実行の様子

Spark Streamingは、RDDと同様のフォールトトレランスをDStreamに対しても提供します。入力データのコピーが利用できる限り、Spark StreamingはRDD群の系統グラフを使って、その入力データから導出される状態を再計算できます（これは、その入力データを処理するのに使われた操作を再実行することです）。すでに述べた通り、デフォルトでは受信したデータは2つのノードに渡って複製されるので、Spark Streamingは1つのワーカーノードの障害には耐えることができます。ただし、系統グラフを使うだけでは、プログラムの開始時点から長時間に渡る蓄積されたデータの再処理には、長い時間がかかるかもしれません。そのため、Spark Streamingには**チェックポイント処理**と呼ばれる仕組みも用意されています。チェックポイント処理は、信頼性のあるファイルシステム（例えばHDFSやS3）へ定期的に状態を保存する仕組みで、通常は5回から

† Spark 1.2では、レシーバはデータをHDFSにも複製できます。また、例えばHDFSのように、入力ソースによってはもともと複製処理が行われているものもあり、その場合はSpark Streamingは重ねて複製はしません。

10回のデータのバッチごとに動作するように設定します。失われたデータを回復する場合には、Spark Streamingは最後のチェックポイントまで戻れば良いのです。

この後本章では、Spark Streamingの変換、出力操作、入力ソースの詳細を見ていきます。その後、フォールトトレランスやチェックポイント処理に戻って、常時稼働のためのプログラムの設定方法について説明します。

10.3 変換

DStreamの変換は、**ステートレス**なものと、**ステートフル**なものと分類されます。

- **ステートレスな変換**では、各バッチの処理は過去のバッチのデータに依存しません。ステートレスな変換には、**3章**から**4章**で見てきた`map()`、`filter()`、`reduceByKey()`といった、一般的なRDDの変換が含まれます。

- 対照的に、**ステートフルな変換**では、現在のバッチの処理結果を計算するために、過去のバッチのデータや中間結果が使われます。ステートフルな変換には、スライディングウィンドウや、時間の経過と共に追跡される状態に基づく変換が含まれます。

10.3.1 ステートレスな変換

表10-1に、ステートレスな変換の一部を示します。ステートレスな変換は、各バッチ、すなわちDStream中の各RDDに対して適用されるシンプルなRDDの変換です。すでに**図10-3**では`filter()`を見ました。**3章**および**4章**で議論したRDDの変換の多くは、DStreamでも利用できます。注意が必要なのは、`reduceByKey()`といったキー／値型のDStreamの変換を使うためには、Scalaであれば`import StreamingContext._`としなければならないことです。Javaでは、RDDの場合と同様に、`mapToPair()`を使って`JavaPairDStream`を生成しなければなりません。

表10-1 ステートレスなDStreamの変換の例（すべてを網羅してはいません）

関数名	目的	Scalaでの例	DStream[T]に対してユーザーが渡す関数のシグニチャ
`map()`	DStream中の各要素に対して関数を適用し、その結果のDStreamを返す。	`ds.map(x => x + 1)`	`f: (T) → U`
`flatMap()`	DStream中の各要素に対して関数を適用し、返されたイテレータの内容からなるDStreamを返す。	`ds.flatMap(x => x.split(" "))`	`f: T → Iterable[U]`
`filter()`	渡された条件を満たす要素のみからなるDStreamを返す。	`ds.filter(x => x != 1)`	`f: T → Boolean`
`repartition()`	DStreamのパーティション数を変更する。	`ds.repartition(10)`	N/A

表10-1 ステートレスなDStreamの変換の例（すべてを網羅してはいません）（続き）

関数名	目的	Scala での例	DStream[T] に対してユーザーが渡す関数のシグニチャ
reduceByKey()	各バッチ中の同一キーで値を結合する。	ds.reduceByKey((x,y)=>x+y)	f: T, T → T
groupByKey()	各バッチ中の同一キーで値をグループ化する。	ds.groupByKey()	N/A

念頭に置いておかなければならないのは、これらの関数がストリーム全体に対して適用されるように見えても、内部的にはそれぞれの DStream は複数の RDD（バッチ）で構成されており、それぞれのステートレスな変換は期間をまたいで適用されるのではなく、**各 RDD に対して個別に適用される**ということです。期間をまたいでデータを結合するためには、後ほど取り上げるステートフルな変換を使います。

例として、先ほどのログの処理を行うプログラムでは、map() と reduceByKey() を使って、各期間ごとに IP アドレスごとのログイベント数をカウントできます。**リスト 10-10** および**リスト 10-11** をご覧ください。

リスト10-10 ScalaでのDStreamにおけるmap()およびreduceByKey()

```
// ApacheAccessLog は、Apache のログのエントリをパースするためのユーティリティクラスと仮定する
val accessLogDStream = logData.map(line => ApacheAccessLog.parseFromLogLine(line))
val ipDStream = accessLogsDStream.map(entry => (entry.getIpAddress(), 1))
val ipCountsDStream = ipDStream.reduceByKey((x, y) => x + y)
```

リスト10-11 JavaでのDStreamにおけるmap()およびreduceByKey()

```
// ApacheAccessLog は、Apache のログのエントリをパースするためのユーティリティクラスと仮定する
static final class IpTuple implements PairFunction<ApacheAccessLog, String, Long> {
  public Tuple2<String, Long> call(ApacheAccessLog log) {
    return new Tuple2<>(log.getIpAddress(), 1L);
  }
}

JavaDStream<ApacheAccessLog> accessLogsDStream =
  logData.map(new ParseFromLogLine());
JavaPairDStream<String, Long> ipDStream =
  accessLogsDStream.mapToPair(new IpTuple());
JavaPairDStream<String, Long> ipCountsDStream =
  ipDStream.reduceByKey(new LongSumReducer());
```

ステートレスな変換は、複数の DStream からのデータを結合することもできます。ここでもやはり、この処理は各期間ごとになります。例えば、キー／値型の DStream には、RDD と同様の

結合に関連した変換として、例えばcogroup()、join()、leftOuterJoin()などがあります（「4.3.3 結合」を参照）。これらの操作をDStreamに適用すれば、元となっているRDDの操作が各バッチに対して実行されます。

2つのDStreamの結合について考えてみましょう。**リスト10-12**および**リスト10-13**では、IPアドレスをキーとするデータがあり、リクエスト数と転送されたバイト数を結合しています。

リスト10-12 Scalaでの2つのDStreamの結合

```
val ipBytesDStream =
  accessLogsDStream.map(entry => (entry.getIpAddress(), entry.getContentSize()))
val ipBytesSumDStream =
  ipBytesDStream.reduceByKey((x, y) => x + y)
val ipBytesRequestCountDStream =
  ipCountsDStream.join(ipBytesSumDStream)
```

リスト10-13 Javaでの2つのDStreamの結合

```
JavaPairDStream<String, Long> ipBytesDStream =
  accessLogsDStream.mapToPair(new IpContentTuple());
JavaPairDStream<String, Long> ipBytesSumDStream =
  ipBytesDStream.reduceByKey(new LongSumReducer());
JavaPairDStream<String, Tuple2<Long, Long>> ipBytesRequestCountDStream =
  ipCountsDStream.join(ipBytesSumDStream);
```

また、通常のSparkの場合と同様に、union()を使って2つのDStreamの内容をマージすることもできます。あるいは、StreamingContext.union()で複数のストリームを結合することもできます。

最後に、ステートレスな変換に不足がある場合のために、DStreamにはtransform()と呼ばれる高度な操作があり、ストリーム中のRDDを直接操作できます。transform()操作を使えば、RDDからRDDを生成する任意の関数をDStreamに対して適用できます。渡された関数はストリーム中の各バッチに対して呼ばれ、新しいストリームが生成されます。transform()の一般的な利用方法の1つは、RDDに対して書かれたバッチ処理のコードの再利用です。例えば、ログの行を含むRDDから例外的な行を含むRDDを（おそらくはログのメッセージ群に対して何らかの統計処理をした後に）生成するために使われるextractOutliers()という関数があったとすれば、**リスト10-14**および**リスト10-15**に示す通り、この関数はtransform()内で再利用できます。

リスト10-14 DStreamへのScalaでのtransform()

```
val outlierDStream = accessLogsDStream.transform { rdd =>
  extractOutliers(rdd)
}
```

リスト10-15 DStreamへのJavaでのtransform()

```
JavaPairDStream<String, Long> ipRawDStream = accessLogsDStream.transform(
  new Function<JavaRDD<ApacheAccessLog>, JavaRDD<ApacheAccessLog>>() {
    public JavaPairRDD<ApacheAccessLog> call(JavaRDD<ApacheAccessLog> rdd) {
      return extractOutliers(rdd);
    }
});
```

複数のDStreamのデータの結合と変換は、StreamingContext.transformあるいはDStream.transformWith(otherStream, func)を使って行うこともできます。

10.3.2 ステートフルな変換

DStreamのステートフルな変換は、時間の経過とあわせてデータを追跡するための操作です。これはすなわち、新しいバッチに対する結果を生成するために、過去のバッチのデータが使われることを意味します。主な種類としては、時間に対するスライディングウィンドウに対して処理を行うウィンドウ操作と、各キーに対するイベントに渡って状態を追跡する（例えば各ユーザーセッションを表すオブジェクトの構築）のに使われるupdateStateByKey()の2つがあります。

ステートフルな変換を行うには、フォールトトレランスのためにStreamingContextでチェックポイント処理を有効にしなければなりません。チェックポイント処理については、「10.6 常時稼働の運用」で詳しく議論しますが、この時点では、**リスト10-16**のようにssc.checkpoint()にディレクトリを渡せばチェックポイント処理を有効化できることを覚えておいてください。

リスト10-16 チェックポイント処理のセットアップ

```
ssc.checkpoint("hdfs://...")
```

ローカル開発の場合は、HDFSの代わりにローカルのパス（例えば/tmp）を使うこともできます。

ウィンドウ変換

ウィンドウ操作は、複数のバッチの処理の結果を結合することによって、StreamingContextのバッチインターバルよりも長い期間に渡って結果を計算します。本セクションでは、ウィンドウ操作を使い、Webサーバーのアクセスログから最も頻繁に現れるレスポンスコード、コンテントサイズ、クライアントを追跡する方法を紹介します。

すべてのウィンドウ操作には、ウィンドウ期間とスライド期間という2つのパラメータが必要です。これらはどちらも、StreamingContextのバッチインターバルの倍数でなければなりません。ウィンドウ期間は、処理の対象となる過去のデータのバッチ数を制御するもので、最新のwindowDuration/batchInterval個のバッチが処理の対象となります。ソースのDStreamのバッチインターバルが10秒で、直近の30秒（あるいは3つのバッチ）に対するスライディングウィンドウを生成したいのであれば、windowDurationを30秒に設定します。スライド期間は、新しい

DStreamが結果を計算する頻度を制御するもので、デフォルトはバッチインターバルになります。バッチインターバルが10秒に設定されたソースのDStreamがあり、ウィンドウに対する計算を2つのバッチごとに行いたいなら、スライド期間を20秒に設定します。例を**図10-6**に示します。

DStreamに対して行える最もシンプルなウィンドウ操作は`window()`で、これは要求されたウィンドウのデータからなる新しいDStreamを返します。言い換えれば、`window()`が返すDStream中の各RDDには、複数のバッチから取得されたデータが含まれており、それぞれを`count()`や`transform()`などで処理することができます（**リスト10-17**および**リスト10-18**を参照）。

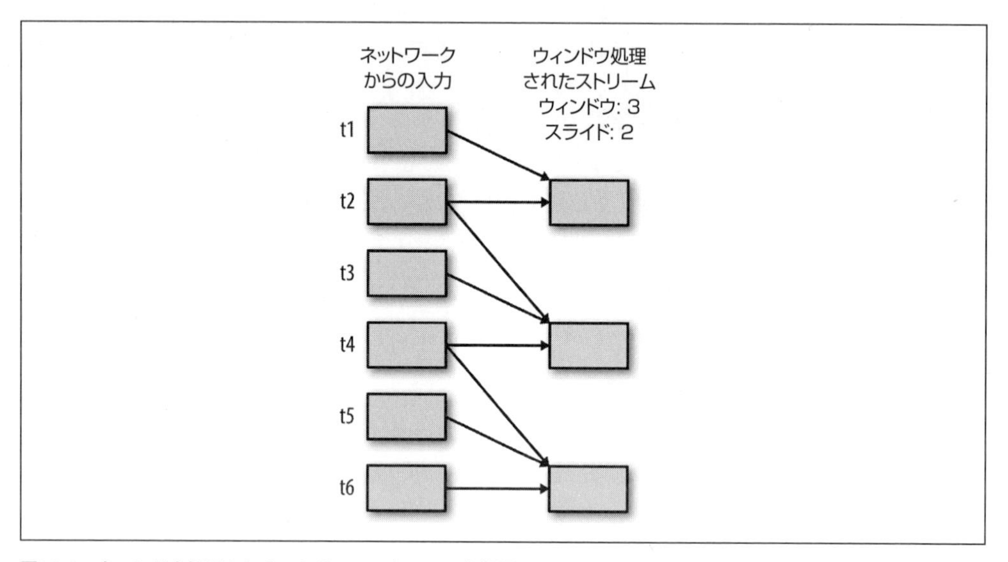

図10-6　ウィンドウ処理されるストリーム。ウィンドウ期間は3バッチ、スライド期間は2バッチに設定されている。2つの期間ごとに、過去3期間に対する結果が計算される

リスト10-17　Scalaでのwindow()を使ったウィンドウ内のデータのカウント処理

```
val accessLogsWindow = accessLogsDStream.window(Seconds(30), Seconds(10))
val windowCounts = accessLogsWindow.count()
```

リスト10-18　Javaでのwindow()を使ったウィンドウ内のデータのカウント処理

```
JavaDStream<ApacheAccessLog> accessLogsWindow = accessLogsDStream.window(
    Durations.seconds(30), Durations.seconds(10));
JavaDStream<Integer> windowCounts = accessLogsWindow.count();
```

他のあらゆるウィンドウ操作を`window()`上に構築することもできますが、効率と利便性のために、Spark Streamingでは他のウィンドウ操作が数多く用意されています。まず、`reduceByWindow()`および`reduceByKeyAndWindow()`を使えば、各ウィンドウに対するreduceの処理を効率よく行えます。これらの関数は、+のような、ウィンドウ全体に対して実行される1つのreduce関数を引数に取ります。加えて、これらの関数には特別な形式も用意されており、ウィンドウに入ってくるデータとウィンドウから出ていくデータだけを考慮することで、Spark に reduce の処理を**インクリメンタル**に計算させることができます。この特別な形式を使うには、+ に対する - のように、reduce 関数の逆の関数が必要になります。大きなウィンドウを扱う場合、reduce の関数の逆の関数があるなら、この形式ははるかに効率が良くなります(**リスト 10-7** 参照)。

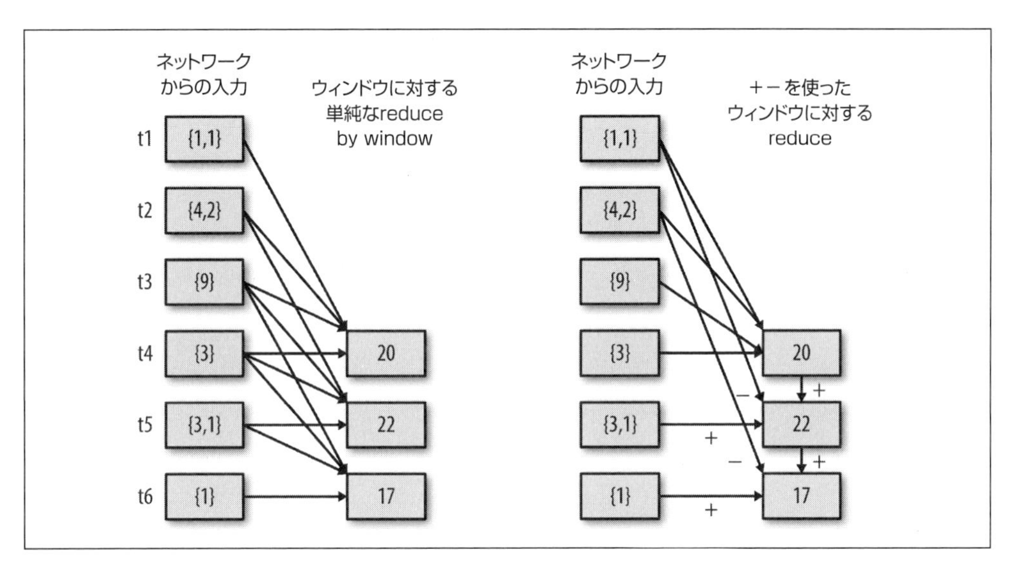

図10-7 単純なreduceByWindowと、逆関数を使うインクリメンタルなreduceByWindow()との違い

ログの処理の例では、この2つの関数を使って、IP アドレスごとのアクセス数のカウントをさらに効率よく行えます。**リスト 10-19** および**リスト 10-20** をご覧ください。

リスト10-19 ScalaでのIPアドレスごとのアクセス数のカウント

```
val ipDStream = accessLogsDStream.map(logEntry => (logEntry.getIpAddress(), 1))
val ipCountDStream = ipDStream.reduceByKeyAndWindow(
  {(x, y) => x + y}, // ウィンドウに入ってきた新しいバッチ群内の要素群の加算
  {(x, y) => x - y}, // ウィンドウから外れた最も古いバッチ群内の要素群の除去
  Seconds(30), // ウィンドウ期間
  Seconds(10)) // スライド期間
```

リスト10-20 JavaでのIPアドレスごとのアクセス数のカウント

```
class ExtractIp extends PairFunction<ApacheAccessLog, String, Long> {
  public Tuple2<String, Long> call(ApacheAccessLog entry) {
    return new Tuple2(entry.getIpAddress(), 1L);
  }
}
class AddLongs extends Function2<Long, Long, Long>() {
```

```
  public Long call(Long v1, Long v2) { return v1 + v2; }
}
class SubtractLongs extends Function2<Long, Long, Long>() {
  public Long call(Long v1, Long v2) { return v1 - v2; }
}

JavaPairDStream<String, Long> ipAddressPairDStream = accessLogsDStream.mapToPair(
  new ExtractIp());
JavaPairDStream<String, Long> ipCountDStream = ipAddressPairDStream.
  reduceByKeyAndWindow(
  new AddLongs(), // ウィンドウに入ってきた新しいバッチ群内の要素群の加算
  new SubtractLongs()
  // ウィンドウから外れた最も古いバッチ群内の要素群の除去
  Durations.seconds(30), // ウィンドウ期間
  Durations.seconds(10)); // スライド期間
```

最後に、データのカウントを簡単に行えるよう、DStreamには`countByWindow()`および`countByValueAndWindow()`があります。`countByWindow()`は、各ウィンドウ内の要素数を表すDStreamを返します。`countByValueAndWindow()`は、それぞれの値のカウントを持つDStreamを返します。**リスト10-21**および**リスト10-22**をご覧ください。

リスト10-21 Scalaでのウィンドウ内のカウント操作

```
val ipDStream = accessLogsDStream.map{entry => entry.getIpAddress()}
val ipAddressRequestCount = ipDStream.countByValueAndWindow(Seconds(30), Seconds(10))
val requestCount = accessLogsDStream.countByWindow(Seconds(30), Seconds(10))
```

リスト10-22 Javaでのウィンドウ内のカウント操作

```
JavaDStream<String> ip = accessLogsDStream.map(
  new Function<ApacheAccessLog, String>() {
    public String call(ApacheAccessLog entry) {
      return entry.getIpAddress();
    }});
JavaDStream<Long> requestCount = accessLogsDStream.countByWindow(
  Dirations.seconds(30), Durations.seconds(10));
JavaPairDStream<String, Long> ipAddressRequestCount = ip.countByValueAndWindow(
  Dirations.seconds(30), Durations.seconds(10));
```

updateStateByKey変換

場合によっては、**状態**をDStream内のバッチ群にまたがって管理できると便利なことがあります（例えばサイトへのユーザーのアクセスに伴うセッションの追跡）。`updateStateByKey()`を使えば、キー／値ペアからなるDStreamの状態変数へアクセスできるので、バッチ群にまたがる状態の管理が可能になります。(key, event)からなるDStreamがある場合、新しいイベントに対して

それぞれのキーの状態を更新する方法を示す関数を渡してやれば、updateStateByKey()は新しい(key, state)からなるDStreamを返してくれます。Webサーバーのアクセスログを例に取れば、イベントはサイトへのアクセスであり、キーはユーザーIDになるでしょう。updateStateByKey()を使えば、それぞれのユーザーが最後にアクセスした10ヵ所のページを追跡することができます。このリストを状態オブジェクトとして、それを各イベントの受信時に更新するのです。

updateStateByKey()を使うには、あるキーに対して受信したイベントを引数に取り、そのキーに対して保存するnewStateを返すupdate(events, oldState)関数を渡してやります。この関数のシグニチャは、次のようになります。

- eventsは、現在のバッチ内で受信したイベントのリストです（空のこともあります）。
- oldStateはオプションの状態オブジェクトで、Option内に保存されます。そのキーに対して過去の状態がない場合は、渡されないこともあります。
- newStateはこの関数によって返される値で、これもOptionです。空のOptionを返せば、状態を削除できます。

updateStateByKey()は、各期間ごとの(key, state)ペアからなるRDDを含む、新しいDStreamを返します。

シンプルな例として、updateStateByKey()を使ってHTTPのレスポンスコードごとのログメッセージ数のランニングカウントを更新していくことにしましょう。ここでは、キーはレスポンスコードであり、状態は各コードに対するカウントを示す整数、そしてイベントはページビューです。先ほどのウィンドウの例とは異なり、**リスト10-23**および**リスト10-24**は、プログラムの開始時から無限に増えていくカウントを更新し続けます。

リスト10-23 ScalaでのupdateStateByKey()を使ったレスポンスコードごとのランニングカウントの更新

```
def updateRunningSum(values: Seq[Long], state: Option[Long]) = {
  Some(state.getOrElse(0L) + values.size)
}

val responseCodeDStream = accessLogsDStream.map(log => (log.getResponseCode(), 1L))
val responseCodeCountDStream = responseCodeDStream.updateStateByKey(updateRunningSum _)
```

リスト10-24 JavaでのupdateStateByKey()を使ったレスポンスコードごとのランニングカウントの更新

```
class UpdateRunningSum implements Function2<List<Long>,
    Optional<Long>, Optional<Long>> {
  public Optional<Long> call(List<Long> nums, Optional<Long> current) {
    long sum = current.or(0L);
    return Optional.of(sum + nums.size());
  }
```

```
};

JavaPairDStream<Integer, Long> responseCodeCountDStream = accessLogsDStream.mapToPair(
    new PairFunction<ApacheAccessLog, Integer, Long>() {
      public Tuple2<Integer, Long> call(ApacheAccessLog log) {
        return new Tuple2(log.getResponseCode(), 1L);
    }})
  .updateStateByKey(new UpdateRunningSum());
```

10.4 出力操作

出力操作は、最終的に変換されたストリーム中のデータに対して行わなければならないこと（例えば外部のデータベースへの書き込みや、画面への出力）を指定します。

RDDが遅延評価されるのと同様に、DStreamやその子孫のDStreamも、出力操作が行われるまでは評価されません。そして、StreamingContextに出力操作が設定されていなければ、そのStreamingContextは起動しません。

すでに使いましたが、一般的にデバッグ出力の操作として使われるのがprint()です。print()は、DStreamの各バッチの先頭の10個の要素を取得して出力します。

プログラムをデバッグすることができたら、結果をセーブするために出力操作を使うこともできます。Spark StreamingのDStreamには、RDDと似たsave()操作があります。これは、ファイルをセーブするディレクトリと、オプションでサフィックスを引数に取ります。各バッチの結果は、ファイル名に時刻とサフィックスを付けて、指定されたディレクトリ内のサブディレクトリにセーブされます。例えば、先ほどのIPアドレスのカウントは**リスト10-25**のようにセーブできます。

リスト10-25 ScalaでのDStreamのテキストファイルへのセーブ

```
ipAddressRequestCount.saveAsTextFiles("outputDir", "txt")
```

saveAsHadoopFiles()はさらに汎用的で、HadoopのOutputFormatを引数として取ります。例えば、Spark Streamingには組み込みのsaveAsSequenceFile()関数はありませんが、**リスト10-26**および**リスト10-27**のようにすれば、SequenceFileをセーブすることができます。

リスト10-26 ScalaでのDStreamからSequenceFileへのセーブ

```
val writableIpAddressRequestCount = ipAddressRequestCount.map {
  (ip, count) => (new Text(ip), new LongWritable(count)) }
writableIpAddressRequestCount.saveAsHadoopFiles[
  SequenceFileOutputFormat[Text, LongWritable]]("outputDir", "txt")
```

リスト10-27 JavaでのDStreamからSequenceFileへのセーブ

```
JavaPairDStream<Text, LongWritable> writableDStream = ipDStream.mapToPair(
  new PairFunction<Tuple2<String, Long>, Text, LongWritable>() {
    public Tuple2<Text, LongWritable> call(Tuple2<String, Long> e) {
      return new Tuple2(new Text(e._1()), new LongWritable(e._2()));
  }});
class OutFormat extends SequenceFileOutputFormat<Text, LongWritable> {};
writableDStream.saveAsHadoopFiles(
  "outputDir", "txt", Text.class, LongWritable.class, OutFormat.class);
```

最後に、汎用の出力操作であるforeachRDD()を使えば、任意の演算処理をDStream内のRDD群に対して実行できます。これは、それぞれのRDDに対して処理を行えるという点で、transform()に似ています。foreachRDD()では、Sparkで使えるすべてのアクションを再利用できます。一般的なユースケースとしては、例えばMySQLのような外部のデータベースへのデータの書き出しがあります。書き出したいデータベースへのsaveAs()関数がSparkになかったとしても、RDDのforeachPartition()を使ってRDDを書き出すことができます。foreachRDD()からは、必要に応じて現在のバッチの時刻も渡してもらうこともできます。これを使えば、それぞれの期間の出力を別々の場所に対して行うことができます。**リスト10-28**は、foreachRDDの簡単な使用例です。

リスト10-28 ScalaでのforeachRDD()を使った外部システムへのデータのセーブ

```
ipAddressRequestCount.foreachRDD { rdd =>
  rdd.foreachPartition { partition =>
    // ストレージシステムへの接続（例えばデータベースへのコネクション）を開く
    partition.foreach { item =>
      // 開いた接続を使って外部システムへアイテムを送出する
    }
    // 接続のクローズ
  }
}
```

10.5 入力ソース

Spark Streamingには、数多くの多彩なデータソースのサポートが組み込まれています。コアソース群の中には、Spark StreamingのMavenの成果物に組み込まれているものもあり、spark-streaming-kafkaのように外部の成果物によって利用できるようになっているものもあります。

本セクションでは、これらのソースのいくつかを見ていきます。ここでは、それらの入力ソースはセットアップされているものとし、それらのシステム内の、特にSpark用ではないコンポーネントは紹介しません。新しいアプリケーションを設計しているなら、手始めのシンプルな入力ソースとしては、HDFSもしくはKafkaを試してみることをお勧めします。

10.5.1 コアのソース

コアのソースからDStreamを生成するメソッドは、すべてStreamingContextに用意されています。それらのソースの1つであるソケットは、これまでの例ですでに調べました。ここではもう2つ、ファイルとAkkaのアクターについて議論します。

ファイルのストリーム

SparkはHadoopと互換性のある任意のファイルシステムからの読み取りをサポートしているので、当然ながらSpark StreamingはHadoopと互換性のあるファイルシステム内のディレクトリに書かれたファイルからストリームを生成できます。この方法でサポートされるバックエンドは多岐にわたるので、この選択肢は広く使われています。特にログデータの場合、HDFSへのコピーが問題になることはないでしょう。Spark Streamingでそういったデータを扱う場合に必要な条件は、ディレクトリ名に一貫性のあるフォーマットが使われていることと、ファイルが**アトミック**に生成されること（例えば、Sparkがモニタリングしているディレクトリへファイルを移動させる）です[†]。**リスト10-4**および**リスト10-5**を**リスト10-29**および**リスト10-30**のように変更すれば、新しいログファイルがディレクトリに現れるとすぐに処理できるようになります。

リスト10-29　ディレクトリ内に書かれたテキストファイルのScalaでのストリーミング

```
val logData = ssc.textFileStream(logDirectory)
```

リスト10-30　ディレクトリ内に書かれたテキストファイルのJavaでのストリーミング

```
JavaDStream<String> logData = jssc.textFileStream(logsDirectory);
```

ダミーのログを生成するには、本書のGitHubにあるスクリプトの`./bin/fakelogs_directory.sh`を使うことができます。あるいは、本物のログデータがあるのであれば、ローテートの仕組みを`mv`コマンドで置き換えて、ローテートされたログをモニタリングしているディレクトリに移動させることもできます。

テキストデータに加えて、Hadoopの入力フォーマットからの読み取りも可能です。「5.2.6 Hadooopの入出力フォーマット」で述べた通り、必要なのはSpark Streamingに`Key`、`Value`、`InputFormat`を渡してやることだけです。例えば、先ほどのストリーミングジョブがログを処理して、毎回転送されたバイト列をSequenceFileとしてセーブしているなら、**リスト10-31**のようにすれば、そのデータを読み取ることができます。

---

† アトミックであるとは、ある操作全体が1度に行われることです。ここでこれが重要なのは、Spark Streamingがファイルを処理している間にさらにデータが現れると、Spark Streamingはその追加データに気づかないためです。ファイルシステムでは、通常ファイル名の変更の操作はアトミックに行われます。

リスト10-31 ディレクトリに書き込まれるSequenceFileのScalaでのストリーミング処理

```
ssc.fileStream[LongWritable, IntWritable,
   SequenceFileInputFormat[LongWritable, IntWritable]](inputDirectory).map {
   case (x, y) => (x.get(), y.get())
}
```

Akkaのアクターストリーム

第2のコアレシーバはactorStreamです。actorStreamは、ストリーミングのソースとしてAkkaのアクター（http://akka.io）を使います。アクターストリームを構築するには、Akkaのアクターを生成し、org.apache.spark.streaming.receiver.ActorHelperインターフェイスを実装します。アクターから入力をSpark Streamingにコピーするには、新しいデータを受信したときにアクター内でstore()関数を呼ばなければなりません。Akkaのアクターストリームはそれほど一般的ではないので、ここでは詳細には立ち入りませんが、Akkaのアクターストリームが動作している様子は、Spark Streamingのカスタムレシーバの公式ドキュメンテーション（http://spark.apache.org/docs/latest/streaming-custom-receivers.html）や、SparkのActorWordCountのサンプル（https://github.com/apache/spark/blob/master/examples/src/main/scala/org/apache/spark/examples/streaming/ActorWordCount.scala）で見ることができます。

10.5.2 追加のソース

コアのソース群に加えて、よく知られているデータ収集システム用の追加レシーバが、Spark Streamingの個別のコンポーネントとしてパッケージ化されています。これらのレシーバは、Sparkの一部であることには変わりありませんが、使用するにはビルドファイルで追加のパッケージをインクルードする必要があります。現在のレシーバには、Twitter、Apache Kafka、Amazon Kinesis、Apache Flume、ZeroMQなどがあります。これらの追加レシーバをインクルードするには、Mavenの成果物のspark-streaming-[projectname]_2.10を、Sparkとバージョン番号をあわせて追加します。

Apache Kafka

Apache Kafkaは、速度と耐久性に優れていることから入力ソースとして広く使われています。Kafkaのネイティブサポートを使えば、多くのトピックのメッセージを簡単に処理できます†。Kafkaのネイティブサポートを使うには、Mavenの成果物のspark-streaming-kafka_2.10をプロジェクトに追加します。提供されるKafkaUtilsオブジェクト（https://spark.apache.org/docs/latest/api/java/org/apache/spark/streaming/kafka/KafkaUtils.html）は、StreamingContextおよびJavaStreamingContext上で動作し、KafkaのメッセージからなるDStreamを生成します。KafkaUtilsは複数のトピックをサブスクライブできるので、生成されるDStreamには、トピック

† Spark 1.3からは、experimentalではありますが、Write Ahead Logなしにexactly-once semanticsをサポートするKafka用の新たなAPIとして、Direct API for Kafkaが追加されました。詳細はhttps://databricks.com/blog/2015/03/30/improvements-to-kafka-integration-of-spark-streaming.htmlを参照してください。

とメッセージのペアが含まれます。ストリームを生成するには、StreamingContext、カンマ区切りのZooKeeperのホスト群を含む文字列、コンシューマグループ名（ユニークな名前）、トピック群と各トピックに対して使用するレシーバスレッド数のマップを渡してcreateStream()メソッドを呼びます（**リスト10-32**および**リスト10-33**を参照）。

リスト10-32　ScalaでApache Kafkaを使い、パンダのトピックをサブスクライブ

```
import org.apache.spark.streaming.kafka._
...
// トピックから使用するレシーバスレッド数へのマップを生成
val topics = List(("pandas", 1), ("logs", 1)).toMap
val topicLines = KafkaUtils.createStream(ssc, zkQuorum, group, topics)
topicLines.print()
```

リスト10-33　JavaでApache Kafkaを使い、パンダのトピックをサブスクライブ

```
import org.apache.spark.streaming.kafka.*;
...
// トピックから使用するレシーバスレッド数へのマップを生成
Map<String, Integer> topics = new HashMap<String, Integer>();
topics.put("pandas", 1);
topics.put("logs", 1);
JavaPairDStream topicLines =
  KafkaUtils.createStream(jssc, zkQuorum, group, topics);
topicLines.print();
```

バージョン1.3からは、SparkはKafkaから直接受信することもできるようになったので、レシーバの障害を扱うことは容易になりました。データは直接読み取られるので、読み取りの後にデータを複製する必要がありません。これは、障害があった場合には、単に読み直せば済むからです。HDFSからデータを読み取る際には複製が不要なのと似ています。このアプローチを使えば、複数のリーダーを使っても、**リスト10-13**を使ってストリームを結合する必要はありません。

Kafkaを直接読む場合は、createStream()ではなくcreateDirectStream()を使いましょう。createStream()の場合と同様に、複数のトピックを購読することができますが、使用するリーダーのスレッド数を指定する必要はありません。**リスト10-34**から**リスト10-35**は、Kafkaのダイレクトストリームの生成の様子を示しています。

リスト10-34　Apache Kafkaからパンダのトピックをダイレクトに Scalaで読み込む

```
import org.apache.spark.streaming.kafka._
import kafka.serializer.StringDecoder
...
// kafkaParamsでブローカーを指定する
val kafkaParams = Map[String, String]("metadata.broker.list" -> brokers)
// トピックと、そのトピックに対して使用するレシーバスレッド数とのmapを生成
```

```
val topicSet = List("pandas", "logs").toSet
val topicLines = KafkaUtils.createDirectStream[String, String,
  StringDecoder, StringDecoder](ssc, kafkaParams, topicSet)
StreamingLogInput.processLines(topicLines.map(_._2))
```

リスト10-35　Apache Kafkaからパンダのトピックをダイレクトに Javaで読み込む

```
import org.apache.spark.streaming.kafka.*;
import kafka.serializer.StringDecoder;
...
HashSet<String> topicsSet = new HashSet<String>();
topicsSet.put("pandas");
topicsSet.put("logs");
HashMap<String, String> kafkaParams = new HashMap<String, String>();
kafkaParams.put("metadata.broker.list", brokers);
JavaPairDStream<String, String> input =
  KafkaUtils.createDirectStream(jssc,
    String.class,
    String.class,
    StringDecoder.class,
    StringDecoder.class,
    kafkaParams,
    topics)
input.print();
```

Apache Flume

Spark には、Apache Flume（http://flume.apache.org）を使うためのレシーバが 2 種類あります（**図 10-8** 参照）。それぞれを次に示します。

プッシュベースのレシーバ

このレシーバは Avro の sink として動作するもので、Flume が送信したデータを受信します。

プルベースのレシーバ

このレシーバは、中間のカスタム sink からデータをプルすることができます。他のプロセスは、Flume を使ってこの sink にデータをプッシュできます。

どちらのアプローチを取る場合でも、Flume を設定し直し、レシーバをノードの設定したポート（Spark や Flume がすでに使っているポート以外）上で動作させる必要があります。どちらを使うにしても、プロジェクトには Maven の成果物の `spark-streaming-flume_2.10` をインクルードしなければなりません。

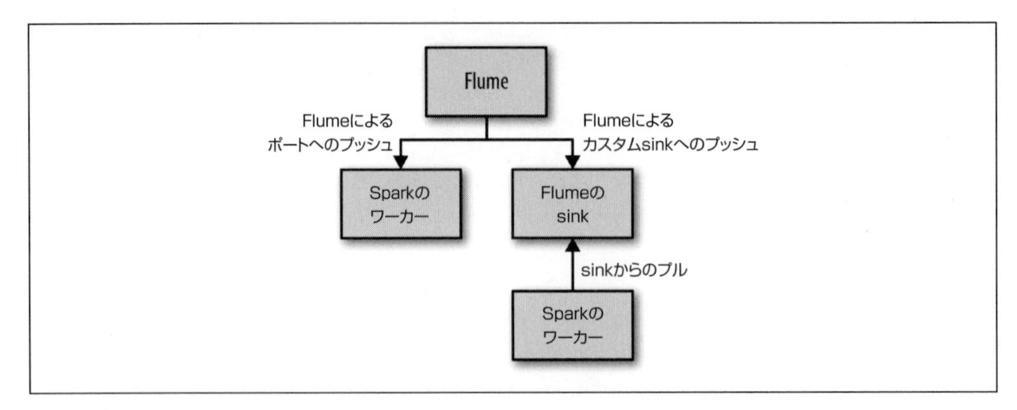

図10-8 Flumeのレシーバの選択肢

プッシュベースのレシーバ

プッシュベースのアプローチはすぐにセットアップできますが、データのレシーブの際にトランザクションを使いません。このアプローチでは、レシーバはAvroのsinkとして動作するので、Avroのsinkに対してデータを送るようにFlumeを設定しなければなりません（**リスト10-36**）。提供されているFlumeUtilsオブジェクトは、指定したワーカーのホスト名とポート上で起動するようにレシーバをセットアップします（**リスト10-37**および**リスト10-38**）。これらは、Flumeの設定と一致していなければなりません。

リスト10-36 Avro sinkにデータを送信するためのFlumeの設定

```
a1.sinks = avroSink
a1.sinks.avroSink.type = avro
a1.sinks.avroSink.channel = memoryChannel
a1.sinks.avroSink.hostname = receiver-hostname
a1.sinks.avroSink.port = port-used-for-avro-sink-not-spark-port
```

リスト10-37 ScalaでのFlumeUtilsエージェント

```
val events = FlumeUtils.createStream(ssc, receiverHostname, receiverPort)
```

リスト10-38 JavaでのFlumeUtilsエージェント

```
JavaDStream<SparkFlumeEvent> events = FlumeUtils.createStream(ssc, receiverHostname,
                                      receiverPort)
```

単純さという利点はありますが、このアプローチにはトランザクションがないという欠点があります。そのため、レシーバを動作させているワーカーノードに障害があった場合、少量のデータが失われてしまう可能性が増えます。さらには、レシーバを動作させているワーカーに障害があれば、システムはレシーバを他の場所で起動しようとするため、新しいワーカーへデータを送信するよう、Flumeを設定し直さなければなりません。多くの場合、こうしたセットアップは難しいことです。

プルベースのレシーバ

プルベースのアプローチは新しいアプローチ（Spark 1.1で追加されました）であり、Spark Streamingが読み取りを行う特別なFlumeのsinkをセットアップし、レシーバはそのsinkからデータをプルします。このアプローチでは、Spark Streamingがデータを読み取って複製し、それをsinkに通知するまでをトランザクションとして完了するまでは、データはsinkに残ったままになります。そのため、このアプローチは耐久性が必要な場合に使用するのが良いでしょう。

最初に、カスタムのsinkをFlumeのサードパーティプラグインとしてセットアップしなければなりません。最新の手順は、Flumeのドキュメンテーションのinstalling plug-insのページ（https://flume.apache.org/FlumeUserGuide.html#installing-third-party-plugins）にあります。このプラグインはScalaで書かれているので、カスタムsinkのプラグインとScalaのライブラリをFlumeのプラグインに追加しなければなりません。Spark 1.1でのMavenの構成を**リスト10-39**に示します。

リスト10-39 FlumeのsinkのためのMavenの構成

```
groupId = org.apache.spark
artifactId = spark-streaming-flume-sink_2.10
version = 1.4.0

groupId = org.scala-lang
artifactId = scala-library
version = 2.10.4
```

flumeのカスタムsinkをノードに追加できたら、**リスト10-40**に示すように、そのsinkにプッシュするようにFlumeを設定しなければなりません。

リスト10-40 カスタムsinkにデータを送信するためのFlumeの設定

```
a1.sinks = spark
a1.sinks.spark.type = org.apache.spark.streaming.flume.sink.SparkSink
a1.sinks.spark.hostname = receiver-hostname
a1.sinks.spark.port = port-used-for-sync-not-spark-port
a1.sinks.spark.channel = memoryChannel
```

データがsinkでバッファされれば、そのデータを`FlumeUtils`を使って読み取ることができます。**リスト10-41**および**リスト10-42**をご覧ください。

リスト10-41 FlumeUtilsを使ったScalaでのカスタムsinkの読み取り

```
val events = FlumeUtils.createPollingStream(ssc, receiverHostname, receiverPort)
```

リスト10-42 FlumeUtilsを使ったJavaでのカスタムsinkの読み取り

```
JavaDStream<SparkFlumeEvent> events = FlumeUtils.createPollingStream(ssc,
  receiverHostname, receiverPort)
```

どちらの場合も、DStreamはSparkFlumeEvents（https://spark.apache.org/docs/latest/api/java/org/apache/spark/streaming/flume/SparkFlumeEvent.html）で構成されます。下位層のAvroFlumeEventには、eventを通じてアクセスできます。イベントの本体がUTF-8の文字列であれば、その内容は**リスト10-43**のようにして取得できます。

リスト10-43 ScalaでのSparkFlumeEvent

```
// FlumeのイベントはUTF-8のログの行だと仮定する
val lines = events.map{e => new String(e.event.getBody().array(), "UTF-8")}
```

カスタムの入力ソース

提供されているソースに加えて、独自のレシーバを実装することもできます。その方法については、SparkのドキュメンテーションのStreaming Custom Receivers Guide（http://spark.apache.org/docs/latest/streaming-custom-receivers.html）を参照してください。

10.5.3 複数ソースとクラスタのサイジング

すでに取り上げた通り、union()のような操作を使い、複数のDStreamを結合することができます。こういった操作を通じて、複数の入力DStreamからのデータを結合できます。場合によっては、トータルでの取り込みのスループットを向上させるために、複数のレシーバが必要になることがあります（1つだけのレシーバがボトルネックになってしまうような場合）。あるいは、さまざまなソースから異なる種類のデータを受信し、結合やcogroupの処理をするために、数多くのレシーバを生成することもあります。

重要なのは、複数のレシーバを実行する際に、Sparkクラスタ内でそれらがどのように動作するのかを理解することです。それぞれのレシーバは、Sparkのエクゼキュータ内で長時間動作するタスクとして動作するので、アプリケーションに割り当てられたCPUコアを使用することになります。さらには、データを処理するためのコアも必要になります。複数のレシーバを動作させるためには、少なくともレシーバの数と同じだけのコアに加えて、演算処理を実行するためのコアも必要になるかもしれません。例えば、ストリーミングのアプリケーションで10個のレシーバを動作させたいのであれば、最低でも11コアが必要になります。

マスターを local あるいは local[1] に設定した状態で、Spark Streaming のプログラムをローカル実行してはいけません。そうした場合、タスクには 1 つの CPU だけが割り当てられるので、レシーバがマスター上で動作すると、受信したデータを処理するリソースが残らないことになります。コア数を増やすために、最低でも local[2] としてください。

10.6　常時稼働の運用

Spark Streaming の主なメリットは、強固なフォールトトレランスが保証されることです。入力データが信頼性を持って保存されるなら、Spark Streaming は厳密に 1 度限りのセマンティクスの下で、仮にワーカーやドライバに障害があったとしても、常に正しい結果を計算できます（すなわち、すべてのデータはいずれのノードにも障害がなかったかのように処理されます）。

Spark Streaming のアプリケーションを常時稼働させるためには、多少特殊なセットアップが必要になります。最初のステップは、HDFS や Amazon S3[†] のような信頼性のあるストレージシステムへの**チェックポイント処理**をセットアップすることです。加えて、ドライバプログラムのフォールトトレランス（これには特殊なセットアップのコードが必要になります）や、信頼性の低い入力ソースについても配慮が必要になります。本セクションでは、これらのセットアップの方法を採り上げます。

10.6.1　チェックポイント処理

チェックポイント処理は、Spark Streaming でフォールトトレランスが必要な場合にセットアップしなければならない、主要な仕組みです。チェックポイント処理によって、Spark Streaming はアプリケーションに関するデータを、HDFS や Amazon S3 などの信頼性のあるストレージシステムに定期的にセーブし、リカバリに使用できるようになります。チェックポイント処理には、特に 2 つの目的があります。

- 障害発生時に生ずる状態の再計算の限定。「10.2 アーキテクチャと抽象化」で議論した通り、Spark Streaming は変換の系統グラフを使って状態を再計算することができます。チェックポイント処理によって、この処理がどこまでさかのぼるかを制御できます。
- ドライバへのフォールトトレランスの提供。ストリーミングアプリケーションのドライバプログラムがクラッシュした場合、ドライバプログラムを再度実行し、チェックポイントからリカバリするように指示することができます。この場合、Spark Streaming はプログラムが以前にどこまでデータを処理していたかを読み取り、そこから処理を引き継ぎます。

以上のことから、ストリーミングアプリケーションを実稼働させるのであれば、チェックポイン

† 本書では、これらのファイルシステムのセットアップ方法は取り上げませんが、多くの Hadoop やクラウド環境ではこれらが使われています。独自のクラスタをデプロイするのであれば、おそらく HDFS が最もセットアップしやすいでしょう。

ト処理をセットアップすることが重要です。**リスト 10-44** に示す通り、チェックポイント処理をセットアップするには、ssc.checkpoint() メソッドにパス（HDFS、S3、ローカルファイルシステムなど）を渡します。

リスト10-44　チェックポイント処理のセットアップ

```
ssc.checkpoint("hdfs://...")
```

注意しなければならないのは、ローカルモードの場合であっても、チェックポイント処理が有効になっていない状態でステートフルな操作をしようとすると、Spark Streaming が警告を発することです。この場合、チェックポイント処理のためにローカルのファイルシステムのパスを渡してやることができます。ただし、実稼働環境の設定では、HDFS、S3、NFS のファイルサーバーといった、複製が行われるシステムを使うべきです。

10.6.2 ドライバのフォールトトレランス

ドライバノードの障害に耐えられるようにするためには、チェックポイントのディレクトリを渡す、特別な方法で StreamingContext を生成しなければなりません。単純に new StreamingContext とするのではなく、StreamingContext.getOrCreate() 関数を呼ぶ必要があります。以前の例のコードは、**リスト 10-45** および**リスト 10-46** のように変更します。

リスト10-45　障害から回復できるドライバのScalaでのセットアップ

```
def createStreamingContext() = {
  ...
  val sc = new SparkContext(conf)
  // バッチサイズを1秒に設定して StreamingContext を生成する
  val ssc = new StreamingContext(sc, Seconds(1))
  ssc.checkpoint(checkpointDir)
}
...
val ssc = StreamingContext.getOrCreate(checkpointDir, createStreamingContext _)
```

リスト10-46　障害から回復できるドライバのJavaでのセットアップ

```
JavaStreamingContextFactory fact = new JavaStreamingContextFactory() {
  public JavaStreamingContext call() {
    ...
    JavaSparkContext sc = new JavaSparkContext(conf);
    // バッチサイズを1秒に設定して StreamingContext を生成する
    JavaStreamingContext jssc = new JavaStreamingContext(sc, Durations.seconds(1));
    jssc.checkpoint(checkpointDir);
    return jssc;
  }};
JavaStreamingContext jssc = JavaStreamingContext.getOrCreate(checkpointDir, fact);
```

チェックポイントディレクトリがまだ存在しないものとして、最初にこのコードが実行されると、ファクトリ関数（Scalaの場合はcreateStreamingContext()で、Javaの場合はJavaStreamingContextFactory()）が呼ばれた時点でStreamingContextが生成されます。このファクトリ関数では、チェックポイントのディレクトリを設定しておかなければなりません。ドライバに障害が起こった場合にドライバを再起動し、このコードが再度実行されると、getOrCreate()はチェックポイントディレクトリからStreamingContextを初期化し直し、処理を再開します。getOrCreate()を使って初期化のコードを書くことに加えて、ドライバプログラムがクラッシュした場合の再起動も必要になります。ほとんどのクラスタマネージャでは、ドライバがクラッシュしてもSparkは自動的にドライバを再起動しないので、monitのようなツールを使ってモニタリングと再起動を行わなければなりません。そのための最も良い方法は、おそらく環境によって異なります。Sparkのサポートが手厚いものの1つはStandaloneクラスタマネージャで、Sparkによる再起動をさせる--superviseフラグがサポートされており、ドライバを投入する際にこのフラグを指定できます。また、**リスト10-47**のように--deploy-mode clusterを渡せば、ドライバはユーザーのローカルマシンではなく、クラスタ内で実行されるようになります。

リスト10-47　スーパーバイズモードでのドライバの起動

```
./bin/spark-submit --deploy-mode cluster --supervise --master spark://... App.jar
```

このオプションを使う場合は、SparkのStandaloneマスターもフォールトトレラントにするほうが良いでしょう。それには、Sparkのドキュメンテーションにある通り（https://spark.apache.org/docs/latest/spark-standalone.html#high-availability）、ZooKeeperを使うように設定します。以上のセットアップで、アプリケーションには単一障害点がなくなります。

最後に、ドライバがクラッシュした場合、Sparkのエクゼキュータ群も再起動することに注意してください。この動作はSparkの将来のバージョンでは変更されるかもしれませんが、1.4およびそれ以前のバージョンでは、ドライバがなければエクゼキュータはデータの処理を続けることはできないので、再起動することになります。再起動されたドライバは、新たなエクゼキュータ群を起動し、中断した時点から処理を再開します。

10.6.3　ワーカーのフォールトトレランス

ワーカーノードに障害があった場合、Spark StreamingはSparkと同様のメカニズムを使って障害に対処します。外部のデータソースから受信したデータは、すべてSparkのワーカー間で複製されています。この複製された入力データを変換することによって生成されたすべてのRDDは、1台のワーカーノードの障害には耐えることができます。これは、RDDの系統グラフによって、Sparkは入力データの生き残っている複製からさかのぼり、失われたデータを再計算できるためです。

10.6.4 レシーバのフォールトトレランス

もう1つの重要な考慮事項として、レシーバを実行しているワーカーのフォールトトレランスがあります。そういった障害が起きた場合、Spark Streamingは障害のあったレシーバをクラスタ内の他のノード上で再起動します。ただし、障害のあったレシーバが受信したデータを失う可能性の有無は、ソースの性質（データを再送できるかどうか）とレシーバの実装（データの受信をソースに通知するかどうか）によります。例えばFlumeを使っている場合、2つのレシーバの主な違いの1つは、データの損失がないことを保証するかどうかです。レシーバがsinkからプルを行う動作モデルでは、Sparkは内部で複製された要素を、1度だけ取り除きます。レシーバへプッシュされる動作モデルでは、データが複製される前にレシーバに障害があれば、データの一部が失われることがあります。概して、データが一切失われないことを保証するためには、いかなるレシーバを使う場合でも、上流のソースのフォールトトレランス（トランザクションを使うかどうか）も考慮に入れなければなりません。

概して、レシーバは次のようなことを保証します。

- 信頼できるファイルシステムから読み取ったすべてのデータ（例えば`StreamingContext.hadoopFiles`で読み取ったデータ）は、下位層のファイルシステムが複製を行っていることから、信頼性があります。Spark Streamingは、どのデータが処理済みかをチェックポイントで覚えており、アプリケーションがクラッシュした場合には、中断時点から処理を再開できます。

- Kafka、プッシュベースのFlume、Twitterのように信頼性のないソースの場合、Sparkは入力データを他のノードに複製しますが、レシーバのタスクが落ちた場合は、わずかにデータが失われるかもしれません。Spark 1.1およびそれ以前のバージョンでは、受信したデータはエクゼキュータにインメモリで複製されるだけだったので、ドライバがクラッシュした場合（すべてのエクゼキュータとの接続が切れてしまいます）にもデータが失われることがありました。Spark1.2では、受信したデータはHDFSのような信頼性のあるファイルシステムに記録され、ドライバが再起動しても失われないようになっています。

以上のことからまとめると、すべてのデータが処理されることを保証する最良の方法は、信頼性のある入力ソース（例えばHDFSやプルベースのFlume）を使うことです。これは概して、そのデータを後ほどバッチジョブで処理しなければならない場合のベストプラクティスでもあります。こうすることで、バッチジョブとストリーミングジョブの両方が、同じデータを見て、同じ結果を生成することが保証されます。

10.6.5 処理の保証

Spark Streamingのワーカーのフォールトトレランスは、Spark Streamingは**厳密に1度限りのセマンティクス**をすべての変換に対して保証できます。これは、ワーカーに障害が起こり、一部のデータが再処理されたとしても、変換の最終的な結果（すなわち変換されたRDD）は、そのデータが厳密に1度だけ処理された場合と同じになります。

とはいえ、変換された結果が出力操作によって外部のシステムに送出される場合、結果の送出を行うタスクが障害のために複数回実行され、一部のデータが複数回送出されてしまうことがあり得ます。この問題には外部のシステムが関わっているため、対処はシステム固有のコードで行わなければなりません。それには、外部のシステムへの送出にトランザクションを使う（すなわち、1つのRDDのパーティションの送出を1回でアトミックに行う）ことや、更新処理が冪等な操作になるように設計する（更新が複数回行われても生成される結果が同じになるようにする）といったことが考えられます。例えばSpark Streamingの`saveAs...File`操作は、ファイルの生成が完了した時点でそのファイルを最終的な出力場所へアトミックに移動することによって、各出力ファイルが1つだけ存在することを自動的に保証してくれます。

10.7 ストリーミングのUI

Spark Streamingは、アプリケーションが行っている処理の内容を見ることができる、特別なUIページを提供しています。このページには、普通のSparkのUI（通常はhttp://<driver>:4040）のStreamingのタブからアクセスできます。サンプルのスクリーンショットを図10-9に示します。

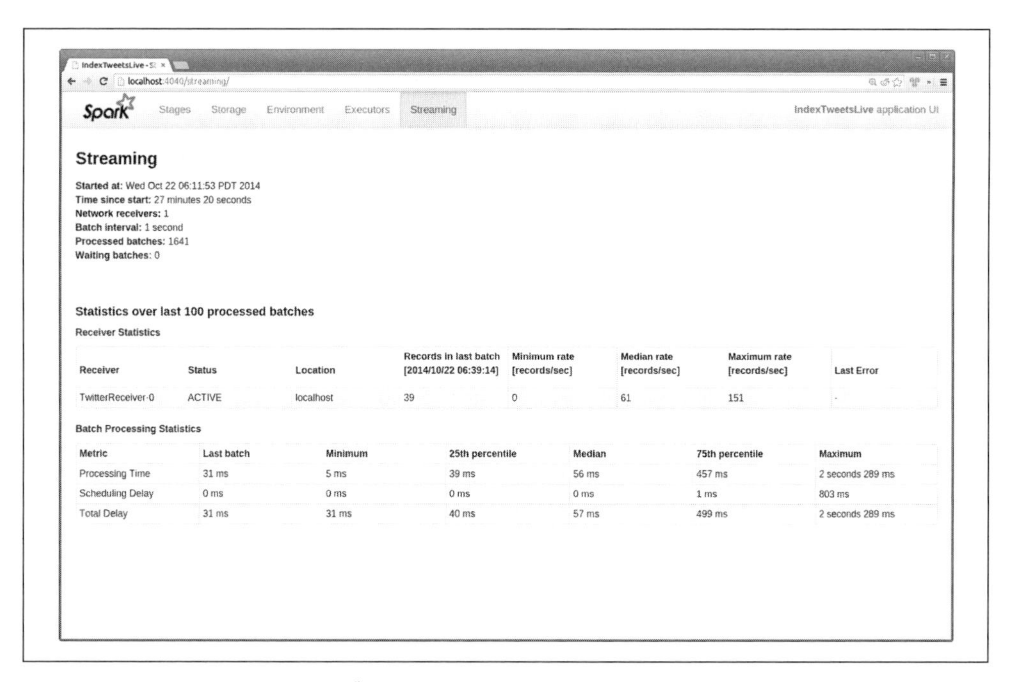

図10-9　SparkのUIのStreaming UIタブ

このストリーミングのUIは、バッチの処理とレシーバの統計を表示してくれます。この例では1つのネットワークレシーバがあり、メッセージの処理のレートを見て取ることができます。処理が追いついていない場合に、各レシーバが処理できるレコード数を見ることもできるでしょう。また、レシーバに障害が起きているかもわかります。バッチ処理の統計は、バッチの処理にかかる時間や、ジョブのスケジューリングに遅れが生じているかどうかも示します。クラスタに競合が起きているなら、スケジュールの遅延は大きくなっていくかもしれません。

10.8 パフォーマンスの検討

これまでSpark全般について議論してきたパフォーマンスに関する考慮点に加えて、Spark Streamingアプリケーションには、特有のチューニングのポイントがあります。

10.8.1 バッチとウィンドウのサイズ

最もよくある疑問は、Spark Streamingで使える最小のバッチサイズです。概して、多くのアプリケーションの最小値としては、500ミリ秒が良い値だといわれています。最も優れたアプローチは、もっと大きなバッチサイズ（10秒程度）から始め、少しずつバッチサイズを小さくしていくことです。ストリーミングのUIで報告される処理時間が一定のままならバッチサイズを下げていってもかまいませんが、処理時間が増大しているようなら、そのアプリケーションでの限度に達したと推測できます。

ウィンドウ処理の場合も同様に、結果を計算するインターバル（すなわちスライド期間）は、パフォーマンスに大きく影響します。もしも負荷の高い演算処理がボトルネックになっているようであれば、このインターバルを大きくすることを検討してください。

10.8.2 並列度

バッチの処理時間を減らすための一般的な方法は、並列度を上げることです。並列度を上げる方法は3つあります。

レシーバ数を増やす

1台で読み取りと分配を行うにはレコード数が多すぎる場合、レシーバがボトルネックになってしまうことがあります。複数のDStreamを生成すれば、レシーバを追加することができます。`union`を適用すればそれらを1つのストリームとしてマージできます。

受信したデータを明示的にパーティショニングし直す

どうしてもそれ以上レシーバを増やせない場合、`DStream.repartition`を使って入力ストリーム（もしくは複数のストリームをまとめたストリーム）を明示的にパーティショニングし直すことにより、受信したデータを広く配分し直すことができます。

集約の並列度を増す

すでにRDDで議論したのと同様に、`reduceByKey()`のような操作では2番目のパラメータとして並列度を指定できます。

10.8.3　ガベージコレクションとメモリ消費

もう1つ問題になり得ることに、Javaのガベージコレクションがあります。Javaの並行Mark-Sweepガベージコレクタを有効にすれば、GCによる予想外の大きな中断を最小限にとどめることができます。並行Mark-Sweepガベージコレクタを使うと、全体的にリソースの消費は増大しますが、中断の回数を減らすことができます。

GCは、Sparkの設定パラメータの`spark.executor.extraJavaOptions`に`-XX:+UseConcMarkSweepGC`を追加すれば制御できます。**リスト10-48**では、`spark-submit`でこのオプションを指定しています。

リスト10-48　並行Mark-Sweepガベージコレクタの有効化

```
spark-submit --conf spark.executor.extraJavaOptions=-XX:+UseConcMarkSweepGC App.jar
```

中断を生じにくくするガベージコレクタを使うことに加えて、GCのプレッシャーを下げることで大きな違いを生むことができます。RDDのキャッシングを、ネイティブのオブジェクトではなく、シリアライズされた形式で行うこともGCのプレッシャーを下げてくれます。そのため、Spark Streamingが生成するRDDは、シリアライズされた形式で保存されるのがデフォルトになっています。Kryoシリアライゼーションを使えば、キャッシュされたデータのメモリ内での表現に必要なメモリ量を、さらに減らすことができます。

Sparkでは、キャッシュ、すなわち永続化されたRDDがキャッシュから廃棄される方法も制御できます。デフォルトでSparkが使うのはLRUキャッシュです。`spark.cleaner.ttl`を設定すれば、Sparkは一定期間よりも古くなったRDDを明示的に廃棄させるようになります。おそらくは不要になったRDDを先行して廃棄させれば、GCのプレッシャーを下げられるかもしれません。

10.9　まとめ

本章では、DStreamを使用したストリーミングデータの処理の方法を見てきました。DStreamはRDDで構成されているので、これまでの章で得た手法や知識は、ストリーミングやリアルタイムのアプリケーションにも引き続き適用できます。次章ではSparkでの機械学習を見ていきましょう。

11章
MLlibを使った機械学習

MLlibは、機械学習のためのSparkのライブラリです。MLlibはクラスタ上で並列に動作するように設計されており、多くの学習アルゴリズムを含むと共に、Sparkのすべてのプログラミング言語から利用できます。本章では、ユーザーのプログラムからMLlibを呼ぶ方法を紹介すると共に、一般的な使用上のテクニックを示します。

機械学習は、それ自体が多くの書籍に匹敵するだけの大きなトピックです†。そのため残念ながら、本章では機械学習について詳細に解説するだけのスペースはありません。とはいえ、読者がすでに機械学習になじみがあるなら、本章を読めばSparkで機械学習を使う方法を理解できます。もし機械学習を試してみるのが初めてであっても、本章の題材を他の入門の題材と組み合わせてみてください。本章が最も関係してくるのは、機械学習の背景知識を持っており、Sparkを使おうとしているデータサイエンティストや、機械学習のエキスパートと共に働いているエンジニアの方々です。

11.1 概要

MLlibの設計と考え方はシンプルです。MLlibを使えば、すべてのデータがRDDとして表現された分散データセットに対して、さまざまなアルゴリズムを適用できます。MLlibはいくつかのデータ型を新たに導入しますが（例えばラベル付きデータ点やベクトル）、結局のところは、RDDに対して呼びだす関数の集合にすぎません。例えば、MLlibをテキストの分類のタスクのために利用するには、次の手順を踏みます。

1. メッセージを表現する文字列のRDDを出発点とします。
2. MLlibの**特徴抽出**アルゴリズムを実行し、テキストを数値で表現された特徴に変換します（学習アルゴリズムで処理しやすくするため）。これによって、ベクトルのRDDが返されます。

† オライリー・ジャパンからは『実践 機械学習システム』『入門機械学習』が刊行されています。

3. ベクトルのRDDに対して分類アルゴリズム（例えばロジスティック回帰）を呼びます。これで、新しいデータ点を分類するために使えるモデルオブジェクトが返されます。

4. テスト用のデータセットでMLlibの評価関数の1つを使い、モデルを評価します。

MLlibについて注意するべき重要なことの1つは、MLlibに含まれているのは、クラスタ上でうまく動作する**並列**アルゴリズムだけである点です。古くからある機械学習のアルゴリズムの中には、並列プラットフォーム用に設計されていないことからMLlibに含まれていないものもありますが、一方でMLlibには分散ランダムフォレスト、K平均法、交互最小2乗法といった、近年研究されたアルゴリズムがいくつか含まれています。こうした選択が行われていることで、MLlibはそれぞれのアルゴリズムを大規模なデータセットに対して実行する上で最適なものになっているのです。仮に、多種類の学習モデルのトレーニングを行うための小さなデータセットを大量に持っているなら、例えばSparkの`map()`を使い、各ノード上で単一ノード用の学習ライブラリ（例えばWeka http://www.cs.waikato.ac.nz/ml/weka/ やSciKit-Learn http://scikit-learn.org/stable/）を呼ぶ方が良いかもしれません。同様に、機械学習のパイプラインでは、最適なパラメータ設定を選択するために、小さなデータセットに対して**同じアルゴリズム**を異なるパラメータ設定の下でトレーニングを行わなければならないこともあります。これもやはり、各ノードで単一ノード用の学習ライブラリを用い、Sparkの`parallelize()`をパラメータ群のリストに対して使うことによって、いくつものノード上でトレーニングを行うことができます。とはいえ、MLlibそのものが輝きを放つのは、大規模な分散データセットを使ってモデルのトレーニングを行わなければならないような場合です。

最後に、Spark 1.0および1.1におけるMLlibのインターフェイスは比較的低レベルであり、多くのタスク呼び出し関数が提供されてはいるものの、学習パイプライン（例えばトレーニングデータとテストデータへの入力の分割や、異なるパラメータの組み合わせた試行など）に一般的に求められる高レベルのワークフローは提供されていません。Spark 1.2では、こうしたパイプラインを構築するための**パイプラインAPI**（本書の執筆時点では、まだexperimentalとされています）がMLlibに追加されました。このAPIは、SciKit-Learnのような高レベルのライブラリに似ており、おそらくは完全な、自己チューニング型のパイプラインの作成を容易にしてくれます。本章の最後にはこのAPIをプレビューしますが、本章で焦点を主に当てるのは、低レベルAPI群です。

11.2 システム要件

MLlibを動作させるためには、マシン群にいくつかの線形代数ライブラリをインストールしておく必要があります。まず、オペレーティングシステムに合わせた`gfortran`ランタイムライブラリが必要です。もしもMLlibが`gfortran`がないという警告を出してきたなら、MLlibのWebサイト（http://spark.apache.org/docs/latest/mllib-guide.html）にあるセットアップの手順に従ってください。2番目に、MLlibをPythonから使う場合にはNumPy（http://www.numpy.org）が必要です。Pythonの環境にNumPyがない場合（すなわち`import numpy`に失敗する場合）は、

Linuxのパッケージマネージャでpython-numpyもしくはnumpyパッケージをインストールするか、Anaconda（http://continuum.io/downloads）のようなサードパーティの科学計算用のPythonのインストーラを使うのが、もっとも簡単な入手方法です。

MLlibがサポートしているアルゴリズムは、時間と共に進歩もしています。本章で議論するアルゴリズム群は、すべてSpark 1.2で利用できますが、中にはそれ以前のバージョンにはなかったものもあります。

11.3　機械学習の基礎

MLlibの関数群を見ていくために、まずは機械学習の概念を簡単に振り返っておきましょう。

機械学習のアルゴリズム群は、**トレーニングデータ**に基づいて予測や判断を試み、しばしばアルゴリズムの振る舞いに関する数学的な目標を最大化します。学習の課題には、分類、回帰、クラスタリングといった種類があり、それぞれに異なる目的があります。シンプルな例として、**分類**を考えてみましょう。分類では、ラベル付けされた他のアイテムのサンプル（例えばスパムであったり、スパムでないことがわかっているメール）に基づき、あるアイテムがいくつかのカテゴリのどれに属するのかを特定することが求められます。

すべての学習アルゴリズムでは、それぞれのアイテムに対して特徴の集合を定義することが必要であり、この特徴の集合が学習関数に渡されることになります。メールを例に取れば、メールの送信元のサーバー、freeという単語の言及回数、あるいはそのテキストの色などが特徴に含まれます。多くの場合、適切な特徴を定義することは、機械学習を利用する上で最も難しい部分です。例えば、製品のレコメンデーションというタスクでは特徴を1つ追加するだけで（例えばレコメンドすべき書籍は、ユーザーの見た映画にも依存していることが理解できそうです）、結果が大きく改善されることがあります。

多くのアルゴリズムは、数値的な特徴（正確には、各特徴の値を示す数値からなるベクトル）のみを対象として定義されるので、しばしばそうした特徴ベクトルを生成するための**特徴の抽出および変換**が重要なステップになります。例えば、テキストの分類（スパムとそうでない場合の対比がそうです）の場合、テキストを特徴付けるやり方には、それぞれの単語の出現頻度など、いくつかの方法があります。

データを特徴ベクトルとして表現することができたなら、ほとんどの機械学習のアルゴリズムは、それらのベクトルに基づき、十分に定義された数学的な関数を最適化します。例えば、1つの分類アルゴリズムは、何らかの最もうまい切り分けの定義（例えば、その平面によって正しく切り分けられるデータ点数を最大にする）に従って、スパムとスパムではないサンプルを最もうまく切り分ける（特徴ベクトル空間内の）平面を定義するかもしれません。最後には、そのアルゴリズムは学習の判断（すなわち選択された平面）を表現する**モデル**を返します。そして、このモデルを使うことで、新しいデータ点に対して予測を行うことができるのです（例えば、新しいメールの特徴ベクトルが、平面のどちら側にくるかを調べることによって、それがスパムかどうかを判定する）。**図11-1**に学習パイプラインの例を示します。

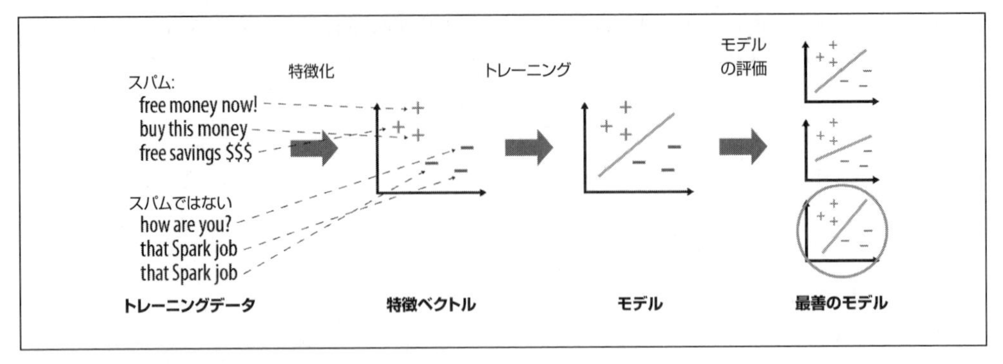

図11-1　機械学習パイプラインの典型的なステップ

最後に、ほとんどの学習アルゴリズムには、結果に影響を及ぼすパラメータが複数あるので、実際に利用されるパイプラインは、複数バージョンのモデルをトレーニングし、それぞれを**評価**することになります。そのためには、一般的に入力データを「トレーニング」セットと「テスト」セットに分け、トレーニングは前者でのみ行い、モデルがトレーニングデータに対して**過学習**していないかを調べるためにテストセットを利用できるようにします。MLlibには、モデル評価のためのアルゴリズムが複数用意されています。

11.3.1　サンプル：スパムの分類

MLlibの手短なサンプルとして、スパムの分類器を構築するためのきわめてシンプルなプログラムを紹介しましょう（**リスト11-1**から**リスト11-3**）。このプログラムでは、MLlibのアルゴリズムを2つ使用しています。`HashingTF`は、**単語の出現頻度**という特徴ベクトルをテキストデータから抽出し、`LogisticRegressionWithSGD`は、ロジスティック回帰手続きを、確率的勾配降下法（Stochastic Gradient Descent = SGD）を使って実装しています。ここでは、`spam.txt`と`normal.txt`という2つのファイルから始めることにしましょう。これらのファイルには、それぞれスパムとスパムではないメールのサンプルが、行ごとに格納されています。そして、それぞれのファイル中のこのテキストをTFを用いて特徴ベクトルに変換し、ロジスティック回帰モデルをトレーニングし、メッセージを2つの種類に分類します。このコードとデータファイルは、本書のGitリポジトリにあります。

リスト11-1　Pythonでのスパムの分類器

```
from pyspark.mllib.regression import LabeledPoint
from pyspark.mllib.feature import HashingTF
from pyspark.mllib.classification import LogisticRegressionWithSGD

spam = sc.textFile("spam.txt")
normal = sc.textFile("normal.txt")
```

```
# メールのテキストを10,000個の特徴ベクトルへマップするためのHashingTFインスタンスの生成。
tf = HashingTF(numFeatures = 10000)
# 各メールを単語に分割し、それぞれの単語を1つの特徴にマップする。
spamFeatures = spam.map(lambda email: tf.transform(email.split(" ")))
normalFeatures = normal.map(lambda email: tf.transform(email.split(" ")))

# 陽性（スパム）と陰性（正常）のサンプルのためのLabeledPointデータセットの生成。
positiveExamples = spamFeatures.map(lambda features: LabeledPoint(1, features))
negativeExamples = normalFeatures.map(lambda features: LabeledPoint(0, features))
trainingData = positiveExamples.union(negativeExamples)
trainingData.cache() # ロジスティック回帰はイテレーティブなアルゴリズムなのでキャッシュしておく。

# SGDアルゴリズムを使ってロジスティック回帰を実行。
model = LogisticRegressionWithSGD.train(trainingData)

# 陽性のサンプル（スパム）と陰性のサンプル（正常）をテストする。まず
# 同じHashingTFの特徴変換を行ってベクトルを取得し、モデルを適用する。
posTest = tf.transform("O M G GET cheap stuff by sending money to ...".split(" "))
negTest = tf.transform("Hi Dad, I started studying Spark the other ...".split(" "))
print "Prediction for positive test example: %g" % model.predict(posTest)
print "Prediction for negative test example: %g" % model.predict(negTest)
```

リスト11-2　Scalaでのスパムの分類器

```
import org.apache.spark.mllib.regression.LabeledPoint
import org.apache.spark.mllib.feature.HashingTF
import org.apache.spark.mllib.classification.LogisticRegressionWithSGD

val spam = sc.textFile("spam.txt")
val normal = sc.textFile("normal.txt")

// メールのテキストを10,000個の特徴ベクトルへマップするためのHashingTFインスタンスの生成。
val tf = new HashingTF(numFeatures = 10000)
// 各メールを単語に分割し、それぞれの単語を1つの特徴にマップする。
val spamFeatures = spam.map(email => tf.transform(email.split(" ")))
val normalFeatures = normal.map(email => tf.transform(email.split(" ")))

// 陽性（スパム）と陰性（正常）のサンプルのためのLabeledPointデータセットの生成。
val positiveExamples = spamFeatures.map(features => LabeledPoint(1, features))
val negativeExamples = normalFeatures.map(features => LabeledPoint(0, features))
val trainingData = positiveExamples.union(negativeExamples)
trainingData.cache() // ロジスティック回帰はイテレーティブなアルゴリズムなのでキャッシュしておく。

// SGDアルゴリズムを使ってロジスティック回帰を実行。
val model = new LogisticRegressionWithSGD().run(trainingData)

// 陽性のサンプル（スパム）と陰性のサンプル（正常）をテストする。
```

```
val posTest = tf.transform(
  "O M G GET cheap stuff by sending money to ...".split(" "))
val negTest = tf.transform(
  "Hi Dad, I started studying Spark the other ...".split(" "))
println("Prediction for positive test example: " + model.predict(posTest))
println("Prediction for negative test example: " + model.predict(negTest))
```

リスト11-3 Javaでのスパムの分類器

```
import org.apache.spark.mllib.classification.LogisticRegressionModel;
import org.apache.spark.mllib.classification.LogisticRegressionWithSGD;
import org.apache.spark.mllib.feature.HashingTF;
import org.apache.spark.mllib.linalg.Vector;
import org.apache.spark.mllib.regression.LabeledPoint;

JavaRDD<String> spam = sc.textFile("spam.txt");
JavaRDD<String> normal = sc.textFile("normal.txt");

// メールのテキストを10,000個の特徴ベクトルへマップするためのHashingTFインスタンスの生成。
final HashingTF tf = new HashingTF(10000);

// 陽性（スパム）と陰性（正常）のサンプルのためのLabeledPointデータセットの生成。
JavaRDD<LabeledPoint> posExamples = spam.map(new Function<String, LabeledPoint>() {
  public LabeledPoint call(String email) {
    return new LabeledPoint(1, tf.transform(Arrays.asList(email.split(" "))));
  }
});
JavaRDD<LabeledPoint> negExamples = normal.map(new Function<String, LabeledPoint>() {
  public LabeledPoint call(String email) {
    return new LabeledPoint(0, tf.transform(Arrays.asList(email.split(" "))));
  }
});
JavaRDD<LabeledPoint> trainData = positiveExamples.union(negativeExamples);
trainData.cache(); // ロジスティック回帰はイテレーティブなアルゴリズムなのでキャッシュしておく。

// SGDアルゴリズムを使ってロジスティック回帰を実行。
LogisticRegressionModel model = new LogisticRegressionWithSGD().run(trainData.rdd());

// 陽性のサンプル（スパム）と陰性のサンプル（正常）をテストする。
Vector posTest = tf.transform(
  Arrays.asList("O M G GET cheap stuff by sending money to ...".split(" ")));
Vector negTest = tf.transform(
  Arrays.asList("Hi Dad, I started studying Spark the other ...".split(" ")));
System.out.println("Prediction for positive example: " + model.predict(posTest));
System.out.println("Prediction for negative example: " + model.predict(negTest));
```

おわかりの通り、このコードはどの言語でもよく似ています。このコードは、直接RDDを操作しています。この場合は、文字列のRDD（オリジナルのテキスト）とLabeledPoints（ラベル付きの特徴ベクトルのためのMLlibのデータ型）が操作されているRDDです。

11.4 データ型

MLlibには、いくつかの固有のデータ型があります。それらは、org.apache.spark.mllibパッケージ（Java/Scala）と、pyspark.mllib（Python）にあります。主な型を次に紹介します。

Vector
: 数学的なベクトルです。MLlibは、すべてのエントリを保存する密なベクトルと、0以外のエントリだけを保存し、領域を節約する疎なベクトルを、共にサポートしています。このすぐ後に、さまざまな型のベクトルについて議論します。ベクトルは、mllib.linalg.Vectorsクラスを使って構築できます。

LabeledPoint
: 分類や回帰といった、教師あり学習アルゴリズムのためのラベル付きのデータ点です。特徴ベクトルとラベル（これは浮動小数点数です）を含みます。mllib.regressionパッケージにあります。

Rating
: ユーザーによる製品の評価です。製品のレコメンデーション用に、mllib.recommendationパッケージで使われています。

さまざまなModelクラス群
: 各Modelは、トレーニングアルゴリズムの結果であり、通常はpredict()メソッドを持ちます。predict()メソッドは、新しいデータ点や、新しいデータ点を含むRDDに対して、このモデルを適用します。

ほとんどのアルゴリズムは、Vector、LabeledPoint、Ratingsを直接扱います。これらのオブジェクトは自由に構築できますが、通常は、テキストファイルをロードしたり、Spark SQLのコマンドを実行して取得した外部データに対する変換を通じてRDDを構築することになります。そして、データオブジェクトにmap()を適用して、MLlibのデータ型に変換するのです。

11.4.1 ベクトルを使った処理

MLlibのVectorクラスは最も頻繁に使うことになるクラスですが、いくつか注意すべき点があります。

まず、ベクトルには密なベクトルと疎なベクトルという2つの種類があります。密なベクトルは、すべてのエントリを浮動小数点数の配列に保存します。例えば、100の大きさを持つベクトルは、100個のdoubleの値を含むことになります。これとは対照的に、疎なベクトルは0以外の値とそのインデックスだけを保存します。要素のうち、0ではないものがせいぜい10%程度でしかないのであれば、通常は疎なベクトルを使うことが望ましいでしょう（メモリ消費と処理速度のどちらの面でも）。多くの特徴抽出の手法はきわめて疎なベクトル群を生成するので、こちらの表現を使うことがしばしば重要な最適化になります。

第2に、ベクトルを構築する方法は、言語によって多少異なります。Pythonでは、単にNumPyの配列を好きなところでMLlibに渡し、密なベクトルとして表現させることも、あるいはmllib.linalg.Vectorsクラスを使って他の種類のベクトルを構築することもできます（**リスト11-4**参照）[†]。JavaおよびScalaでは、mllib.linalg.Vectorsクラスを利用します（**リスト11-5**および**リスト11-6**参照）。

リスト11-4　Pythonでのベクトルの生成

```
from numpy import array
from pyspark.mllib.linalg import Vectors

# 密なベクトル <1.0, 2.0, 3.0> の生成
denseVec1 = array([1.0, 2.0, 3.0]) # NumPy の配列は直接 MLlib に渡せる
denseVec2 = Vectors.dense([1.0, 2.0, 3.0]) # .. あるいは Vectors クラスも使える

# 疎なベクトル <1.0, 0.0, 2.0, 0.0> の生成 ; この処理のためのメソッドは、
# ベクトルのサイズ (4) と、0 以外のエントリの位置と値だけを取る。
# これらは辞書として、あるいはインデックスと値という 2 つのリストとして渡すことができる。
sparseVec1 = Vectors.sparse(4, {0: 1.0, 2: 2.0})
sparseVec2 = Vectors.sparse(4, [0, 2], [1.0, 2.0])
```

リスト11-5　Scalaでのベクトルの生成

```
import org.apache.spark.mllib.linalg.Vectors

// 密なベクトル <1.0, 2.0, 3.0> の生成 ; Vectors.dense は値もしくは配列を取る。
val denseVec1 = Vectors.dense(1.0, 2.0, 3.0)
val denseVec2 = Vectors.dense(Array(1.0, 2.0, 3.0))

// 疎なベクトル <1.0, 0.0, 2.0, 0.0> の生成 ; Vectors.sparse はベクトルの
// 大きさ ( ここでは 4) と、0 以外のエントリの位置と値を取る。
val sparseVec1 = Vectors.sparse(4, Array(0, 2), Array(1.0, 2.0))
```

リスト11-6　Javaでのベクトルの生成

```
import org.apache.spark.mllib.linalg.Vector;
import org.apache.spark.mllib.linalg.Vectors;

// 密なベクトル <1.0, 2.0, 3.0> の生成 ; Vectors.dense は値もしくは配列を取る。
```

† SciPyを使っているなら、Sparkはscipy.sparseの行列も、大きさN×長さNのベクトルとして認識します。

```
Vector denseVec1 = Vectors.dense(1.0, 2.0, 3.0);
Vector denseVec2 = Vectors.dense(new double[] {1.0, 2.0, 3.0});

// 疎なベクトル<1.0, 0.0, 2.0, 0.0>の生成; Vectors.sparseはベクトルの
// 大きさ(ここでは4)と、0以外のエントリの位置と値を取る。
Vector sparseVec1 = Vectors.sparse(4, new int[] {0, 2}, new double[]{1.0, 2.0});
```

最後に、JavaとScalaにおいては、MLlibのVectorクラスは主にデータを表現するためのものであり、ユーザーのAPIで加算や減算のような数学的な操作を提供するためのものではありません(Pythonでは、もちろんNumPyを使って密なベクトルで計算を行い、MLlibに渡すことができます)。そうなっているのは、主にMLlibを小規模にとどめるためであり、完全な線形代数ライブラリを構築することは、MLlibのプロジェクトの範疇を超えているためです。ただし、プログラム中でベクトル演算をしたい場合には、ScalaならBreeze(https://github.com/scalanlp/breeze)、JavaならMTJ(https://github.com/fommil/matrix-toolkits-java)といったサードパーティのライブラリを使い、そのデータをMLlibのベクトルに変換することができます。

11.4.2 アルゴリズム

このセクションでは、MLlibで利用できる主要なアルゴリズムと、その入出力のデータ型を取り上げます。それぞれのアルゴリズムを数学的に説明するだけのスペースはないので、その呼び出し方と設定の方法に焦点を当てていきます。

11.4.3 特徴抽出

mllib.featureパッケージには、一般的な特徴変換のためのクラスがいくつか含まれています。その中には、特徴ベクトルをテキスト(または他のトークン)から構築するアルゴリズムや、特徴の正規化や標準化のための方法が含まれています。

TF-IDF

単語の出現頻度(逆文書頻度)、すなわちTF-IDF(Term Frequency-Inverse Document Frequency)は、テキストドキュメント(例えばWebページ)から特徴ベクトルを生成するためのシンプルな方法です。TF-IDFでは、各ドキュメント中の各単語に対して、2つの統計値を計算します。1つは単語の出現頻度(TF)で、これはそのドキュメント中でその単語が出現した回数です。もう1つは逆文書頻度(IDF)で、これはドキュメントのコーパス全体の中で、ある単語が出現する頻度です。これらの値の積であるTF × IDFは、その単語の特定のドキュメントに対する関連性(すなわち、そのドキュメント中では頻繁に出現するものの、コーパス全体で見れば珍しい)を示します。

MLlibには、TF-IDFを計算するアルゴリズムとして、HashingTFとIDFが用意されています。これらはどちらもmllib.featureパッケージに含まれています。HashingTFは、指定されたサイズの単語の出現頻度のベクトルをドキュメントから計算します。HashingTFは、単語をベクトルのイ

ンデックスにマップするために、**hashing trick** と呼ばれる手法を使います。英語のような言語には、数 10 万の単語があるので、各単語からベクトルのインデックスに対して厳密なマッピングを行うのは非常にコストのかかる処理になります。HashingTF は、各単語のハッシュコードの、指定したベクトルのサイズ S の剰余を取り、各単語を 0 から S-1 の間の数値にマップします。こうすれば、必ず S 次元のベクトルが生成され、仮に複数の単語が同じハッシュコードにマッピングされても、実際にきわめて強固なのです。MLlib の開発者たちは、S を 2^{18} から 2^{20} にすることを推奨しています。

HashingTF は、1 回に 1 つの文書に対して実行することも、RDD 全体に対して実行することもできます。HashingTF では、例えば Python のリストや Java の Collections のように、各ドキュメントがイテレーション可能なオブジェクトのシーケンスとして表現されていることが必要です。**リスト 11-7** では、Python で HashingTF を使っています。

リスト11-7 PythonでのHashingTFの利用

```
>>> from pyspark.mllib.feature import HashingTF

>>> sentence = "hello hello world"
>>> words = sentence.split() # 文章を単語のリストに分割する
>>> tf = HashingTF(10000) # サイズ S = 10,000 のベクトルの生成
>>> tf.transform(words)
SparseVector(10000, {3065: 1.0, 6861: 2.0})

>>> rdd = sc.wholeTextFiles("data").map(lambda (name, text): text.split())
>>> tfVectors = tf.transform(rdd) # RDD 全体を変換
```

実際のパイプラインでは、TF に渡す前にドキュメントを前処理し、単語のステミングをしておく必要があります。例えば、すべての単語を小文字にし、句読点を削除し、ing のようなサフィックスを削除するといったことです。最善の結果を得るためには、NLTK（http://www.nltk.org）のような単一ノード用の自然言語ライブラリを map() から呼ぶという方法があります。

単語の出現頻度のベクトルが構築できたなら、IDF を使って逆文書頻度を計算し、それを単語の出現頻度と掛け合わせて、TF-IDF を計算できます。最初に IDF オブジェクトで fit() を呼び、コーパス中の逆文書頻度を表現する IDFModel を取得し、続いてこのモデルで transform() を呼んで、TF ベクトルを IDF ベクトルに変換します。**リスト 11-8** は、**リスト 11-7** に続いて IDF を計算する方法を示しています。

リスト11-8 PythonでのTF-IDFの利用

```
from pyspark.mllib.feature import HashingTF, IDF

# テキストファイル群を TF ベクトルとして読み取る
rdd = sc.wholeTextFiles("data").map(lambda (name, text): text.split())
```

```
tf = HashingTF()
tfVectors = tf.transform(rdd).cache()

# IDFを計算し、続いてTF-IDFベクトルを計算する
idf = IDF()
idfModel = idf.fit(tfVectors)
tfIdfVectors = idfModel.transform(tfVectors)
```

注意が必要なのは、tfVectors RDDでcache()を呼んでいることです。これは、このRDDが2回使われるためです（1回はIDFモデルのトレーニングのためで、もう1回はTFベクトルにIDFをかけるため）。

標準化

ほとんどの機械学習のアルゴリズムは、特徴ベクトル中の各要素の重みを考慮に入れるので、それぞれの特徴の重みが等しくなるように標準化をかける（例えばすべての特徴の平均が0で、標準偏差が1になるようにする）ことによって、最もうまく動作するようになります。特徴ベクトルが構築できたら、MLlibのStandardScalerクラスを使うことで、平均と標準偏差のどちらに対しても標準化をかけることができます。StandardScalerを生成し、fit()をデータセットに対して呼ぶことで、StandardScalerModelが得られる（すなわち各列の平均と分散が計算されます）ので、続いてtransform()をモデルに対して呼べば、データセットが標準化されます。**リスト11-9**をご覧ください。

リスト11-9 Pythonでのベクトルの標準化

```
from pyspark.mllib.feature import StandardScaler

vectors = [Vectors.dense([-2.0, 5.0, 1.0]), Vectors.dense([2.0, 0.0, 1.0])]
dataset = sc.parallelize(vectors)
scaler = StandardScaler(withMean=True, withStd=True)
model = scaler.fit(dataset)
result = model.transform(dataset)

# 結果：{[-0.7071, 0.7071, 0.0], [0.7071, -0.7071, 0.0]}
```

正規化

状況によっては、ベクトルの長さが1になるように正規化することも、入力データの準備として有益です。この処理は、Normalizerクラスで、Normalizer().transform(rdd)とするだけで行えます。デフォルトでは、NormalizerはL^2ノルム（すなわちユークリッド距離）を行いますが、指数pを渡してNormalizerにL^pノルムを行わせることもできます。

Word2Vec

Word2Vec（https://code.google.com/p/word2vec/）[†]は、ニューラルネットワークを基盤とするテキスト用の特徴抽出アルゴリズムで、データを多くの下流のアルゴリズムに渡すために使うことができます。Sparkには、mllib.feature.Word2VecクラスにWord2Vecの実装があります。

Word2Vecのトレーニングをするには、String（単語ごとに1つ）のIteratableとして表現されたドキュメントのコーパスを渡します。「11.4.3 TF-IDF」と同様に、単語は正規化（すなわちすべて小文字にした上で、句読点や数字を取り除くといった処理）することが望ましいでしょう。モデルをトレーニングすると（Word2Vec.fit(rdd)を使います）Word2VecModelが返されるので、そのtransform()を使えば、単語をベクトルに変換することができます。注意しなければならないのは、Word2Vecのモデルの大きさは、ボキャブラリー中の単語数に、ベクトルのサイズ（デフォルトは100）をかけたものに等しくなるということです。サイズを制限するために、標準的な辞書にない単語はフィルタリングして除外すると良いかもしれません。概して、ボキャブラリーのサイズとしては100,000語が良い大きさです。

11.4.4 統計処理

基本的な統計処理は、データ分析の重要な部分を占めます。これは、アドホックな探求でも、機械学習のためのデータの理解でも同じです。MLlibは、広く利用されている統計関数を、mllib.stat.Statisticsクラスのメソッドを通じて、RDDで直接利用できるように提供しています。次に、よく使われるものを紹介します。

`Statistics.colStats(`*rdd*`)`
: ベクトルからなるRDDの統計的なサマリを計算します。その中には、ベクトルの集合中の各列の最小値、最大値、平均値、分散が保存されます。この関数を使えば、広範囲な統計値を1回のパスで取得できます。

`Statistics.corr(`*rdd*`, `*method*`)`
: ベクトルからなるRDDの列の間の相関行列を、ピアソンあるいはスピアマン相関のいずれかを使って計算します（methodにはpearsonもしくはspearmanのいずれかを指定します）。

`Statistics.corr(`*rdd1*`, `*rdd2*`, `*method*`)`
: 浮動小数点数値を含む2つのRDD間の相関行列を、ピアソンあるいはスピアマン相関のいずれかを使って計算します（methodにはpearsonもしくはspearmanのいずれかを指定します）。

`Statistics.chiSqTest(`*rdd*`)`
: ピアソンの独立性検定を、LabeledPointオブジェクトからなるRDDのすべてのラベル付きの特徴に対して計算します。返すのはChiSqTestResultオブジェクトの配列で、その中にはp

† Mikolov et al., "Efficient Estimation of Word Representations in Vector Space," 2013で紹介されました。

値、検定統計量、各特徴の自由度が含まれます。ラベルと特徴の値は、分類可能でなければなりません（すなわち離散値でなければならない）。

これらのメソッド以外にも、数値データを含むRDDには、「6.6 数値のRDDの操作」で示した通り、mean()、stdev()、sum()といった基本的な統計機能が用意されています。加えて、RDDはsample()やsampleByKey()をサポートしており、データのサンプルや、階層化されたサンプルを構築することができます。

11.4.5 分類と回帰

分類と回帰は、一般的な**教師あり学習**の形の2つです。これらのアルゴリズムは、ラベル付きのトレーニングデータ（すなわち、すでに答えがわかっているサンプル）を使って、オブジェクトの特徴から変数の予測を試みます。この2つの方式の違いは、予測する変数の種類です。分類では、変数は**離散値**（すなわち、**クラス**と呼ばれる有限の値の集合）です。例えば、メールがspamもしくはnospamであったり、テキストが書かれている言語がクラスです。回帰では、予想される変数は**連続的**です（例えば年齢と体重から予測される身長など）。

分類と回帰は、どちらも「11.4 データ型」で説明した、mllib.regressionパッケージに含まれる、MLlibのLabeledPointクラスを使います。LabeledPointは、label（この値の型は常にDoubleですが、分類のための離散値となる整数を設定することもできます）とfeaturesベクトルだけを含みます。

二項分類を行う分類の場合、MLlibは0もしくは1というラベルを期待します。教科書によっては、−1と1が使われていることもありますが、これは誤った結果を招きます。複数クラスへの分類を行う分類では、クラス数をCとして、MLlibは0からC-1というラベルを期待します。

MLlibは、分類と回帰のための数多くの方法を持っています。その中には、単純な線形手法や、決定木およびランダムフォレストが含まれています。

線形回帰

線形回帰は、回帰のために最も広く使われている方法の1つであり、特徴の線形結合として出力変数を予測します。MLlibは、**Lasso回帰**および**Ridge回帰**として知られるL^1およびL^2正則化回帰もサポートしています。

線形回帰のアルゴリズムは、mllib.regression.LinerRegressionWithSGD、LassoWithSGD、RidgeRegressionWithSGDといったクラス群で利用できます。これらのクラス名は、問題の解決に複数のアルゴリズムが必要になる場合には、使用するアルゴリズムをクラス名のWithの部分で示すという、MLlib全体で使われている名前のパターンに従っています。ここでは、SGDはStochastic Gradient Descent（確率的勾配降下法）を示しています。

これらのクラス群は、いずれもアルゴリズムのチューニングのためのパラメータを持っています。

`numIterations`
　実行するイテレーションの回数（デフォルト：100）。

`stepSize`
　勾配降下法のステップサイズ（デフォルト：1.0）。

`intercept`
　切片もしくはバイアス項、すなわち値が常に1であるようなもう1つの特徴をデータに追加するかを指定します（デフォルト：false）。

`regParam`
　LassoおよびRidgeのための正則化パラメータ（デフォルト：1.0）。

これらのアルゴリズムの呼び出し方は、言語によってやや異なります。JavaおよびScalaでは、LinearRegressionWithSGDオブジェクトを生成し、そのオブジェクトのsetterメソッドを呼んでパラメータ群を設定し、run()を呼んでモデルのトレーニングを行います。一方Pythonでは、キー／値のパラメータを渡してクラスメソッドのLinearRegressionWithSGD.train()を呼びます。どちらの場合も、LabeledPointsのRDDを渡します。**リスト11-10**から**リスト11-12**をご覧ください。

リスト11-10　Pythonでの線形回帰

```
from pyspark.mllib.regression import LabeledPoint
from pyspark.mllib.regression import LinearRegressionWithSGD

points = # (LabeledPointのRDDの生成)
model = LinearRegressionWithSGD.train(points, iterations=200, intercept=True)
print "weights: %s, intercept: %s" % (model.weights, model.intercept)
```

リスト11-11　Scalaでの線形回帰

```
import org.apache.spark.mllib.regression.LabeledPoint
import org.apache.spark.mllib.regression.LinearRegressionWithSGD

val points: RDD[LabeledPoint] = // ...
val lr = new LinearRegressionWithSGD().setNumIterations(200).setIntercept(true)
val model = lr.run(points)
println("weights: %s, intercept: %s".format(model.weights, model.intercept))
```

リスト11-12　Javaでの線形回帰

```
import org.apache.spark.mllib.regression.LabeledPoint;
import org.apache.spark.mllib.regression.LinearRegressionWithSGD;
import org.apache.spark.mllib.regression.LinearRegressionModel;
```

```
JavaRDD<LabeledPoint> points = // ...
LinearRegressionWithSGD lr =
  new LinearRegressionWithSGD().setNumIterations(200).setIntercept(true);
LinearRegressionModel model = lr.run(points.rdd());
System.out.printf("weights: %s, intercept: %s\n",
  model.weights(), model.intercept());
```

Java の場合、.rdd() を呼んで JavaRDD を Scala の RDD クラスに変換しなければならないことに注意してください。MLlib のメソッド群は Java と Scala の両方から呼べるように設計されているため、これは MLlib 全体を通じて共通のパターンです。

トレーニングができたなら、いずれの言語でも LinearRegressionModel が返され、その predict() 関数を呼べば、1つのベクトルに対する値を予測できます。RidgeRegressionWithSGD と LassoWithSGD は同じように振る舞い、返すモデルも似ています。実際のところ、アルゴリズムに setter を使って調整したパラメータを渡し、predict() メソッドを持つ Model オブジェクトが返されるというこのパターンは、MLlib 全体に共通のパターンです。

ロジスティック回帰

ロジスティック回帰は、二項分類を行う方法で、陽性と陰性のサンプルの間を切り分ける平面を規定します。MLlib では、ラベルとして 0 もしくは 1 を持つ LabeledPoints を渡し、LogisticRegressionModel が返されることになります。この LogisticRegressionModel の predict() で、新しいデータ点の判定を行うことができます。

ロジスティック回帰のアルゴリズムは、前セクションで取り上げた線形回帰とよく似た API を持っています。1つ異なっているのは、解を求めるアルゴリズムとして、SGD と LBFGS[†] の2つが用意されていることです。概して LBFGS を選択しておくべきですが、LBFGS は MLlib の古いバージョン（Spark 1.2 以前）では利用できません。これらのアルゴリズムは mllib.classification.LogisticRegressionWithLBFGS にあり、WithSGD のクラス群は、LinearRegressionWithSGD に似たインターフェイスを持っています。これらはすべて、線形回帰と同じパラメータ群を取ります（前セクションを参照してください）。

これらのアルゴリズムから得られる LogisticRegressionModel は、各データ点に対してロジスティック関数が返す 0 から 1 のスコアを計算します。そして、ユーザーが設定できる**閾値**に基づいて、0 か 1 を返すのです。この閾値は、setThreshold() で変更できます。また、clearThreashold() でこの動作を無効化し、predict() に生のスコアを返させることもできます。陽性と陰性のサンプルがほぼ同数の、バランスしているデータセットの場合は、閾値を 0.5 のままにしておくのが良いでしょう。バランスのとれていないデータセットの場合、閾値を大きくして偽陽性の数を減らしたり（すなわち精度を上げて、リコールを減らす）、閾値を下げて偽陰性の数を減らすことができます。

---

† LBFGS はニュートン法の近似で、確率的勾配降下法によりも少ないイテレーションで収斂します。LBFGS の説明は、http://en.wikipedia.org/wiki/Limited-memory_BFGS にあります。

ロジスティック回帰を使う場合、通常は事前に特徴を標準化させ、同じ範囲に収まるようにしておくことが重要です。この処理には、「11.4.3 標準化」で見た通り、MLlibのStandardScalerが使えます。

サポートベクターマシン

サポートベクターマシン、すなわちSVMは、分割平面を持つもう1つの二項分類の方法であり、やはり0もしくは1のラベルを期待します。サポートベクターマシンはSVMWithSGDで使うことができ、線形およびロジスティック回帰と似たパラメータを持ちます。返されるSVMModelは、LogisticRegressionModelのように、予測のための閾値を持ちいます。

ナイーブベイズ

ナイーブベイズは、複数クラスの分類アルゴリズムで、特徴の線形関数に基づき、それぞれのデータ点が各クラスにどの程度属しているかを示すスコアを計算します。一般に、ナイーブベイズはTF-IDFを特徴とするテキストの分類に使われることがよくあります。MLlibは、入力される特徴として、負の値を取らない頻度（例えば単語の出現頻度）を期待するMultinomial Naive Bayesを実装しています。

MLlibでは、mllib.classification.NaiveBayesクラスを通じてナイーブベイズを使うことができます。このクラスは、パラメータとしてスムージングにlambda（Pythonではlambda_）だけを取ります。この関数は、クラス数Cに対して0からC-1をラベルとして取るLabeledPoitsからなるRDDに対して呼ばれます。

トレーニングの結果返されるNaiveBayseModelのpredict()を用いれば、各データ点に最適なクラスを予測すると同時に、学習済みモデルの2つのパラメータである、各特徴量のクラス確率の行列(Cクラスで特徴量数Dの場合に$C \times D$の行列)thetaと、クラスの事前分布piにアクセスできます。

決定木とランダムフォレスト

決定木は、分類にも回帰にも使える柔軟なモデルです。決定木は、**ノード**群からなる木を表します。それぞれのノードは、データの特徴に基づく2値判定（例えばある人物の年齢が20以上かどうか）を行い、木の末端のノードには、予測（例えば、ある人物がある商品を購入しそうか）が含まれます。決定木の魅力は、モデルを調べるのが簡単なことと、分類型の特徴と連続的な特徴をどちらもサポートしていることにあります。**図11-2**に決定木の例を示します。

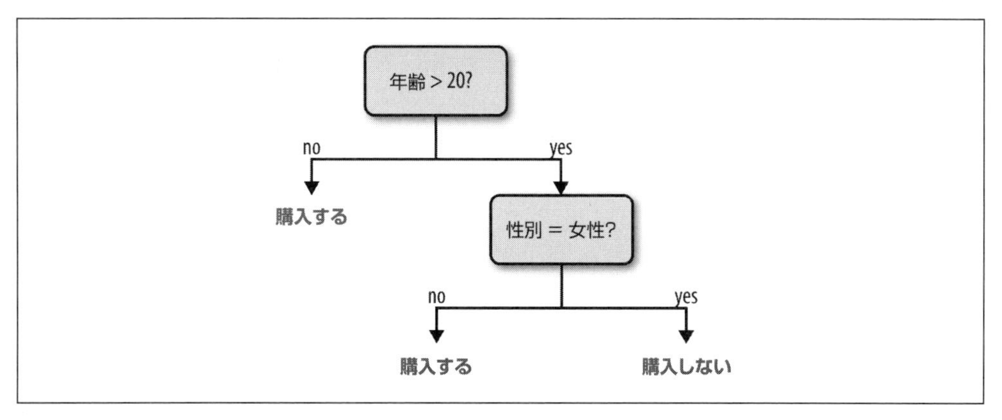

図11-2 ユーザーがある商品を買うかどうかを予測する決定木の例

MLlibでは、`mllib.tree.DecisionTree`クラスを使い、静的メソッドの`trainClassifier()`と`trainRegressor()`で決定木のトレーニングを行います。他の一部のアルゴリズムとは異なり、JavaとScalaのAPIは`DecisionTree`オブジェクトでsetter群の代わりに静的なメソッド群も使います。

`data`
: `LabeledPoint`のRDD。

`numClasses`**（分類の場合のみ）**
: 使用するクラス数。

`impurity`
: ノードの不純度の尺度。分類の場合は`gini`あるいは`entropy`を指定する。回帰の場合は`variance`を指定しなければならない。

`maxDepth`
: 木の最大の深さ（デフォルト：`5`）

`maxBins`
: 各ノードを構築する際にデータを分割するビンの数（推奨値：`32`）。

`categoricalFeaturesInfo`
: 分類を示す特徴と、それらの分類数を指定するマップ。例えば、特徴1がラベルとして`0`もしくは`1`を取る2項分類であり、特徴2がラベルとして`0, 1, 2`のいずれかの値を取る3値の特徴であれば、`{1: 2, 2: 3}`を渡す。分類を示す特徴がない場合は、空のマップを渡す。

MLlibのオンラインのドキュメンテーション（http://spark.apache.org/docs/latest/mllibdecision-tree.html）には、使用されているアルゴリズムの詳細な説明があります。アルゴリズムのコストは、トレーニングのサンプル数、特徴数、maxBinsに比例してスケールします。大規模なデータセットの場合、maxBinsを低めに設定してモデルのトレーニングを高速に行うこともできますが、そうした場合には品質は低下することになります。

train()メソッドは、DecisionTreeModelを返します。DecisionTreeModelのpredict()を使えば、特徴ベクトルや、ベクトルのRDDに対して値を予測することができます。あるいはtoDebugString()で決定木を出力させることもできます。このオブジェクトはシリアライズ可能なので、Java Serializationを使ってセーブしておき、他のプログラムでロードすることができます。

最後に、Spark 1.2では、MLlibにexperimentalとしてRandomForestクラスがJavaとScalaで追加され[†]、決定木のアンサンブルを構築できるようになりました。この決定木のアンサンブルは、ランダムフォレストとも呼ばれます。これはRandomForest.trainClassifierおよびtrainRegressorを通じて利用できます。先ほど紹介した決定木ごとのパラメータとは別に、RandomForestは次のパラメータを取ります。

numTrees
: 構築する木の数です。numTreesを減らせば、トレーニングデータに対する過学習の可能性を下げることになります。

featureSubsetStrategy
: ノードごとのスプリットに対して考慮すべき特徴数です。指定できるのは、auto（ライブラリに選択させる）、all、sqrt、log2、onethirdのいずれかです。値を大きくすれば、コストは高くなります。

seed
: 使用する乱数のシードです。

ランダムフォレストは、複数の木を含むWeightedEnsembleModelを返します（それらの木は、weakHypothesisWeightsで重みを与えられて、weakHypothesesフィールドに格納されます）。predict()を使えば、RDDやVectorに対する予測ができます。WeightedEnsembleModelには、すべての木を出力するtoDebugStringもあります。

11.4.6 クラスタリング

クラスタリングは教師なし学習のタスクであり、類似度の高いオブジェクト群を**クラスタ**群へとグループ化します。これまでに見てきた、データがラベル付けされている教師あり学習とは違い、クラスタリングはラベルのないデータに意味を持たせるために使うことができます。クラスタリングの一般的な利用方法としては、データの探求（新しいデータセットの様子を知るため）や異常検

† 訳注：原書ではJavaとScalaのみと書かれていますが、Pythonでも追加されています。詳しくはhttps://github.com/apache/spark/pull/3320をご覧ください。

出(どのクラスタからも離れているデータ点を特定する)があります。

K 平均法

MLlib には、クラスタリングのアルゴリズムとして広く使われている K 平均法と、その変種であり、並列環境での初期値の決定に優れる K 平均法 || が含まれています[†]。K 平均法 || は、単一ノードの設定でしばしば使われる K 平均法 ++ の初期化の手順に似ています。

K 平均法で最も重要なパラメータは、生成するクラスタ数のターゲットである K です。実際には、事前にクラスタの本当の数がわかっていることはほとんどないので、クラスタ間の平均距離が劇的に減らなくなるまで、いくつかの K の値を試してみてください。とはいえ、このアルゴリズムがとれるのは、1 度に 1 つの K だけです。MLlib の K 平均法は、K 以外に次のパラメータを取ります。

`initializationMode`
: クラスタの中心を初期化するメソッドとして、"k-means||" もしくは "random" を指定します。概して `k-means||`(デフォルト)を指定した方が良い結果につながりますが、わずかにコストは高くなります。

`maxIterations`
: 実行するイテレーションの最大回数(デフォルト:`100`)。

`runs`
: 実行するアルゴリズムの並列度。MLlib の K 平均法は、複数の開始点から処理を並行に行う、最良の結果を取るという動作をサポートしています。これは、全体として優れたモデルを得るための良い方法です(これは、K 平均法の実行は、極小値で止まってしまうことがあることによります)。

他のアルゴリズムと同様に、K 平均法を実行するには、`mllib.clustering.KMeans` オブジェクトを生成する(Java/Scala の場合)か、`KMeans.train` を呼びます(Python の場合)。これらは `Vector` からなる RDD を引数に取ります。K 平均法が返す `KMeansModel` を使えば、`clusterCenters`(ベクトルの配列)にアクセスすることや、`predict()` に新しいベクトルを渡し、そのクラスタを得ることができます。`predict()` は、与えた点がすべてのクラスタから非常に離れていたとしても、その中で最も近い中心点を必ず返すので、注意してください。

11.4.7 協調フィルタリングとレコメンデーション

協調フィルタリングはレコメンデーションのシステムで使われる手法であり、ユーザーの評価と、多種類の商品とのインタラクションから、新しい商品をレコメンドします。協調フィルタリン

† K 平均法 || は、Bahmani et al., "Scalable K-Means++," VLDB 2008 で紹介されました。

グの魅力は、ユーザーと商品のインタラクションのリストを渡すだけで良いという点です。このインタラクションは、「明示的」(すなわちショッピングサイトでの評価)であっても、「暗黙的」(例えばユーザーが商品のページをブラウズしたものの、評価はしなかったというような)ものであってもかまいません。協調フィルタリングのアルゴリズムは、こうしたインタラクションだけを基にして、相似性のある商品群(同じユーザー群がそれらとのインタラクションを行っていることによります)と、相似性のあるユーザー群を学習し、それによって新しいレコメンデーションを行えるようになります。

MLlibのAPIはユーザーと商品を扱いますが、協調フィルタリングはそれ以外にも、ソーシャルネットワークでのフォローすべきユーザーや、記事に付けるべきタグ、ラジオ局に追加すべき歌のレコメンドに使うことができます。

交互最小二乗法

MLlibには、協調フィルタリングのために広く使われており、クラスタでうまくスケールしてくれる[†]アルゴリズムである、交互最小二乗法(Alternating Least Squares = ALS)の実装があります。この実装は、`mllib.recommendation.ALS`クラスにあります。

ALSは、ユーザーベクトルと商品ベクトルの内積がスコアに近づくようにユーザーと商品に関する特徴ベクトルを決定することで動作します。ALSは、次のパラメータを取ります。

`rank`
: 使用する特徴ベクトルのサイズです。この値を大きくすれば、モデルは改善されることになりますが、演算コストは大きくなります(デフォルト:`10`)。

`iterations`
: 実行するイテレーション数(デフォルト:`10`)

`lambda`
: 正則化パラメータです(デフォルト:`0.01`)。

`alpha`
: 暗黙のALSにおける信頼度を計算するために使われる定数(デフォルト:`1.0`)。

`numUserBlocks`、`numProductBlocks`
: 並列度を制御するために、ユーザーおよび商品のデータを分割するブロック数。−1を渡せば、この値はMLlibが自動的に決定してくれます(デフォルト動作)。

ALSを使用するには、`mllib.recommendation.Rating`オブジェクトにRDDを渡します。この

† ALSによるWebスケールのデータの処理については、2つの研究論文があります。Zhou et al.'s "Large-Scale Parallel Collaborative Filtering for the Netflix Prize" およびHu et al.'s "Collaborative Filtering for Implicit Feedback Datasets," both from 2008を参照してください。

RDDの各要素には、ユーザーのID、商品のID、そして評価（これは明示的な評価でも、暗黙のフィードバックでもかまいません。この後の議論を参照してください）。この実装における課題の1つは、それぞれのIDが32bitの整数でなければならないことです。もしも使用するIDが文字列であったり、32bitに収まらないほど大きい場合には、ALSでは各IDのハッシュコードを使えば良いでしょう。2人のユーザー、あるいは2つの製品が同じIDにマップされたとしても、全体として得られる結果の質は同等になり得ます。あるいは、`broadcast()`を使って製品IDと整数値のマッピングのテーブルをブロードキャストし、それぞれの製品にユニークなIDを与えることもできます。

ALSは、学習の結果を表す`MatrixFactorizationModel`を返します。`MatrixFactorizationModel`の`predict()`を使えば、(userID, productID)というペアからなるRDDの評価を予測できます†。あるいは、`model.recommendProducts(userId, numProducts)`を使って、あるユーザーに対する商品の上位のレコメンデーションを`numProducts()`の数だけ得ることもできます。ただし注意が必要なのは、**MLlibの他のモデルとは異なり、各ユーザーと商品ごとに1つのベクトルを持つことから、**`MatrixFactorizationModel`は**大きく**なる点です。これはすなわち、`MatrixFactorizationModel`をディスクに保存しておき、後にプログラムをまた実行した際にロードし直すことはできないことを意味します。その代わりに、内部で生成された特徴ベクトルのRDDである`model.userFeatures`と`model.productFeatures`を、分散ファイルシステムに保存しておくという方法があります。

最後に、ALSには2つの種類があります。明示的な評価用（デフォルト）と、暗黙の評価用（`ALS.train()`の代わりに`ALS.trainImplicit()`を呼ぶことで有効化されます）です。明示的な評価を行う場合、各ユーザーの製品に対する評価はスコア（例えば星1つから5つというような）でなければならず、予想される評価もスコアになります。暗黙のフィードバックの場合、各評価が表すのは、指定されたアイテムに対してユーザーがインタラクションを行うかを示す信頼度（例えば、ユーザーがWebページにアクセスするにつれて評価が向上するかどうか）であり、予想の結果も信頼度になります。暗黙の評価を扱うALSの詳細については、Hu et al., "Collaborative Filtering for Implicit Feedback Datasets," ICDM 2008で説明されています。

11.4.8 次元削減

主成分分析

高次元空間内のデータ点のデータセットがあるとき、しばしばシンプルなツールで分析を行えるよう、それらのデータ点の次元を減らしたいことがあります。例えばそれらのデータ点を2次元にプロットしたり、単にモデルのトレーニングの効率を上げるために特徴の数を減らしたりといったことがそうです。

機械学習のコミュニティで使われている次元削減の主な手法は、主成分分析（Principal Component Analysis = PCA）です。この手法では、低次元数でデータを表現した場合の分散が最

† Javaでは`Tuple2<Integer, Integer>`のJavaRDDから始めて、その`.rdd()`メソッドを呼んでください。

大になり、情報量が少ない次元を無視できるように、低次元空間へのマッピングを行います。このマッピングを計算するには、データの正規化相関行列を構築し、特異ベクトルと、この行列の値を使用します。元のデータの分散の大部分を再構築するために、最大の特異値に対応する特異ベクトルが使用されます。

PCAは、現時点（MLlib 1.4）ではJavaおよびScalaでのみ利用できます。PCAを動作させるには、まずVectorのRDDを行ごとに1つずつ保存するmllib.linalg.distributed.RowMatrixを使って行列を表現します†。そうすれば、続いて**リスト11-13**のようにPCAを呼ぶことができます。

リスト11-13　ScalaでのPCA

```
import org.apache.spark.mllib.linalg.Matrix
import org.apache.spark.mllib.linalg.distributed.RowMatrix

val points: RDD[Vector] = // ...
val mat: RowMatrix = new RowMatrix(points)
val pc: Matrix = mat.computePrincipalComponents(2)

// 低次元空間へのデータ点の射影
val projected = mat.multiply(pc).rows

// 射影された2次元データでのK平均モデルのトレーニング
val model = KMeans.train(projected, 10)
```

この例では、射影されたRDDには、オリジナルのpointsRDDの2次元バージョンが含まれており、プロットのために利用したり、K平均法によるクラスタリングなど、他のMLlibのアルゴリズムを適用してみたりすることができます。

注意が必要なのは、computePrincipalComponents()がmllib.linalg.Matrixオブジェクトを返すことです。これは、密な行列を表現するユーティリティクラスであり、Vectorに似ています。下位層のデータは、toArrayで取得できます。

特異値分解

MLlibには、低レベルの特異値分解（SVD：Singular Value Decomposition）のプリミティブもあります。SVDは、$m \times n$の行列Aを、$A \approx U \Sigma V^T$の3つに行列分解します。ここで、

- Uは直交行列であり、その列群は左特異ベクトルと呼ばれます。
- Σは対角行列であり、対角は非負であり、降順になっています。また、その対角上の値は特異値と呼ばれます。
- Vは直交行列であり、その列群は右特異ベクトルと呼ばれます。

† JavaではVecrtorのJavaRDDから始めて、その .rdd()メソッドを呼び、ScalaのRDDに変換してください。

大きな行列群の場合、通常は完全な行列分解は不要であり、行列分解が必要になるのは、最大の特異値とそれに関連する特異ベクトルのみです。これによってストレージが節約でき、ノイズを減らすことができ、低ランクの行列構造を回復することができます。上位 k 個の特異値を保持するなら、結果の行列群の次元は、$U : m \times k$、$\Sigma : k \times k$、$V : n \times k$ となります。

特異値分解を行うには、RowMatrix に対して computeSVD を呼びます。**リスト 11-14** をご覧ください。

リスト11-14 ScalaでのSVD

```
// RowMatrix の mat 内の上位 20 の特異値と、その特異ベクトルを計算する。
val svd: SingularValueDecomposition[RowMatrix, Matrix] =
  mat.computeSVD(20, computeU=true)

val U: RowMatrix = svd.U // U は分散 RowMatrix。
val s: Vector = svd.s // 特異ベクトルはローカルで密なベクトル。
val V: Matrix = svd.V // V はローカルで密な行列。
```

11.4.9 モデルの評価

機械学習のタスクで使うアルゴリズムが何であれ、モデルの評価は完結している機械学習のパイプラインにおける重要な部分です。多くの学習タスクは、多くのモデルを使って取り組むことが可能であり、同じアルゴリズムであってさえ、パラメータの設定によって異なる結果が得られることになります。さらには、トレーニングデータに対するモデルの過学習のリスクは常に存在します。このリスクの評価するための最も良い方法は、トレーニングデータとは異なるデータセットを使ってモデルをテストすることです。

本書の執筆時点（Spark 1.4）では、MLlib にはモデル評価関数群が用意されています（一部は experimental）。ただし用意されているのは Java および Scala に対してのみであり、問題に応じて mllib.evaluation パッケージの BinaryClassificationMetrics あるいは MulticlassMetrics を使います。これらのクラスを使うには、（予測、正解）のペアの RDD から Metrics オブジェクトを生成し、正確度、再現率、受信者動作特性（receiver operating characteristic = ROC）曲線以下の面積といったメトリクスを計算します。これらのメソッドは、トレーニングに使われていないテストデータセット（例えばデータの 20% をトレーニングの前に残しておきます）に対して実行します。モデルのテストデータへの適用は map() 関数中で行い、（予測、正解）のペアの RDD を構築できます。

Spark の将来のバージョンでは、本章の最後に紹介するパイプライン API で、すべての言語に評価関数が含まれるはずです。パイプライン API を使うことで、機械学習のアルゴリズムと評価メトリックのパイプラインを定義することができ、パラメータのシステマティックな探索を行い、交差検証を使って最良のモデルを選択することが、自動的に行えるようになります。

11.5 テクニックとパフォーマンスの検討

11.5.1 特徴の用意

機械学習のプレゼンテーションでは、使用されるアルゴリズムが強調されることがよくありますが、実際にはどのアルゴリズムであっても、用意された特徴以上に良くなることはないと覚えておかなければなりません！ 大規模な機械学習を実践している人々の多くは、特徴の準備こそが、大規模な学習における最も重要なステップであることに同意してくれることでしょう。情報量の多い特徴を追加すること（例えば他のデータセットと結合して情報を増やす）や、利用可能な特徴を変換して、適切なベクトル表現にすること（例えばベクトルの標準化）によって、結果が大きく改善されることがあります。

特徴の用意に関する十全な議論は本書の範囲を超えるものなので、詳しい情報については機械学習に関する他のテキストを参照することをお勧めします。ただし、特にMLlibについては、一般的に次のようなテクニックが使われます。

- 入力する特徴を標準化してください。「11.4.3 標準化」で説明したように、`StandardScaler`に特徴を通すことで、特徴の重みを均等にしてください。
- テキストからの特徴抽出を適切に行ってください。NLTK（http://www.nltk.org）のような外部のライブラリを使って単語のステミングを行い、TF-IDFのために代表的なコーパスに渡ってIDFを使用してください。
- クラスを適切にラベル付けしてください。MLlibでは、クラスのラベルはクラス数を*C*として、0から*C*-1でなければなりません。

11.5.2 アルゴリズムの設定

MLlibの多くのアルゴリズムは、正則化のオプションが利用できる場合は、そうした方が（予測の精度という観点で見た場合）うまく動作します。また、ほとんどのSGDベースのアルゴリズム群は、良い結果を得るために100回程度のイテレーションを必要とします。MLlibは有益なデフォルト値を提供しようとしますが、イテレーションの回数をデフォルト以上に増やすことで、精度が改善されるかどうかは試してみるべきです。例えばALSの場合、デフォルトのランクは10という非常に低い値になっているので、値を増やしてみるべきです。こうしたパラメータの変更の評価は、トレーニング中には使わずに取っておいたテストデータで行うようにしてください。

11.5.3 RDDの再利用のためのキャッシング

MLlibのアルゴリズムのほとんどはイテレーティブであり、データに対して何度も処理を行います。従って、入力データセットはMLlibに渡す前に`cache()`しておくことが重要です。データがメモリに収まらない場合でも、`persist(StorageLevel.DISK_ONLY)`としてみてください。

Pythonでは、RDDをPythonからJava側に渡す際に、MLlibが自動的にキャッシュしてくれるので、自分のプログラム中で再利用することがないのであれば、PythonのRDDをキャッシュする必要はありません。しかし、ScalaとJavaでは、キャッシュはユーザー側でやらなければならないことなのです。

11.5.4 スパース性の認識

特徴ベクトルに含まれている値がほとんどゼロばかりなのであれば、特徴ベクトルを疎なフォーマットで保存することで、大規模なデータセットの場合、時間と領域を大きく節約できます。領域については、ゼロではないエントリが最大でも3分の2程度であれば、MLlibの疎な表現は、密な表現よりも小さくなります。処理のコストについては、ゼロではないエントリが最大で10%程度であれば、概して疎なベクトルの方が低くなります(これは、密なベクトルに比べると、疎な表現の方がベクトルの要素あたりで多く命令の処理を必要とするためです)。ただし、疎な表現を取ることで、ベクトルがメモリ中にキャッシュできるかどうかが変わるのであれば、ここで示したよりも密なデータに対しても、疎な表現を使うことを検討してみるべきです。

11.5.5 並列度

ほとんどのアルゴリズムでは、入力RDDのパーティション数を最低でもクラスタ内のコア数と同等にして、並列性をできる限り活用するべきです。Sparkは、デフォルトでファイルの各ブロックごとにパーティションを生成することを思い出してください。このブロックは、通常は64MBです。例えば`sc.textFile("data.txt", 10)`のように、`SparkContext.textFile()`などのメソッドに最小のパーティション数を渡せば、この動作は変更できます。あるいは、RDDで`repartition(numPartitions)`を呼び、`numPartitions`個の均等なピースにパーティショニングし直すこともできます。それぞれのRDDのパーティション数は、いつでもSparkのWeb UIから見ることができます。同時に、パーティションを多くしすぎないようにも注意してください。これは、コミュニケーションのコストが増大してしまうためです。

11.6 パイプラインAPI

Spark 1.2から、**パイプライン**という概念に基づく、機械学習のための新しい高レベルのAPIがMLlibに追加されました。このAPIは、SciKit-Learn(http://scikit-learn.org/stable/)のパイプラインAPIに似ています。短くいうなら、パイプラインはデータセットを変換するアルゴリズム(特徴の変換やモデルのフィッティング)の並びです。パイプラインの各ステージは、**パラメータ**(例えば`LogisticRegression`のイテレーションの回数)を持つことがあります。パイプラインAPIは、グリッド検索を使い、選択した評価用のメトリックを用いて、パラメータの各セットを評価し、最適なパラメータのセットを自動的に検索します。

パイプラインAPIは、全体として一様なデータセットの表現を使用します。これは、**9章**のSpark SQLで出てきたSchemaRDDです。SchamaRDDには、複数の名前を持つ列があるので、データ中のさまざまなフィールドを参照することが容易です。数多くのパイプラインのステージ群が列を追加することがあります(例えば、特徴付けされたバージョンのデータ)。全体的な概念は、Rにおけるデータフレームにも似ています。

このAPIの様子をプレビューしてもらうために、本章ですでに取り上げたスパムの分類の例の別バージョンをご覧いただきましょう。このサンプルを拡張して、パラメータのHashingTFおよびLogisticRegressionのいくつかの値に対してグリッド検索を行う方法も示します（**リスト11-15**参照）。

リスト11-15　Scalaによるパイプライン APIバージョンのスパム分類

```
import org.apache.spark.sql.SQLContext
import org.apache.spark.ml.Pipeline
import org.apache.spark.ml.classification.LogisticRegression
import org.apache.spark.ml.feature.{HashingTF, Tokenizer}
import org.apache.spark.ml.tuning.{CrossValidator, ParamGridBuilder}
import org.apache.spark.ml.evaluation.BinaryClassificationEvaluator

// ドキュメントを表現するクラス -- 後でSchemaRDDに変換される
case class LabeledDocument(id: Long, text: String, label: Double)
val documents = // (LabeledDocumentのRDDのロード)

val sqlContext = new SQLContext(sc)
import sqlContext._

// MLパイプラインをtokenizer、tf、lrという3つのステージで構成する。各ステージは
// SchemaRDDに1つずつ列を追加し、それらは次のステージの入力列になる
val tokenizer = new Tokenizer() // それぞれのメールを単語に分割する
  .setInputCol("text")
  .setOutputCol("words")
val tf = new HashingTF() // メールの単語を10000の特徴を持つベクトルにマップする
  .setNumFeatures(10000)
  .setInputCol(tokenizer.getOutputCol)
  .setOutputCol("features")
val lr = new LogisticRegression() // デフォルトで"features"をinputColとする
val pipeline = new Pipeline().setStages(Array(tokenizer, tf, lr))

// パイプラインをトレーニングドキュメントに適応させる
val model = pipeline.fit(documents)

// あるいは，上記のパラメータで1度だけ適応をさせる代わりに、グリッド検索をいくつかの
// パラメータ群に対して行い、交差検証をして最善のモデルを選択する
val paramMaps = new ParamGridBuilder()
  .addGrid(tf.numFeatures, Array(10000, 20000))
  .addGrid(lr.maxIter, Array(100, 200))
  .build() // パラメータの組み合わせを構築する
val eval = new BinaryClassificationEvaluator()
val cv = new CrossValidator()
  .setEstimator(lr)
```

```
    .setEstimatorParamMaps(paramMaps)
    .setEvaluator(eval)
  val bestModel = cv.fit(documents)
```

パイプラインAPIの多くは、本書の執筆時点ではまだexprimentalですが、MLlibの最新のドキュメンテーションを参照してみてください（http://spark.apache.org/docs/latest/mllib-guide.html）。

11.7　まとめ

本章では、Sparkの機械学習ライブラリの概要を紹介しました。見てきた通り、このライブラリはSparkの他のAPIの多くと直接結びついており、RDDに対して処理を行い、返された結果を他のSparkの関数で使うことができます。MLlibは、Sparkの中でも最も活発に開発が行われている部分なので、進化が続いています。MLlibで使える最新の機能を確認するため、使用するSparkのバージョン用の公式ドキュメント（http://spark.apache.org/documentation.html）を調べることをお勧めします。

付録A 原書発行以降の変更点

土橋 昌（NTTデータ）

2015年2月にSpark 1.2.1がリリースされて以降、数多くの修正や新機能が追加されました。Sparkは、マイナーバージョンアップにおいてAPIの後方互換性を維持する方針で開発されているため、新しくリリースされたバージョンの新機能をすばやく試すことができます。

本稿では、バージョン1.2.1以降の改善ポイントを時系列順に紹介します。

A.1 付録Aの内容について

公開されたリリースノートを中心に一部補足を加えながら、主要な変更点をまとめました†。

新機能と既存機能の改善内容には、［機能改善］、不具合の修正には［バグ修正］と付記しています。バグトラッキングシステムJIRA上で特定の課題管理番号が付与されて対応済みの項目には、その管理番号（SPARK-NNNN）を付記しています。

A.2 バージョン1.2.1の主な変更内容

本バージョンアップでは、バグの修正を中心にした対応が行われました。Sparkコア、Spark Streamingには、いくつか重要なバグ修正が含まれていました。

A.2.1 Sparkコア

- SPARK-4837:［バグ修正］NettyBlockTransferServiceでspark.blockManager.port通りにポート設定がされない不具合の修正
- SPARK-4595:［バグ修正］MetricsServletが正常に初期化されない不具合の修正
- SPARK-5355:［バグ修正］SparkConfがスレッドセーフでない不具合を修正
- SPARK-2075:［バグ修正］ビルド時のリンクエラーを修正

† すべての変更内容を確認したい場合は、バグトラッキングシステムJIRA（https://issues.apache.org/jira/browse/spark）を参照。

A.2.2 Spark SQL

- SPARK-5187:［バグ修正］Hive UDFを利用時にCACHE TABLE AS SELECTが失敗する不具合の修正
- SPARK-4959:［バグ修正］大文字／小文字の取り扱いに関する不具合の修正
- SPARK-4908:［バグ修正］Hive 0.13対応でビルドした場合、並列でメタデータを操作するクエリを実行する際にエラーが生じるSpark SQLの不具合を修正
- SPARK-4296:［バグ修正］group byとselect内で同じ構文を利用した際に例外が生じる不具合の修正

A.2.3 Spark Streaming

- SPARK-5147:［バグ修正］WALのクリーンアップを定期的に実施するための修正
- SPARK-4835:［バグ修正］チェックポイント先のディレクトリがすでに存在するときにリカバリが失敗する事象の改善
- SPARK-2892:［バグ修正］StreamingContextを停止させた時にSocket Receiverが止まらない不具合の修正

A.2.4 PySpark

- SPARK-5224:［バグ修正］リストや配列の並列化に関する不具合の修正
- SPARK-4841:［バグ修正］zip利用時のシリアライザの不具合の修正
- SPARK-5223:［バグ修正］辞書型の中のVector型対応

A.3 バージョン1.2.2の主な変更内容

本バージョンアップでは、バグ修正中心の対応が行われました。Sparkコアを中心にいくつか重要なバグ修正が含まれていました。

A.3.1 Sparkコア

- SPARK-6578:［バグ修正］Nettyベースシャッフル関連でスレッドセーフでないことに起因する不具合の改善
- SPARK-5967:［バグ修正］JobProgressListener関連のメモリリークの修正
- SPARK-4267:［バグ修正］YARN 2.5.0以降の対応の改善

- SPARK-5655:［バグ修正］セキュリティ設定が有効な場合にシャッフル処理中のファイルアクセスに失敗する不具合の修正

A.3.2 PySpark

- SPARK-6667:［バグ修正］安定性の向上
- SPARK-5973:［バグ修正］zipが失敗する不具合の修正
- SPARK-6055:［バグ修正］PySpark利用時のSpark SQLのメモリリークの修正
- SPARK-5363:［バグ修正］大きなサイズのブロードキャスト変数を利用するときにハングアップする不具合の修正

A.4 バージョン1.3.0の主な変更内容

本バージョンアップでは、新しい機能を含む機能改善が行われました。またDataFrame APIが新たに登場し、Spark SQLがalpha版を卒業しました。MLlibでは多数のアルゴリズムが加わり、Spark StreamingではダイレクトKafka APIが加わりました。

A.4.1 Sparkコア

- SPARK-5430:［機能改善］負荷の高いreduceオペレーションを想定したマルチレベルのアグリゲーションをMLlibからコアに移動
- SPARK-5063:［機能改善］SparkContextの状態がstoppedであることを示すエラーメッセージ出力の改善
- SPARK-3996:［機能改善］Jettyサーバの中でSparkを利用するときにバージョン衝突する問題を回避するためのJettyに関する依存性の隠ぺい
- SPARK-3883:［機能改善］一部SSL対応
- SPARK-3428:［機能改善］TaskMetricsにおけるGCメトリクス取得対応
- SPARK-4874:［機能改善］タスクが扱ったレコードカウントのレポート機能追加

マルチレベルのアグリゲーションについて

大規模なアグリゲーションを段階的に実行するためのAPIとして、`treeReduce`メソッドや`treeAggregate`メソッドがあります。

ここでは`treeReduce`メソッドの使用例を**リストA-1**、**リストA-2**に示します。

リストA-1 treeReduceの使用例（Scala）

```
val rdd = sc.parallelize(-1000 until 1000, 50)
val depth = 3
val sum = rdd.treeReduce(_ + _, depth)
println(sum)
```

リストA-2 treeReduceの使用例（Python）

```
rdd = sc.parallelize(range(-1000, 1000), 50)
depth = 3
sum = rdd.treeReduce(lambda a, b: a + b, depth)
print(sum)
```

通常のreduceと異なり、treeReduceメソッドでは、深さを指定する第2引数を渡します。

ただし、実際に用いられる深さの値は、パーティション数などを考慮して決定されるため、この値はあくまで参考値として扱われます。

上記の例では、3段階のステージに分割されてreduce処理が実行されます。SparkのDAGビジュアライゼーションの仕組みにより可視化された処理の流れを**図A-1**に示します。

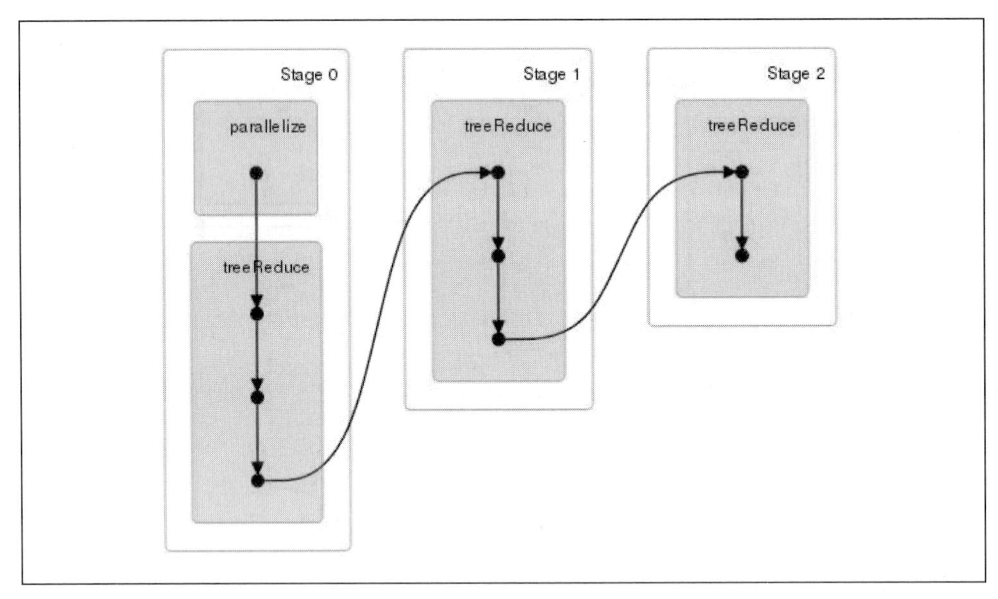

図A-1 可視化された処理

A.4.2 DataFrame API

- ［機能改善］1.3.0で新たに追加。DataFrameに関する詳細は、「B.2.2 DataFrame API」を参照。

A.4.3 Spark SQL

- alpha版を卒業
- データソースAPIでテーブルの書き出し対応

A.4.4 Spark ML/MLlib

- 複数のアルゴリズムの追加
- SPARK-1405:［機能改善］トピック分析のためのLDA（Latent Dirichlet Allocation）
- SPARK-2309:［機能改善］多クラス分類に対応したロジスティック回帰
- SPARK-5012:［機能改善］ガウス混合モデル（Gaussian mixture model、GMM）
- SPARK-4259:［機能改善］power iterationクラスタリング
- SPARK-4001:［機能改善］FP-growth
- SPARK-4409:［機能改善］大規模な行列計算のためのブロック行列
- SPARK-4587:［機能改善］一部のアルゴリズムについてモデルのインポート／エクスポート機能の追加
- SPARK-3424:［機能改善］k-meansとALSの性能改善
- ［機能改善］PySparkのパイプラインAPI対応
- ［機能改善］PySparkのGradient boosted treesおよびガウス混合モデル対応
- ［機能改善］パイプラインAPIのDataFrame対応

トピック分析のためのLDAについて

LDAは、文書の一群からトピックを分析するクラスタリング手法です。例えば、トピックがクラスタ中心で、文書がデータサンプルと考えると、クラスタリング手法の一種として理解しやすくなります。

LDAによるトピック分析はSpark 1.3.0で新たに追加されました。Spark 1.4.0では、現在実装が進んでいる途中であり、Python APIが実装されていないことなど注意すべき点が残っていますが、有用な手法であることから紹介します。

MLlibのLDAは入力に「bag of words」形式のデータを用います。入力データは「ドキュメントID」と「bag of words形式のベクトル」で構成され、当該ベクトルは各単語の出現回数を表すようにします。

リストA-3に入力データの例を示します。

リストA-3　bag of wordsの例

```
(0,[1.0,2.0,6.0,0.0,2.0,3.0,1.0,1.0,0.0,0.0,3.0])
(1,[1.0,3.0,0.0,1.0,3.0,0.0,0.0,2.0,0.0,0.0,1.0])
(2,[1.0,4.0,1.0,0.0,0.0,4.0,9.0,0.0,1.0,2.0,0.0])
```

Sparkのソースコードに付属しているサンプルデータを読み込んで、LDAモデルを生成する使用例（Scala）を**リストA-4**に示します。

リストA-4　LDAモデルの生成例（Scala）

```
import org.apache.spark.mllib.clustering.LDA
import org.apache.spark.mllib.linalg.Vectors

// Sparkのソースコードに付属しているサンプルデータを読み込みます
val data = sc.textFile("data/mllib/sample_lda_data.txt")
val parsedData = data.map(s => Vectors.dense(s.trim.split(' ').map(_.toDouble)))
// ドキュメントにIDを付与します
val corpus = parsedData.zipWithIndex.map(_.swap).cache()

// 3個のトピックにクラスタリングします
val ldaModel = new LDA().setK(3).run(corpus)

// トピック1を代表する単語を表示します
// 結果の例：0,10,4
val topTermsOfTopicOne = ldaModel.describeTopics(3).head
print(topTermsOfTopicOne._1.mkString(","))

// トピック1を代表する単語の重みを表示します
// 結果の例：0.13562580532881852,0.13201884636097097,0.12516275572864896
print(topTermsOfTopicOne._2.mkString(","))
```

本例ではSparkのソースコードに付属している数値化されたサンプルデータを用いました。実際には、テキストデータであるドキュメント内の単語を抽出し、各単語の出現件数を数えてベクトル化する必要があります。MLlibはテキストデータのベクトル化のための方法として、TF-IDFという手法を提供していますので、ぜひチャレンジしてみてください。

A.4.5 Spark Streaming

- SPARK-4964:［機能改善］ダイレクトKafka APIの追加
- SPARK-5047:［機能改善］PythonのKafka対応
- SPARK-4979:［機能改善］ロジスティック回帰のストリーム処理対応
- SPARK-3660:［機能改善］ステートフルオペレーションでの初期RDD指定機能の追加

ダイレクトKafka APIについて

Spark Streamingでデータソースとして Kafkaを利用する方法に、Receiverを使用せずにKafkaのシンプルConsumer APIを利用する方式が追加されました。ただし現在はExperimentalの段階であり、Python版が未実装である点にご注意ください。Receiverを使用しない方式のメリットは以下の点です。

- Kafkaのパーティションに合わせて並列でデータを取得できます。Receiver使用方式では、並列度を高めるために複数のストリームを定義し、それらを結合させる必要がありましたが、シンプルConsumer APIを利用する方式ではその工夫が不要です。
- メッセージ処理の障害耐性を高めるためのWrite Ahead Log（WAL）が不要になるので、KafkaとSpark Streamingの両方でデータ冗長性を担保していた無駄が解消されます。
- Receiver使用方式ではKafkaのハイレベルAPIを利用し、メッセージのオフセットをZooKeeperのサービスで保持していました。この場合、Spark Streamingでデータを受領し、その後ZooKeeper側のオフセット更新が失敗した場合に、重複データ処理が発生する可能性がありました。シンプルConsumer APIを利用する方式では、Spark Streamingのチェックポイントの仕組みの中でオフセットを管理するようになり、独立した外部サービスに頼らないことで重複データ処理の可能性を低減できます。

A.4.6 GraphX

- ［機能改善］ユーティリティの追加

A.5 バージョン1.3.1の主な変更点

バグ修正中心の対応が行われました。特にSparkコア、Spark Streamingを中心に重要なバグ修正（メモリリーク等）が行われました。

A.5.1 Sparkコア

- SPARK-6578:［バグ修正］Nettyベースのシャッフルにおけるスレッドセーフティ関連の

不具合の修正

- SPARK-6737:［バグ修正］OutputCommitter関連のメモリリークの修正
- SPARK-6313:［バグ修正］SparkのワーキングディレクトリにNFSを利用しているときの不具合の修正
- SPARK-6414:［バグ修正］ジョブキャンセル時の不具合の修正

A.5.2　Spark SQL

- SPARK-6250:［バグ修正］DDL内で予約語を使用できなかった不具合の修正
- SPARK-6575, 8651, 6315, 6330:［バグ修正］Parquetに関するいくつかの不具合の修正

A.5.3　Spark Streaming

- SPARK-6222:［バグ修正］WALによるリカバリでデータロスの可能性の修正

A.5.4　PySpark

- SPARK-6667:［バグ修正］コネクション関連のバグ修正

A.6　バージョン1.4.0の主な変更点

新機能を含む大幅な機能改善が行われました。

特に注目したいのは、Tungstenというプロジェクト名で進められている性能改善の取り組みです。その一部がSparkコアに取り入れられ、利用できるようになりました。また、DataFrameではユーザーの利用できる機能が豊富になり、Spark MLではいくつか機能が追加されました。

A.6.1　SparkR

- ［機能改善］本バージョンで初めて導入

A.6.2　Sparkコア

- SPARK-6942:［機能改善］RDDのDAGの可視化とイベントのタイムラインビューの追加
- SPARK-4897:［機能改善］Python 3サポート
- SPARK-3644:［機能改善］アプリケーション情報取得方法にREST API追加
- SPARK-4550:［機能改善］シャッフルのシリアライズに関する改善

- SPARK-7081:［機能改善］Project Tungstenのシャッフル改善（UnsafeShuffleManager）
- SPARK-3074:［機能改善］PythonのgroupByKeyオペレーションに関する動作改善
- SPARK-3674:［機能改善］Spark EC2のYARN対応
- SPARK-2691:［機能改善］MesosのDocker対応

Spark UIの改善について

データ処理を実装しているとチューニングやトラブルシュートのために、ジョブの実行計画や実行状況を把握したいことがあります。以前までのバージョンではログやテキストデータからジョブの実行状況を把握する必要がありましたが、本バージョンから「イベントのタイムラインビュー(Event Timeline)」、「RDDのDAGの可視化（DAG Visualazation)」の機能が加わりました。両ツールともSparkのウェブUIから利用できます。

タイムラインビュー機能では、「ジョブ全体」、「ジョブ単体」、「ステージ単位」の3つのスコープで利用できます。**図A-2**に本機能のスクリーンショットを示します。

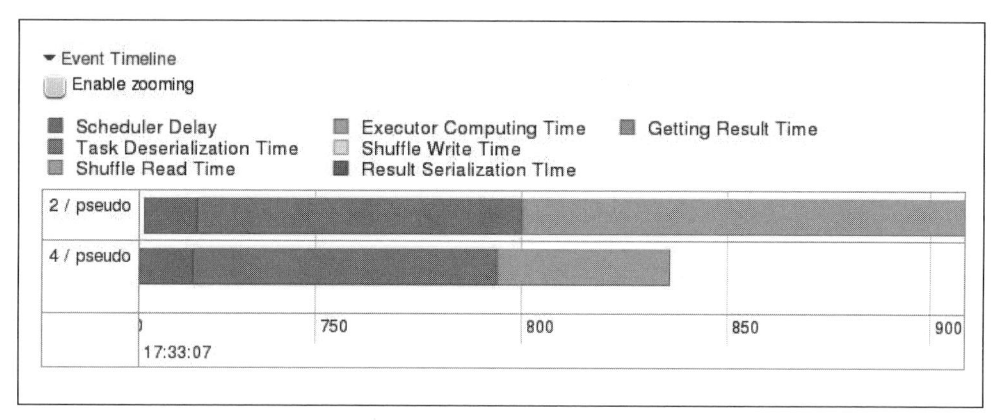

図A-2 タイムラインビュー機能

また**図A-3**にRDDのDAGの可視化機能のスクリーンショットを示します。

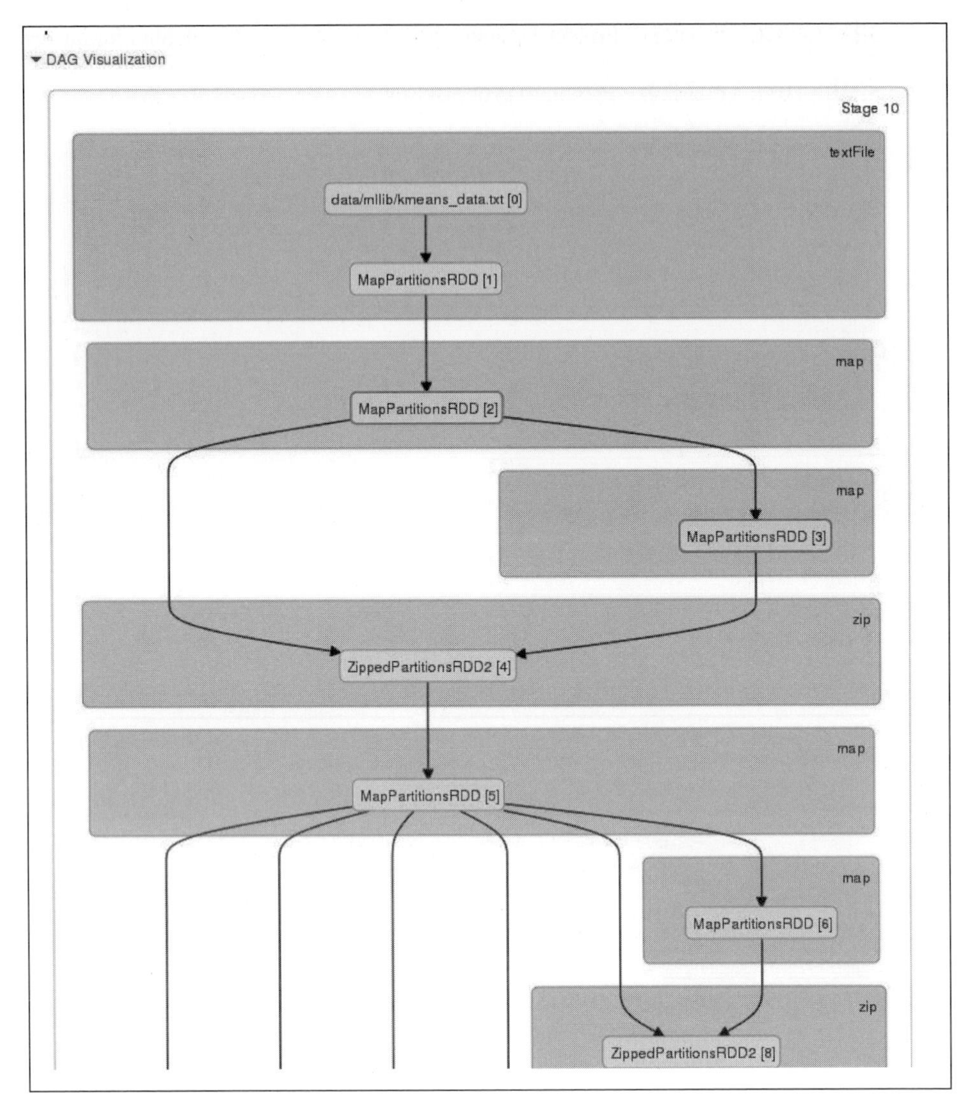

図A-3　DAGの可視化機能

Project Tungstenについて

Sparkが最初に解決しようとした課題は、旧来のHadoop MapReduceフレームワークでボトルネックになりがちだったストレージやネットワークに対するI/Oを軽減することでした。一方、近年解決しようとしている課題は、メモリやCPUの使用効率を上げることです。この新たな課題に立ち向かうためのプロジェクトがProject Tungstenです。

Spark Summit 2015（https://spark-summit.org/2015/）において、Josh Rosenらは「なぜCPUの使用効率が課題になるようになったか」について、次のように言及しています。

- よりスループットの高いストレージやネットワークが普及したこと
- Spark の I/O まわりの改善が着実に実施されたこと
- データフォーマットが改善されたこと
- シリアライゼーションやハッシュ計算が CPU バウンドであること

また Project Tungsten では具体的に次の方針に則って、パフォーマンスを改善するとしています。

- 明示的にメモリを管理する
- JVM のオブジェクトでデータを保持することに伴うオーバヘッドの解消
- GC オーバーヘッドを減らす
- メモリ内のデータ構造を考慮してデータアクセスする
- モダンなコンパイラや CPU に対応する
- バイナリデータに対して直接アクセスする

旧来の Hadoop MapReduce フレームワークからの改善という当初の目論見は達成されつつありますが、まだまだ進歩は続くことでしょう。

A.6.3 DataFrame API and Spark SQL

- SPARK-2883:［機能改善］ORCFile フォーマットへの対応
- SPARK-2213:［機能改善］大きなサイズの JOIN を最適するためのソートマージ JOIN の追加
- SPARK-5100:［機能改善］SQL JDBC server の UI 追加
- SPARK-6829:［機能改善］DataFrame が数学的関数に対応
- SPARK-8299:［機能改善］DataFrame and SQL のエラーレポートの改善
- SPARK-1442:［機能改善］Spark SQL and DataFrames のウィンドウ関数
- SPARK-6231, 7059:［機能改善］セルフ JOIN の対応
- SPARK-5947:［機能改善］データソース API のパーティション対応
- SPARK-7320:［機能改善］rollup と cube 関数の追加

- SPARK-6117:［機能改善］DataFrameの統計的サマリを出力（describe）

DataFrameへの機能追加について

DataFrameでデータを集計する際などに便利な機能が追加されました。追加されたのは以下の機能です。

- ランダムなデータの生成
- 統計的なサマリの生成
- 共分散と相関関係の算出
- Cross tabulation
- 頻度の高いアイテムの抽出
- 数学的API

ここでは統計的サマリを出力する例を紹介します。まず**リストA-5**の通り、テストデータを作成します。

リストA-5　テストデータの作成（Scala）

```
val df = sqlContext.range(0, 10).withColumn("uniform", rand(10)).withColumn("normal", randn(27))
```

リストA-5の実行の結果、**リストA-6**に示すようなテストデータを保持するDataFrameが生成されます。

リストA-6　テストデータの例（Scala）

```
// df.showの実行結果

+--+-------------------+-------------------+
|id|            uniform|             normal|
+--+-------------------+-------------------+
| 0| 0.7224977951905031|-0.1875348803463305|
| 1| 0.3312021111290707|-0.8692578137288678|
| 2| 0.2438486392697814| -2.372340011831022|
| 3|   0.48751036821683| -1.245588815004436|
| 4| 0.6684543991585701|-0.6032161065605888|
| 5|0.24378101415107944| -0.575915283914948|
| 6|   0.31725730968555| 0.5023738038011114|
| 7| 0.2009218252543502|0.44777575307472967|
| 8| 0.5173637377779307|  0.600053806707523|
```

```
| 9| 0.9528301401955117|-0.7324006767271523|
+--+-------------------+-------------------+
```

統計的なサマリを出力するには describe メソッドを使用します。使用例を**リスト A-7** に示します。

リストA-7 統計的サマリの例（Scala）

```
// df.describe().show() の実行結果

+-------+------------------+-------------------+-------------------+
|summary|                id|            uniform|             normal|
+-------+------------------+-------------------+-------------------+
|  count|                10|                 10|                 10|
|   mean|               4.5|0.46856673400291776|-0.5036050224529982|
| stddev|2.8722813232690143| 0.2358201303075058| 0.8648117073061448|
|    min|                 0| 0.2009218252543502| -2.372340011831022|
|    max|                 9| 0.9528301401955117|  0.600053806707523|
+-------+------------------+-------------------+-------------------+
```

A.6.4 Spark ML/MLlib

- SPARK-5884:［機能改善］パイプライン API の各種特徴変換の追加
- SPARK-7381:［機能改善］パイプライン API の Python API 対応
- SPARK-5854:［機能改善］Personalized PageRank（GraphX）対応
- SPARK-6113:［機能改善］DecisionTree とアンサンブル学習の安定性向上
- SPARK-7262:［機能改善］Spark ML に LogisticRegression による二値分類（L1, L2 正則化）追加
- SPARK-7015:［機能改善］マルチクラスから 2 値への変換
- SPARK-4588:［機能改善］特徴の種別に関する API の追加
- SPARK-1406:［機能改善］MLlib での PMML のモデル評価対応
- SPARK-5995:［機能改善］ML ライブラリの prediction に関する Developer API を public にした
- SPARK-3066:［機能改善］MatrixFactorization モデルに、結果を一括取得するための recommendAll 系のメソッドの追加
- SPARK-4894:［機能改善］ベルヌーイナイーブベイズ追加

- SPARK-5563:［機能改善］オンラインLDAのインターフェース追加

A.6.5 Spark Streaming

- SPARK-7602, SPARK-6796, SPARK-6862:［機能改善］バッチドリルダウンを含むUIの追加
- SPARK-7621:［機能改善］Kafkaに関するエラーメッセージ詳細化
- SPARK-2808:［機能改善］Kafka 0.8.2.1対応およびScala 2.11対応
- SPARK-5946:［機能改善］PythonでKafkaダイレクトモード対応
- SPARK-7111:［機能改善］Kafka利用時のインプットレートのトラック機能追加
- SPARK-5960:［機能改善］KinesisにAWSクレデンシャルを転送する機能の追加
- SPARK-7056:［機能改善］WAL保存の実装をプラガブル化

A.7 まとめ

Sparkのバージョン1.2.1以降の変化を順に紹介しました。

Sparkコアは安定性を高めるための変更が多数入り、かつProject TungstenというSparkの根幹を置き換えていくプロジェクトが始まりました。実際にバージョン1.4.0ではその一部が利用できます。

各ライブラリには、アルゴリズムや機能の大幅な追加や、ログ出力のチューニングなどの使い勝手を向上させるための細かな修正が含まれています。急速に実装が進んでいる機械学習のパイプラインAPIへの期待も高まってきました。

このようにSparkは、ユーザーの使い勝手を向上させながら革新的な機能を取り入れるように開発が続いています。その範囲はひとつのプロダクトという域を超え、開発者が最新技術を注ぎ込むフィールドとして、ひとつのプロジェクトと言えるようになってきました。

土橋 昌（どばし まさる）

NTTデータ基盤システム事業本部シニアITスペシャリスト。入社以来、オープンソースをを活用したシステム開発／運用プロジェクトや、データ処理基盤関連のR&Dに従事。小規模なものから1,000台級の大規模なものまで、Hadoopによるクラスタ開発／運用を手掛けてきた。近年はStormやSparkなどの分散処理技術の導入支援や、データ処理アプリケーションの実装支援にも携わっている。米国Spark Summit 2014や、Hadoop Conference Japanなどで講演。

付録B Spark SQLについて本編の補足

猿田 浩輔[†]（NTTデータ）

Spark 1.3以降では、Spark SQLにいくつか大きな変更が加えられました。本章では「9章 Spark SQL」を補足しながら、主要な変更点を解説します。

B.1 APIの使い方の変更

B.1.1 初期化方法の変更

Scalaで Spark SQLのアプリケーションを記述する際、Spark 1.2以前はimplicitsへアクセスするために`sqlContext._`や`hiveCtx._`をインポートする必要がありました。

Spark 1.3以降では、implicitsのインポート方法が変更されました。`sqlContext.implicits._`や`hiveCtx.implicits._`をインポートします（**リストB-1**）。

リストB-1 Spark SQLのimplicitsのインポート方法の変更

```
val sc = new SparkContext(...)
// SQLContextを利用する場合
val sqlContext = new SQLContext(sc)
import sqlContext.implicits._
// HiveContextを利用する場合
val hiveCtx = new HiveContext(sc)
import hiveCtx.implicits._
```

B.1.2 データのロードとセーブの方法の変更

Spark 1.4からは`DataFrameReader`や`DataFrameWriter`を介して、外部のソースを利用してロードやセーブを行う方法が用意され、従来のロード／セーブ方法は非推奨になりました。例えば**リスト9-18**と**リスト9-20**のコードをSpark 1.4向けに書き直すと、**リストB-2**と**リストB-3**のようになります。

† 訳者注：本書の翻訳中に、**付録B**の執筆者であるNTTデータの猿田氏がSparkのコミッタに就任しました。**付録A**に記載されているタイムラインビューは、猿田氏のコミットによるコードです。

リストB-2 PythonでParquetのデータのロード（Spark 1.4以降の推奨の記述）

```
# name と favouriteAnimal というフィールドを持つ Parquet のファイルからデータをロード
rows = hiveCtx.read.parquet(parquetFile)
names = rows.map(lambda row: row.name)
print "Everyone"
print names.collect()
```

リストB-3 PythonでParquetファイルへ保存（Spark 1.4以降の推奨の記述）

```
pandaFriends.write.parquet("hdfs://...")
```

B.1.3 UDFの登録方法の変更

Spark 1.2以前はScalaやJavaでUDFを登録する際、registerFunctionメソッドを利用していましたが、Spark 1.3からはUDFRegistrationを介してudfメソッドで登録します。

リストB-4はリスト9-37を書き直したものです。

リストB-4 Scalaでの文字列長UDF（Spark 1.3以降での記述）

```
hiveCtx.udf.register("strLenScala", (_: String).length)
val tweetLength = hiveCtx.sql("SELECT strLenScala('tweet') FROM tweets LIMIT 10")
```

B.2 DataFrame

Spark 1.3から、従来Spark SQLで扱われていたデータ構造であるSchemaRDDが、DataFrameと名称を変えました。

もともとDataFrameの概念は、Pythonのデータ分析ライブラリであるPandasやR言語で用いられていたもので、データ分析を行ってきたエンジニアにとっては親しみやすいネーミングになったと言えるでしょう。DataFrameへ名称の変更に伴い、APIの使用方法が9章の解説と異なるものがあります。

B.2.1 RDDからDataFrameを生成する方法

「9.3 データのロードとセーブ」では、RDDからSchemaRDDを生成する方法を紹介しました。このコードをScalaで記述する場合、Spark 1.2以前はケースクラスやListなど、Productのサブクラスを要素に持つRDDは、必要に応じて暗黙的にSchemaRDDに変換されました。Spark 1.3以降では、明示的にtoDFメソッドを呼び出してDataFrameに変換する必要があります。リスト9-29のコードをDataFrameを利用して書き換えたものを、リストB-5に示します。

リストB-5 RDDからDataFrameを生成する

```
case class HappyPerson(handle: String, favouriteBeverage: String)
...
// person を生成し、DataFrame に変換する
```

```
val happyPeopleDF = sc.parallelize(List(HappyPerson("holden", "coffee"))).toDF
happyPeopleDF.registerTempTable("happy_people")
```

またSpark 1.2以前は、JavaではapplySchemaメソッドを利用してJavaBeanからSchemaRDDを生成していました。Spark 1.3からはapplySchemaメソッドではなく、同様に作用するcreateDataFrameメソッドの利用を推奨しています。

リスト9-30ではapplySchemaメソッドでJavaBeanをSchemaRDDに変換していますが、createDataFrameメソッドでDataFrameに変換するには**リストB-6**のように記述します。

リストB-6 JavaBeanからのDataFrameの生成

```
class HappyPerson implements Serializable {
  private String name;
  private String favouriteBeverage;
  public HappyPerson() {}
  public HappyPerson(String n, String b) {
    name = n; favouriteBeverage = b;
  }
  public String getName() { return name; }
  public void setName(String n) { name = n; }
  public String getFavouriteBeverage() { return favouriteBeverage; }
  public void setFavouriteBeverage(String b) { favouriteBeverage = b; }
};
...
ArrayList<HappyPerson> peopleList = new ArrayList<HappyPerson>();
peopleList.add(new HappyPerson("holden", "coffee"));
JavaRDD<HappyPerson> happyPeopleRDD = sc.parallelize(peopleList);
SchemaRDD happyPeopleSchemaRDD = hiveCtx.createDataFrame(happyPeopleRDD,
  HappyPerson.class);
happyPeopleSchemaRDD.registerTempTable("happy_people");
```

B.2.2 DataFrame API

9章ではSQLやHiveQLでSchemaRDD内のデータを操作する方法を紹介しましたが、ScalaやJava、Pythonでデータ操作が記述可能なDSLも提供されています。Spark 1.3からはそれらのDSLがDataFrame APIとして整理されました。

DataFrame APIはSQLやHiveQLで記述可能なデータ操作に対応したものが用意されています。例えば、**リスト9-9**から**リスト9-11**までをDataFrame APIを使って書き直すと、**リストB-7**から**リストB-9**のようになります。DataFrame APIを用いてデータ操作を行う場合、DataFrameをregisterTableせず、直接DataFrameに対して操作を適用します。

リストB-7 Scalaでのツイーツのロードとクエリ（DataFrame API版）

```
...
val input = hiveCtx.read.json(inputFile)
// retweetCountを元にツイートを選択する
val topTweets = input.select("text", "retweetCount").orderBy("retweetCount").limit(10)
```

リストB-8 Javaでのツイーツのロードとクエリ（DataFrame API版）

```
...
// Javaではread()のように括弧付きで呼び出しが必要なことに注意
DataFrame input = hiveCtx.read().json(inputFile);
// retweetCountを元にツイートを選択する
DataFrame topTweets = input.select("text", "retweetCount").orderBy("retweetCount").limit(10);
```

リストB-9 Pythonでのツイーツのロードとクエリ（DataFrame API版）

```
...
input = hiveCtx.read.json(inputFile)
# retweetCountを元にツイートを選択する
topTweets = input.select("text", "retweetCount").orderBy("retweetCount").limit(10)
```

ここまでの例では、selectやorderByで単にフィールド名を文字列で指定していました。

例えば、whereやfilterなどで特定の条件にマッチしたデータのみを抽出したい場合は、フィールド名をもとに式を記述する必要があります。

リストB-10から**リストB-12**に、**リスト9-19**と同様の処理をDataFrame APIを用いて記述した例を示します。

式の一部にフィールド名を指定する方法はいくつか存在しますが、ここではcolメソッドを利用する方法を紹介します。colメソッドを利用するためにはfunctionsパッケージをインポートします。

リストB-10 ScalaでDataFrame APIを利用した場合に式の一部にフィールドを指定する方法

```
...
import org.apache.spark.sql.functions._
// フィールドの指定にcolメソッドを利用。単にフィールドを指定する場合にも利用できる。
// Scalaではほかに
// $"フィールド名"やdf("フィールド名")(dfはデータフレームのインスタンス)
// のようにフィールドを指定できる
// =(イコール)が3つなことに注意
val pandaFriends = row.where(col("favouriteAnimal") === "panda").select(col("name"))
println("Panda friends")
pandaFriends.map(row => row.getString(0)).collect()
```

リストB-11 JavaでDataFrame APIを利用した場合に式の一部にフィールドを指定する方法

```
...
import static org.apache.spark.sql.functions.*;
DataFrame pandaFriends = rows.where(col("favouriteAnimal").equalTo("panda")).select(col("name"));
System.out.println("Panda friends");
pandaFriends.toJavaRDD().map(new Function<Row, String>() {
  public String call(Row row) {
    return row.getString(0);
  }
}).collect();
```

リストB-12 PythonでDataFrame APIを利用した場合に式の一部にフィールドを指定する方法

```
...
from pyspark.sql.functions import *
# Pythonでは他にdf.フィールド名（dfはデータフレームのインスタンス）でフィールドを指定できる。
// =（イコール）がScala版と異なり2つなことに注意
pandaFriends = rows.where(col("favouriteAnimal") == "panda").select(col("name"))
print "Panda friends"
print pandaFriends.map(lambda row: row.name).collect()
```

DataFrame APIを利用する場合、selectやwhereの適用順序に注意が必要です。**リストB-10**から**リストB-12**では、同様の処理をSQLやHiveQLで記述した場合と異なり、whereを先に適用しています。selectを先に適用すると、nameフィールドのみを含むDataFrameのインスタンスが作られます。そのDataFrameには、もはやfavouriteAnimalフィールドは含まれていないので、後にwhereを適用すると実行時エラーになります。

リストB-13 DataFrame APIの適用順序には注意が必要

```
...
// select(col("name"))で生成されたDataFrameにfavouriteAnimalフィールドは含まれていないのでwhere(...)
が実行時エラーになる。
val pandaFriends = rows.select(col("name")).where(col("favouriteAnimal") === "panda")
```

また、DataFrame APIでは数学関数や文字列操作関数が提供されています。これらの利用にも、functionsパッケージが必要です。

リストB-14のデータを利用し、平均年齢を求める例を**リストB-14**から**リストB-16**に示します。

リストB-14 functionsパッケージをインポートする例の入力データ

```
{"name": "John", "age": 23}
{"name": "Bob", "age": 18}
{"name": "Smith", "age": 32}
{"name": "Alice", "age": 27}
{"name": "Lisa", "age": 37}
```

リストB-15 Scalaでfunctionsパッケージ内のavg関数を利用して平均年齢を求める

```
...
import org.apache.spark.sql.functions._
val person = hiveCtx.read.json(inputFile)
val avgAge = person.select(avg("age").as("Average age"))
avgAge.show()
```

リストB-16 Javaでfunctionsパッケージ内のavg関数を利用して平均年齢を求める

```
...
import static org.apache.spark.sql.functions.*;
DataFrame person = hiveCtx.read().json(inputFile);
DataFrame avgAge = person.select(avg("age").as("Average age"));
avgAge.show();
```

リストB-17 Pythonでfunctionsパッケージ内のavg関数を利用して平均年齢を求める

```
...
from pyspark.sql.functions import *
person = hiveCtx.read.json(inputFile)
# Pythonではasの代わりにaliasを利用する
avgAge = person.select(avg("age").alias("Average age"))
avgAge.show()
```

リストB-18 平均年齢を出力した結果

```
+-----------+
|Average age|
+-----------+
|       27.4|
+-----------+
```

functionsパッケージで提供されている関数は、APIドキュメントに整理されています。こちらも合わせてご覧ください。

- Scala版 https://spark.apache.org/docs/latest/api/scala/index.html#org.apache.spark.sql.functions$
- Java版 https://spark.apache.org/docs/latest/api/java/org/apache/spark/sql/functions.html
- Python版 https://spark.apache.org/docs/latest/api/python/pyspark.sql.html#module-pyspark.sql.functions

各言語からデータ操作が可能な別の方法として、**3**章で紹介したようにRDDを直接操作する方法があります。

しかしDataFrame APIを利用すれば、`select`や`orderBy`などのAPIからデータに対してフィールドの名前でアクセスできるため、簡潔にデータ操作を記述できます。またSpark SQLのオプティマイザによる最適化の恩恵を受けられるメリットもあります。

一方、処理対象のデータがプレーンテキストだったり、データフォーマットがバラバラな非構造化データを扱うのには向いていません。そのようなデータはまずRDDを直接操作してデータを整形し、DataFrameに変換してからDataFrame APIでデータ操作するのがよいでしょう。

B.3　まとめ

本章ではSpark 1.3以降のSpark SQLの変更点やDataFrame APIを紹介しました。

また、DataFrame APIの利用によって簡潔にデータ操作を記述できることに加え、オプティマイザの恩恵を受けられる利点があることを説明しました。

Spark 1.3からは従来のRDDからDataFrameへと、中心となる抽象データレイヤが変化しつつあり、開発が活発に進んでいます。MLlib（Spark ML）ではPipeline APIの内部でDataFrameを利用するなど、エコシステムについてもDataFrameを利用したものが登場してきました。

更にSpark 1.4から始まった**Project Tungsten**ではオプティマイザの改良が計画されており、こちらも目が離せません。

猿田 浩輔（さるた こうすけ）

ＮＴＴデータ基盤システム事業本部主任。入社から一貫して、Hadoopを始めとするOSS並列分散処理基盤の導入支援や技術検証、テクニカルサポートに携わる。2014年からSparkに注力しており、導入やトラブルシューティングに関して、サンフランシスコ・ベイエリアに赴き、議論やコミュニティへのフィードバックを行っている。

付録C
Spark/MapReduceの機械学習ライブラリ比較検証

堀越 保徳（リクルートテクノロジーズ）
濱口 智大（ＮＴＴデータ）

リクルートテクノロジーズおよびＮＴＴデータでは、Hadoopを始めとするビッグデータ分析技術を用いて、リクルートグループの多種多様なサービスを実現しています。**付録C**では、2014年度に取り組んだSparkとMapReduceの機械学習ライブラリの比較検証について紹介します。

C.1　背景と目的

従来、リクルートテクノロジーズでは、分析処理基盤としてHadoop（Hive、Mahout等）を活用してきました。Hadoopは、サーバー台数を増やすことで処理性能やストレージ容量を容易に増強できるため、これまで処理能力上の課題に対しては、サーバーを増強することで対応してきました。

しかし、近年では処理対象データの爆発的な増加や、計算アルゴリズムの多様化／複雑化に伴う処理能力の枯渇が深刻化しており、単純なサーバー増強以外にも、処理能力を向上させるアプローチが不可欠です。また、従来レコメンド処理のライブラリとして使用してきたMahoutが、MapReduceでのアルゴリズム開発を打ち切るという外部動向もありました。

これらの背景から、次世代の分析処理基盤としてSparkに注目し、その有用性を確認するため、既存のデータ分析処理で最も負荷の高かったレコメンド計算のバッチ処理を対象にしたSparkと、MapReduceの比較検証に取り組みました。

C.2　検証の概要

本検証では、実行フレームワークをMapReduceからSparkに変更することで、レコメンド計算のバッチ処理の実行時間とレコメンド精度がどのように変化するか、特性の異なる2つのアルゴリズムを用いて検証を行います。

対象としたバッチ処理では、協調フィルタリングというアルゴリズムによって、ユーザーごとにパーソナライズしたおすすめ商品のリストを計算しています。協調フィルタリングとは、ECサイト等で一般的な「この商品を見た人はこんな商品も見ています」という、おすすめとなる商品を計算するアルゴリズムです。基本的な考え方は、多くのユーザーの商品に関する嗜好情報から潜在的なルールを抽出し、そのルールに基づいて、ユーザーごとに各商品をスコアリングし、各ユーザーにスコアが高い商品をおすすめします。

従来、協調フィルタリングの計算には、MapReduceを実行フレームワークとした機械学習ライブラリであるMahoutを使用してきました。そこで今回の検証では、このMahoutの協調フィルタリングと、Sparkを実行フレームワークとした機械学習ライブラリであるMLlibの協調フィルタリングを比較します。

一口に協調フィルタリングと呼ばれる中にも、計算方法によっていくつか異なるアルゴリズムが存在しています。MLlibにはALS（Alternative Least Square：交互最小二乗法）という協調フィルタリングのアルゴリズムが実装されています。そのため、1つ目の検証として、ALSの協調フィルタリングについてMahoutとMLlibで比較を行います。

現在、多くの処理で採用している協調フィルタリングは、ALSではなくアイテムベースと呼ばれるアルゴリズムです。そこで、アイテムベースの協調フィルタリングも検証対象としたいのですが、MLlibにはアイテムベースの協調フィルタリングが実装されていません。そのため、今回はその部分をスクラッチ開発したSparkアプリケーションで代替し、2つ目の検証として、Mahoutのアイテムベースと比較します。

C.3　対象アルゴリズムの概要

今回検証の対象とした、ALSとアイテムベースという協調フィルタリングの2つのアルゴリズムは、どちらも基本的には、多くのユーザーの嗜好情報を元にして、「この商品を見た人はこんな商品も見ています」という計算をするアルゴリズムです。しかし、この2つのアルゴリズムは、計算のアプローチが大きく異なっています。ここではその違いについてご説明します。

C.3.1　アイテムベースの協調フィルタリング

アイテムベースの協調フィルタリングの計算の概要を**図C-1**に示します。アイテムベースの協調フィルタリングでは、まずユーザーのアイテム（商品）に対する評価値を収集し、ユーザー×アイテムの評価値行列として表現します。次に評価値行列の列であるアイテムベクトル（あるアイテムに対する全ユーザーの評価値を表すベクトル）に着目し、ベクトル間の類似度を算出した結果から、アイテム同士の類似度を値として持つアイテム類似度行列を作成します。続いて、評価値行列（ユーザー×アイテム）とアイテム類似度行列（アイテム×アイテム）を掛け合わせることで、ユーザーのアイテムに対する評価を予測した予測値の行列（ユーザー×アイテム）を求めます。最後に予測値の行列から、ユーザーがまだ評価を付けていないアイテムを予測値の高い順に並べ、上位にくるアイテムを推薦します。

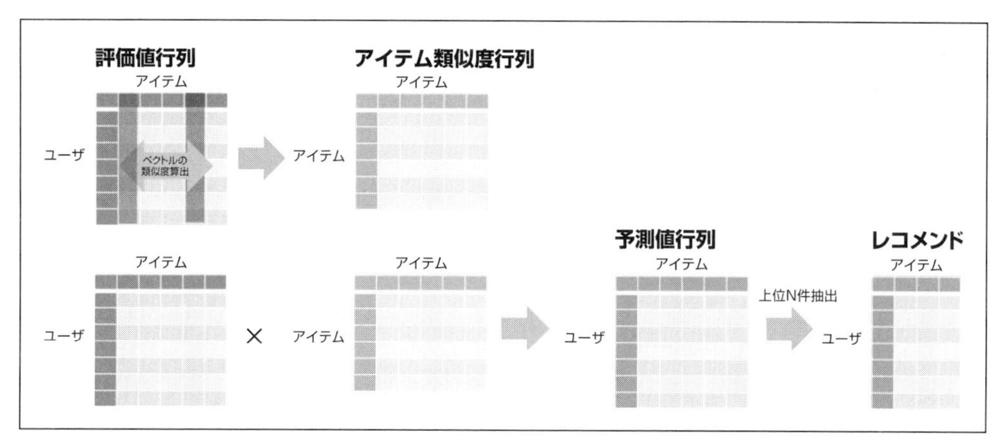

図C-1 アイテムベースの協調フィルタリング

C.3.2 ALSを用いた協調フィルタリング

ALSを用いた協調フィルタリングでは、行列因子分解（Matrix Factorization）によって、評価値行列（ユーザー×アイテム）を、ユーザーとアイテムそれぞれの潜在的な特徴を表現した次元の小さい行列に分解します。ここで、ユーザー特徴行列（ユーザー×n）とアイテム特徴行列（n×アイテム）を得るために使用する手法がALS（Alternative Least Square：交互最小二乗法）と呼ばれています。

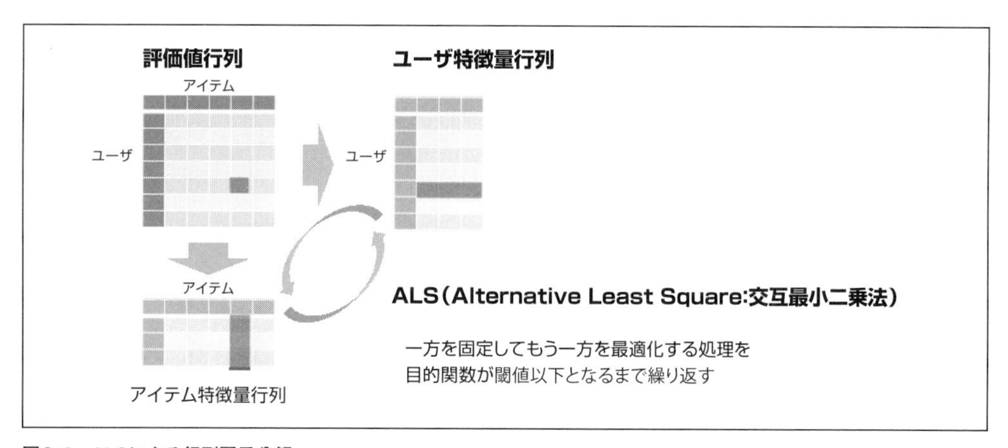

図C-2 ALSによる行列因子分解

ALSによる行列因子分解の概要を図C-2に示します。2つの特徴行列を同時に最適化することが難しいため、一方の行列を固定してもう一方を最適化する処理を、元の行列との誤差が収束するまで繰り返し行うことにより、最適な特徴行列を求めます。ALSにより、最適なユーザー特徴行列（ユーザー×n）とアイテム特徴行列（n×アイテム）を求めたら、その2つの行列を掛け合わせることで、ユーザーのアイテムに対する評価を予測した予測値の行列（ユーザー×アイテム）を算出します。予測値の行列からおすすめ商品を抽出するところはアイテムベースと同様です。

C.3.3　2つのアルゴリズムの違い

この2つのアルゴリズムの特徴的な違いは、アイテムベースが逐次的なアルゴリズムであるのに対し、ALSでは繰り返し計算を必要とする点です。繰り返し計算は、計算過程で大量の中間データを必要としますが、MapReduceが1回の処理ごとに中間データをHDFSに出力するのに対して、Sparkは可能な限り中間データをメモリ上に保持して再利用するため、中間データへのアクセス効率は、SparkがMapReduceより優れています。そのため、今回の検証観点から見ると、繰り返し計算を必要とするALSはSpark向きのアルゴリズムといえます。

C.4　比較方法

本検証では、実行時間とレコメンド精度の2点を比較観点として検証します。

実行時間は、同じスペックの環境上で同じデータを入力として与えた際の実時間を測定して比較します。使用した環境、データについて、**表C-1**と**表C-2**にまとめます。

表C-1　使用した環境

項目	構成
ハードウェア	AWS EC2
サーバー数	13台（Master × 2,Slave × 10,Client × 1）
EC2インスタンス	r3.2xlarge
CPU	8 Core
メモリ	61GiB
ストレージ	160GB
OS	CentOS 6.5(64bit)
Java	Java 1.7.0
Hadoop	Hortonworks Data Platform 2.2 - HDFS 2.6.0 - YARN+MapReduce2 2.6.0
Spark	Spark 1.2.0
Mahout	Mahout 0.9.0

表C-2　使用データ

No.	データ件数	ユーザー数	アイテム数	疎性	サイズ(MB)
1	21,988,008	2,704,640	272,981	0.999970	310
2	35,872,326	4,765,166	512,882	0.999985	510
3	61,192,747	6,659,384	865,736	0.999989	873

表C-2　使用データ（続き）

No.	データ件数	ユーザー数	アイテム数	疎性	サイズ (MB)
4	77,865,758	7,694,202	1,097,982	0.999991	1,113
5	97,967,251	8,797,225	1,334,746	0.999992	1,400
6	116,938,309	9,734,990	1,563,344	0.999992	1,677
7	134,976,806	10,489,833	1,830,912	0.999993	1,943

レコメンド精度は、入手済みのユーザーの嗜好情報を学習データと評価データに分割して、オフライン評価を行います。評価指標にはF尺度（f-measure）とユーザーのカバレッジ（Coverage）を用います。F尺度とは、適合率（precision：予測値の何割が正解したか）と再現率（recall：正解を何割予測できていたか）に基づいて決まる指標です。またユーザーのカバレッジとは、評価データに存在するユーザーの何割にレコメンドできていたかを表す指標です。それぞれの計算方法を表C-3にまとめます。

表C-3　評価指標

指標値	意味
Recommend	レコメンドされたユーザー×アイテム
Order	実際に購買のあったユーザー×アイテム
Match	レコメンドされた中で、実際に購買のあったユーザー×アイテム $recall = \frac{Match}{Recommend}$ $precision = \frac{Match}{Order}$ $f-measure = \frac{2 \times precision \times recall}{precision + recall}$
Order-User	実際に購買のあったユーザー
Match-User	レコメンドされた中で実際に購買のあったユーザー $Coverage = \frac{Match-User}{Order-User}$

C.5　Sparkのチューニング

並列分散処理を考える時、処理の並列度（何並列で処理を実行するか）と、対象データの分割数（データを何分割するか）の設定が、処理時間に大きく影響を与えます。特にSparkの場合は、メモリ上でどれだけ処理できるかが性能に大きく寄与するため、処理を実行するExecutorリソースとデータ量、および処理の特性に応じて適切に設定することが重要です。

処理の並列度は、ワーカーノードのリソースに応じて次のパラメータで指定することができます。Executor数×Executorコア数で決まります。

- **Executor数**
  `spark.executor.instances`（`--num-executors`）

- **Executorコア数**
  `spark.executor.cores`（`--executor-cores`）
  ※（）内は`spark-submit`のオプションで指定する場合

Executorとは Sparkアプリケーションの分散処理（タスク）を実行するために、各ワーカーノードで起動されるJavaのプロセスです。上記パラメータを指定してアプリケーション実行すると、Sparkは1つ目のパラメータで指定された数のExecutorプロセスを立ち上げ、各Executorプロセスが2つ目のパラメータで指定された数のスレッドでタスクを並列実行していきます。

対象データの分割数は、次の方法でRDDのパーティション数を指定することで設定します。

- **パラメータでデフォルト値を指定**
  `spark.default.parallelism`

- **特定のRDDに対して明示的に再分割するメソッドで指定**
  例）`x.repartition(n)`（xをn個に再分割する）

- **特定の処理に対して実行後の分割数をメソッドの引数で指定**
  例）`x.reduceByKey(_ + _, n)`（xをキーごとに合計し、結果をn分割する）

分割数が小さすぎる場合は、Executorのリソースに対して1タスク当たりの処理対象のデータが大きくなりすぎるため、メモリ上に保持できなくなったデータをディスクへ退避するI/Oコストや、JVMのガベージコレクションのオーバヘッド等によって、処理時間が長くなります。また、最悪のケースでは、メモリ不足によってExecutorが停止してしまう可能性もあります。

逆に分割数が大きすぎる場合は、Executorのリソースに対して、1タスク当たりの処理対象のデータが小さくなりすぎ、1タスク当たりの処理時間の短縮よりも総タスク数の増加の影響の方が大きくなってしまうため、全体としての処理時間が長くなります。**図C-3**に、分割数に関する実験結果を示します。この実験では、分割数を変えて同じ処理を実行した際の実行時間の変化を計測しました。図中の①の部分では分割数が過少に、②の部分では分割数が過多になることで、それぞれ処理時間が長くなっています。

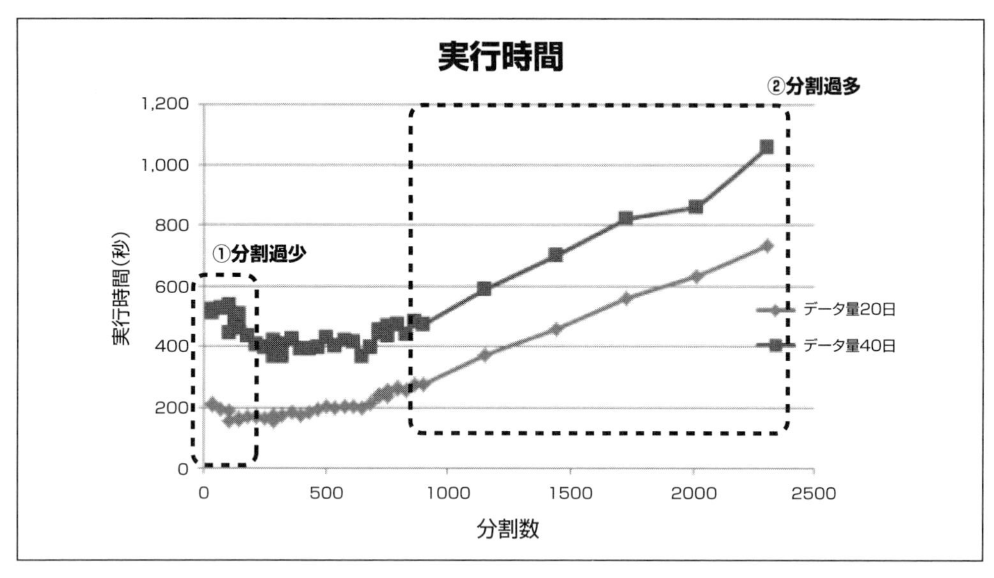

図C-3　データ分割数と処理時間の関係

C.6　検証結果

実行時間を測定した結果、アイテムベースでは、SparkはMapReduceの約5分の1、ALSでは約32分の1という結果となりました。詳細な結果を、**表C-4**および**図C-4**、**図C-5**に示します。ALSは繰り返し処理が多いためSparkとMapReduceの実行速度の違いが顕著に示されました。今回の検証では、ALSの繰り返し回数を10で測定しましたが、繰り返し回数が多ければ、実行時間の差はさらに大きくなるでしょう。また、逐次的なアイテムベースでも約5倍の実行速度が得られたことも、注目に値する結果です。

表C-4　ALS協調フィルタリングの実行時間比較

No.	データ件数	Spark 実行時間	Mahout 実行時間	実行時間比 (Mahout/Spark)
1	21,988,008	00:02:17	00:21:29	9.4
2	35,872,326	00:03:14	00:36:48	11.4
3	61,192,747	00:04:20	01:07:55	15.7
4	77,865,758	00:04:28	01:37:44	21.9
5	97,967,251	00:05:35	02:17:24	24.6
6	116,938,309	00:06:32	02:52:28	26.4
7	134,976,806	00:06:55	03:41:46	32.1

表C-5 アイテムベース協調フィルタリングの実行時間比較

No.	データ件数	Spark 実行時間	Mahout 実行時間	実行時間比 (Mahout/Spark)
1	21,988,008	00:02:08	00:06:57	3.3
2	35,872,326	00:02:35	00:08:48	3.4
3	61,192,747	00:02:58	00:12:22	4.2
4	77,865,758	00:03:30	00:15:07	4.3
5	97,967,251	00:03:50	00:17:53	4.7
6	116,938,309	00:04:27	00:21:03	4.7
7	134,976,806	00:04:57	00:23:32	4.8

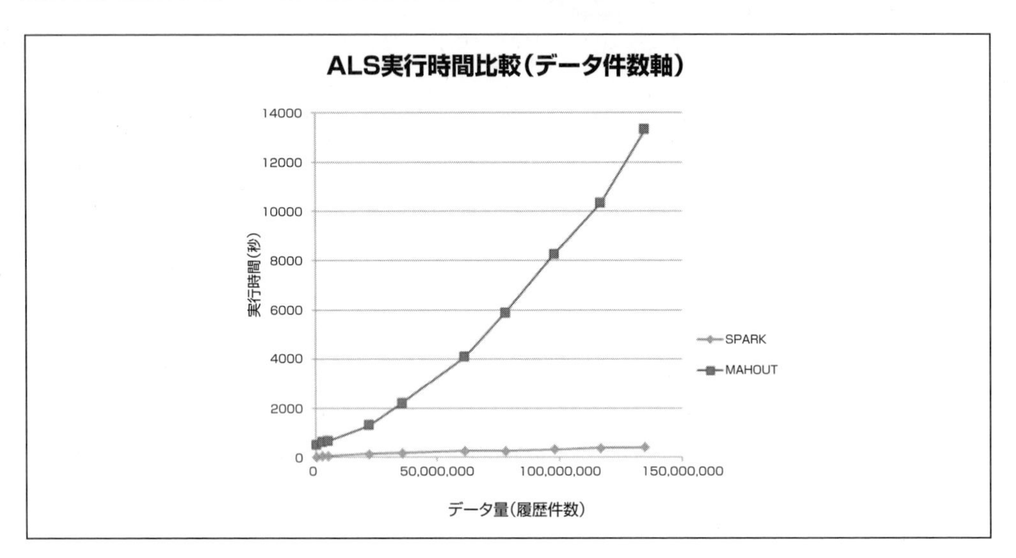

図C-4 ALS協調フィルタリング実行時間比較

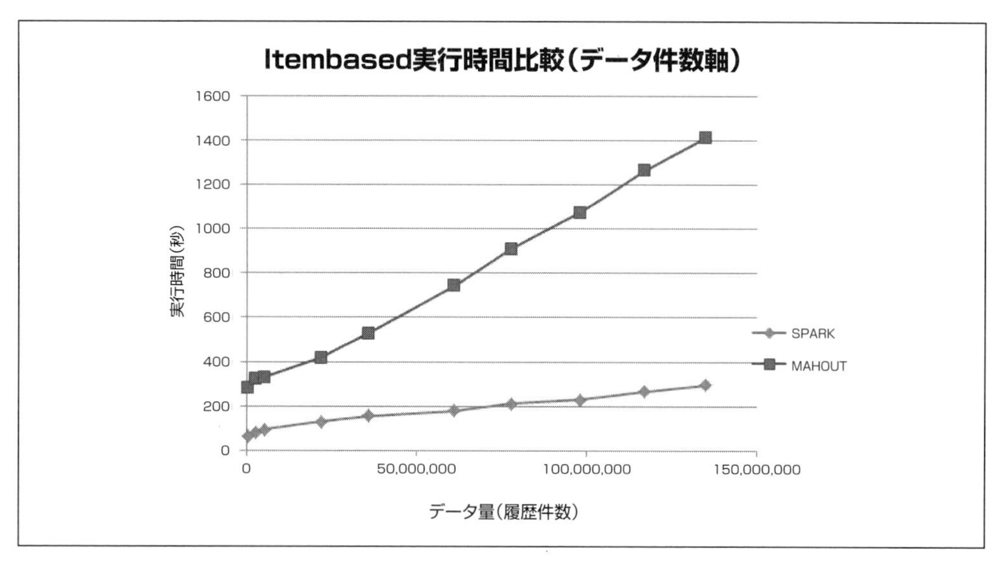

図C-5 アイテムベース協調フィルタリング実行時間比較

一方、レコメンド精度は、MLlibとMahoutで同程度の精度が得られることが確認できました。結果を**図C-6**、**図C-7**に示します。学習データ／評価データによって多少の差分はあるものの、現在、本番環境で利用しているMahoutと同程度の精度に、MLlibでも本番適用に耐えうるレコメンド精度が得られることが確認できました。

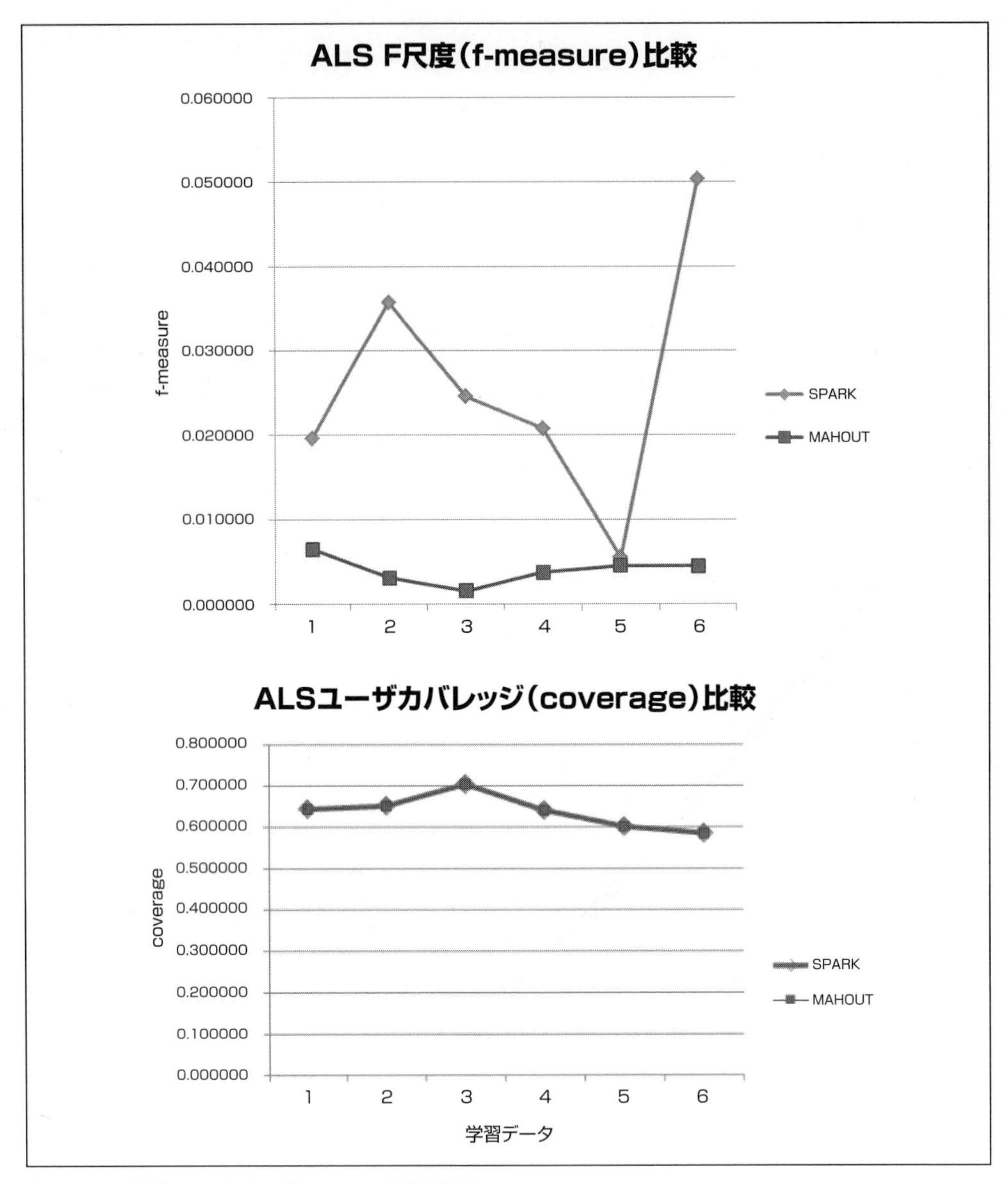

図C-6　ALS協調フィルタリングのレコメンド精度比較

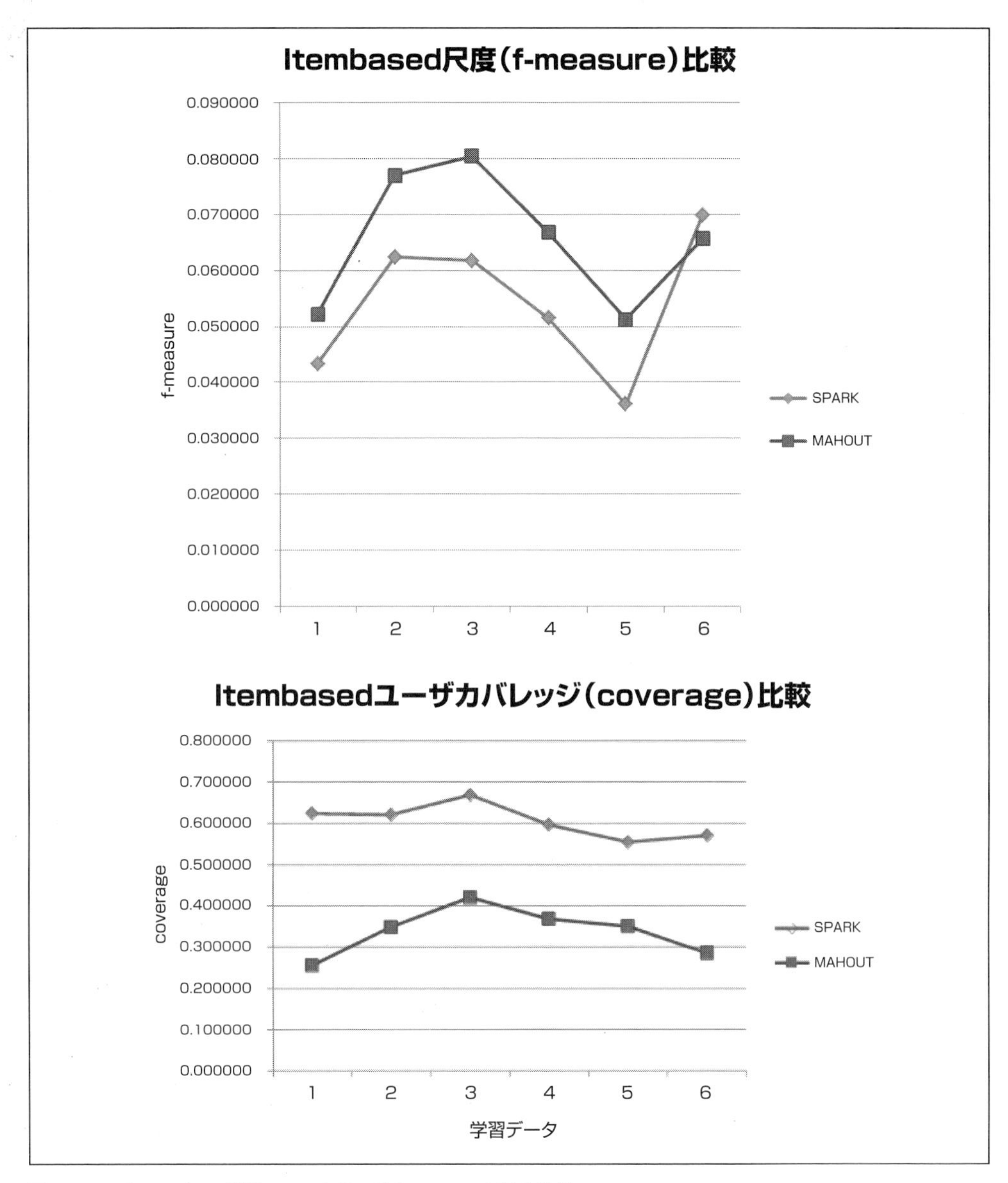

図C-7　アイテムベース協調フィルタリングのレコメンド精度比較

C.7　まとめ

付録Cでは、リクルートテクノロジーズで実施したSparkとMapReduceの機械学習ライブラリの比較検証についてご紹介しました。実運用を想定したレコメンド計算のバッチ処理について検証を行った結果、Spark導入によって実行速度は約5～32倍となり、レコメンド精度は同等の精度を維持できることが示されました。運用の観点では、これまでサーバー増強でしか対応できなかった処理性能上の課題を、別の手段で解決するアプローチとして大きな期待が持てる結果です。また、開発現場の観点から見ると、Spark導入はアルゴリズムの開発スピードにも大きな恩恵をもたらすと考えられます。これまでMapReduceで数時間かかっていた処理をSparkでは数分で結果を得ることができるため、PDCサイクルの効率に大きな改善が期待できるでしょう。

堀越 保徳（ほりこし やすのり）

株式会社リクルートテクノロジーズ勤務。元証券マン。住宅ローンの期限前償還の分析や、金利の市場データ分析を行っていた。2013年より現職。広告宣伝費の最適化や、レコメンドエンジンの作成などに携わっている。趣味はバーベキュー。

濱口 智大（はまぐち ともひろ）

株式会社ＮＴＴデータ勤務。2007年の入社以来、法人向け基幹システムの開発、運用、保守業務を通じてインフラエンジニアとして経験を積む。2013年よりHadoop等を活用したデータ分析業務に従事。趣味はダイビング、サイクリング。最近は育児と格闘中。

索　引

関数

A・B・C

D・E・F

G・H・I

J・K・L

M・N・O

P・Q・R

S・T・U

V・W・X・Y・Z

あ行

か行

さ行

た行

な行

わ行

● 著者紹介

Holden Karau（ホールデン・カラウ）

Alpine Data Labsのソフトウェア開発技術者で、オープンソースソフトウェアに活発に携わっており、初期のSparkの書籍も執筆している。Alpine Data Labs以前には、Databricks、Google、Foursquare、Amazonで検索と分類についての仕事に携わってきた。ワーテルロー大学でコンピュータサイエンスと数学の学士を取得。ソフトウェアの他には、炎と金属溶接のアート（http://bit.ly/xyloflg1）、そしてフラフープを楽しんでいる。

Andy Konwinski（アンディ・コンウィンスキ）

Databricksの共同設立者。カリフォルニア大学バークレー校でPhDを取得し、AMPLabで大規模分散コンピューティングとクラスタスケジューリングを研究していた。Apache Mesosプロジェクトの共同創始者であり、コミッタでもある。Googleでは、システムエンジニアや研究者たちと共に、次世代スケジューリングシステムであるOmegaの設計に携わっていた。AMP Camp Big Data BootcampsやSparkサミットを立ち上げ、Sparkプロジェクトに貢献している。

Patrick Wendell（パトリック・ウェンデル）

Databricksの共同設立者。Sparkのコミッタであり、PMCメンバーでもある。Spark1.0を含む複数のSparkのバージョンのリリースマネージャも務めており、Sparkのコアエンジンの複数のサブシステムのメンテナンスを行っている。カリフォルニア大バークレー校でコンピュータサイエンスのMSを取得後、DataBricksの立ち上げに協力した。研究の中心は、大規模な分析のワークロードにおける低レイテンシのスケジューリング。プリンストン大学からコンピュータサイエンスでBSEを取得。

Matei Zaharia（マテイ・ザハリア）

Apache Sparkの作者であり、DatabricksのCTO。カリフォルニア大バークレー校でPhDを取得。Sparkは、その際の研究プロジェクトとして誕生した。現在、ApacheでSparkプロジェクトのVice Presidentを務めている。Spark以外にも、Apache HadoopやApache Mesosを含むクラスタコンピューティングの分野の他のプロジェクトにおいて、研究と貢献を行っている。Hadoopのコミッタであり、バークレーでのMesosの立ち上げにも携わった。

● 訳者紹介

Sky株式会社 玉川 竜司（たまがわ りゅうじ）

本業はソフトウェア開発。新しい技術を日本の技術者に紹介することに情熱を傾けており、その手段として翻訳に取り組んでいる。

● カバーの説明

カバーの動物は、ハナカケトラザメ（Scyliorhinus canicula）です。北東大西洋と地中海で最も多い板鰓類（ばんさいるい）の一種です。丸みのある頭、細長い目と丸い鼻が特徴的な、小さく細長いサメです。背の表面は灰色がかった茶色で、黒や光る色の混ざった点の模様がついています。皮膚のきめはざらついていて、紙やすりのようです。

この小さなサメは、海に棲む軟体動物、甲殻類、頭足類や多毛環虫などの無脊椎動物を餌にします。小さな骨の多い魚や、時には大きな魚を食べることもあります。沿岸の浅瀬で産卵し、卵は角質の卵殻に包まれ、長い巻きひげを持っています。

ハナカケトラザメの小さな斑点は、人気魚としてのチャームポイントであり、水族館の展示水槽でもよく見かけます。ペット魚として購入できることもあり、個人で飼育することも可能です。しかし、捨てられることが多いという調査報告もあります。

初めてのSpark

2015年8月21日　初版第1刷発行

著　　者　Holden Karau（ホールデン・カラウ）
Andy Konwinski（アンディ・コンウィンスキ）
Patrick Wendell（パトリック・ウェンデル）
Matei Zaharia（マテイ・ザハリア）
訳　　者　Sky株式会社 玉川 竜司（たまがわ りゅうじ）
編集協力　株式会社ドキュメントシステム
発 行 人　ティム・オライリー
印刷・製本　日経印刷株式会社
発 行 所　株式会社オライリー・ジャパン
〒160-0002　東京都新宿区四谷坂町12番22号　インテリジェントプラザビル1F
Tel（03）3356-5227
Fax（03）3356-5263
電子メール　japan@oreilly.co.jp
発 売 元　株式会社オーム社
〒101-8460　東京都千代田区神田錦町3-1
Tel（03）3233-0641（代表）
Fax（03）3233-3440

Printed in Japan（ISBN978-4-87311-734-8）
乱丁、落丁の際はお取り替えいたします。